"十二五"国家重点图书出版规划项目

典型生态脆弱区退化生态系统恢复技术与模式丛书

干热河谷退化生态系统典型恢复模式的生态响应与评价

刘刚才 纪中华 方海东 杨艳鲜 沙毓沧 等 著

科学出版社

北京

内 容 简 介

　　本书主要针对干热河谷的成因机制，阐述了干热河谷退化生态系统的特征及其区域分布规律，以及退化生态系统的退化机制；重点针对干热河谷典型退化生态系统的 5 种典型恢复模式，详细论述了这些模式的特征和技术标准，阐述了这些模式下的土壤生态响应、生物群落结构特征和生物群落功能特征，并对这些模式进行了生态和社会经济评价，以及可持续性和适宜性评价，提出了有关的科学评价体系和方法，指出了该区目前比较优化和适宜的生态恢复模式及体现恢复模式生态、经济和社会效益相统一的具体途径，同时提出了该区下一步生态恢复的措施和对策。

　　本书可供生态学、恢复生态学、环境科学、水土保持学等领域的科技工作者和高校学生，以及环境保护、生态建设与水土保持、农业生产等领域的管理人员参考。

图书在版编目（CIP）数据

干热河谷退化生态系统典型恢复模式的生态响应与评价／刘刚才，纪中华，方海东等著 . —北京：科学出版社，2011
（典型生态脆弱区退化生态系统恢复技术与模式丛书）
"十二五"国家重点图书出版规划项目

ISBN 978-7-03-030983-9

Ⅰ．干…　Ⅱ．刘…　Ⅲ．干谷－生态恢复－研究－中国　Ⅳ．X171.4

中国版本图书馆 CIP 数据核字（2011）第 087912 号

责任编辑：李　敏　张　菊　王晓光／责任校对：赵桂芬
责任印制：徐晓晨／封面设计：王　浩

科 学 出 版 社 出版
北京东黄城根北街 16 号
邮政编码：100717
http://www.sciencep.com

北京京华虎彩印刷有限公司印刷
科学出版社发行　各地新华书店经销
*
2011 年 6 月第　一　版　开本：787×1092 1/16
2017 年 4 月第二次印刷　印张：15 3/4
字数：370 000
定价：150.00 元
（如有印装质量问题，我社负责调换）

《典型生态脆弱区退化生态系统恢复技术与模式丛书》
编 委 会

《干热河谷退化生态系统典型恢复模式的生态响应与评价》

撰 写 成 员

主　　笔　　刘刚才　纪中华　方海东　杨艳鲜　沙毓沧

成　　员　　（以姓氏笔画为序）

　　　　　　龙会英　史亮涛　代富强　刘淑珍　李建增

　　　　　　何　璐　何毓蓉　张明忠　张　斌　张　丹

　　　　　　陈安强　金　杰　南　岭　钟祥浩　郭芬芬

　　　　　　钱坤建　黄成敏　韩学琴　熊东红　潘志贤

　　　　　　魏雅丽

总　　序

　　我国是世界上生态环境比较脆弱的国家之一，由于气候、地貌等地理条件的影响，形成了西北干旱荒漠区、青藏高原高寒区、黄土高原区、西南岩溶区、西南山地区、西南干热河谷区、北方农牧交错区等不同类型的生态脆弱区。在长期高强度的人类活动影响下，这些区域的生态系统破坏和退化十分严重，导致水土流失、草地沙化、石漠化、泥石流等一系列生态问题，人与自然的矛盾非常突出，许多地区形成了生态退化与经济贫困化的恶性循环，严重制约了区域经济和社会发展，威胁国家生态安全与社会和谐发展。因此，在对我国生态脆弱区基本特征以及生态系统退化机理进行研究的基础上，系统研发生态脆弱区退化生态系统恢复与重建及生态综合治理技术和模式，不仅是我国目前正在实施的天然林保护、退耕还林还草、退牧还草、京津风沙源治理、三江源区综合整治以及石漠化地区综合整治等重大生态工程的需要，更是保障我国广大生态脆弱地区社会经济发展和全国生态安全的迫切需要。

　　面向国家重大战略需求，科学技术部自"十五"以来组织有关科研单位和高校科研人员，开展了我国典型生态脆弱区退化生态系统恢复重建及生态综合治理研究，开发了生态脆弱区退化生态系统恢复重建与生态综合治理的关键技术和模式，筛选集成了典型退化生态系统类型综合整治技术体系和生态系统可持续管理方法，建立了我国生态脆弱区退化生态系统综合整治的技术应用和推广机制，旨在为促进区域经济开发与生态环境保护的协调发展、提高退化生态系统综合整治成效、推进退化生态系统的恢复和生态脆弱区的生态综合治理提供系统的技术支撑和科学基础。

　　在过去 10 年中，参与项目的科研人员针对我国青藏高寒区、西南岩溶地区、黄土高原区、干旱荒漠区、干热河谷区、西南山地区、北方沙化草地区、典型海岸带区等生态脆弱区退化生态系统恢复和生态综合治理的关键技术、整治模式与产业化机制，开展试验示范，重点开展了以下三个方面的研究。

　　一是退化生态系统恢复的关键技术与示范。重点针对我国典型生态脆弱区的退化生态系统，开展退化生态系统恢复重建的关键技术研究。主要包括：耐寒/耐高温、耐旱、耐盐、耐瘠薄植物资源调查、引进、评价、培育和改良技术，极端环境条件下植被恢复关键技术，低效人工林改造技术、外来入侵物种防治技术、虫鼠害及毒杂草生物防治技术，多层次立体植被种植技术和林农果木等多形式配置经营模式、坡地农林复合经营技术，以及受损生态系统的自然修复和人工加速恢复技术。

二是典型生态脆弱区的生态综合治理集成技术与示范。在广泛收集现有生态综合治理技术、进行筛选评价的基础上，针对不同生态脆弱区退化生态系统特征和恢复重建目标以及存在的区域生态问题，研究典型脆弱区的生态综合治理技术集成与模式，并开展试验示范。主要包括：黄土高原地区水土流失防治集成技术，干旱半干旱地区沙漠化防治集成技术，石漠化综合治理集成技术，东北盐碱地综合改良技术，内陆河流域水资源调控机制和水资源高效综合利用技术等。

三是生态脆弱区生态系统管理模式与示范。生态环境脆弱、经济社会发展落后、管理方法不合理是造成我国生态脆弱区生态系统退化的根本原因，生态系统管理方法不当已经或正在导致脆弱生态系统的持续退化。根据生态系统演化规律，结合不同地区社会经济发展特点，开展了生态脆弱区典型生态系统综合管理模式研究与示范。主要包括：高寒草地和典型草原可持续管理模式，可持续农—林—牧系统调控模式，新农村建设与农村生态环境管理模式，生态重建与扶贫式开发模式，全民参与退化生态系统综合整治模式，生态移民与生态环境保护模式。

围绕上述研究目标与内容，在"十五"和"十一五"期间，典型生态脆弱区的生态综合治理和退化生态系统恢复重建研究项目分别设置了 11 个和 15 个研究课题，项目研究单位 81 个，参加研究人员 463 人。经过科研人员 10 年的努力，项目取得了一系列原创性成果：开发了一系列关键技术、技术体系和模式；揭示了我国生态脆弱区的空间格局与形成机制，完成了全国生态脆弱区区划，分析了不同生态脆弱区面临的生态环境问题，提出了生态恢复的目标与策略；评价了具有应用潜力的植物物种 500 多种，开发关键技术数百项，集成了生态恢复技术体系 100 多项，试验和示范了生态恢复模式近百个，建立了 39 个典型退化生态系统恢复与综合整治试验示范区。同时，通过本项目的实施，培养和锻炼了一大批生态环境治理的科技人员，建立了一批生态恢复研究试验示范基地。

为了系统总结项目研究成果，服务于国家与地方生态恢复技术需求，项目专家组组织编撰了《典型生态脆弱区退化生态系统恢复技术与模式丛书》。本丛书共 16 卷，包括《中国生态脆弱特征及生态恢复对策》、《中国生态区划研究》、《三江源区退化草地生态系统恢复与可持续管理》、《中国半干旱草原的恢复治理与可持续利用》、《半干旱黄土丘陵区退化生态系统恢复技术与模式》、《黄土丘陵沟壑区生态综合整治技术与模式》、《贵州喀斯特高原山区土地变化研究》、《喀斯特高原石漠化综合治理模式与技术集成》、《广西岩溶山区石漠化及其综合治理研究》、《重庆岩溶环境与石漠化综合治理研究》、《西南山地退化生态系统评估与恢复重建技术》、《干热河谷退化生态系统典型恢复模式的生态响应与评价》、《基于生态承载力的空间决策支持系统开发与应用：上海市崇明岛案例》、《黄河三角洲退化湿地生态恢复——理论、方法与实践》、《青藏高原土地退化整治技术与模式》、《世界自然遗产地——九寨与黄龙的生态环境与可持续发展》。内容涵盖了我国三江源地区、黄土高原区、青藏高寒区、西南岩溶石漠化区、内蒙古退化草原区、黄河河口退化湿地等典型生态脆弱区退化生态系统的特征、变化趋势、生态恢复目标、关键技术和模式。我们希望通过本丛书的出版全面反映我国在退化生态系统恢复与重建及生态综合治理技术和模式方面的最新成果与进展。

　　典型生态脆弱区的生态综合治理和典型脆弱区退化生态系统恢复重建研究得到“十五”和“十一五”国家科技支撑计划重点项目的支持。科学技术部中国 21 世纪议程管理中心负责项目的组织和管理，对本项目的顺利执行和一系列创新成果的取得发挥了重要作用。在项目组织和执行过程中，中国科学院资源环境科学与技术局、青海、新疆、宁夏、甘肃、四川、广西、贵州、云南、上海、重庆、山东、内蒙古、黑龙江、西藏等省、自治区和直辖市科技厅做了大量卓有成效的协调工作。在本丛书出版之际，一并表示衷心的感谢。

　　科学出版社李敏、张菊编辑在本丛书的组织、编辑等方面做了大量工作，对本丛书的顺利出版发挥了关键作用，借此表示衷心的感谢。

　　由于本丛书涉及范围广、专业技术领域多，难免存在问题和错误，希望读者不吝指教，以共同促进我国的生态恢复与科技创新。

丛书编委会
2011 年 5 月

前　　言

　　横断山区的怒江、澜沧江、金沙江、雅砻江、大渡河、岷江、元江及川西东北角的白水河都分布有"干旱河谷"，当地人民称它们为"干坝子"或"干热坝子"。这是横断山区最突出的自然景观之一，不仅在科学上引人注目，而且由于这类河谷区气温偏高，大部分地区没有"死冬"，雨量虽然偏少，但有河水与地下水可以利用，所以耕地虽少，但人口稠密，一向是农业发展的重要地域。随着我国大西南地区的开发，它们的地位日显重要，堪称横断山区的"宝地"。

　　干旱河谷是我国典型的生态脆弱带之一，是西南山区一种特殊的地理区域和气候类型，也是我国生态系统退化的典型区域之一。其范围包括金沙江、雅砻江、大渡河、岷江等干支流和怒江、澜沧江、元江等江河中下游沿岸江河面以上一定范围的干旱、半干旱河谷地带，总面积约 1.2 万 km^2，人口约 500 万。主要分布于云南和四川两省的元江、怒江、金沙江与澜沧江四大江河的河谷地带，涉及元江流域 12 个县、怒江流域 6 个县、金沙江流域 20 个县、澜沧江流域 5 个县，贵州和广西亦有少量分布。

　　干热河谷是干旱河谷的重要组成部分（约占 40%），是与周边地区湿润、半湿润等景观不相协调的、引人注目的、独特的地理生态景观，以纵向岭谷横断山脉中段三江并流区，即 28°N~30°N 的怒江、澜沧江和金沙江峡谷段的干热河谷较为典型，较横断山中、北部的干暖河谷和干温河谷更具特殊性，具有光热资源丰富、气候干旱燥热、水热矛盾突出、植被覆盖率低、水土流失严重、生态恢复困难、社会经济条件差等特点。同时，河谷区内光热资源丰富，是自然资源利用开发潜力大、特色资源丰富而经济潜力很大的地区，在国民经济中具有举足轻重的作用。例如，元谋河谷被列为国家 A 级绿色无公害蔬菜基地，被称之为"金沙江畔大菜园"。因此，干热河谷区一直以来被列为"长江中上游防护林体系建设工程"、"长江中上游水土保持工程"、"天然林保护工程"、"长江中上游的生态恢复工程"、"退耕还林工程"和"西部大开发"等的重点治理区。可见，干热河谷区在国家和地方层面上都具有重要的地位，对国民经济的可持续发展和"西部大开发"具有举足轻重的作用。因此，干热河谷植被恢复的有关研究具有重要的现实意义。

　　但是，干热河谷区内存在突出的生态环境问题，特别是水热矛盾突出，生态恢复极其困难，沟蚀崩塌明显，侵蚀产沙严重。相关的科学问题也迫切需要解决，如干热河谷的成因机制与区内气候的特殊性机制，植被演化和恢复过程与健康生态系统的形成机制，沟蚀崩塌形成机理，干热河谷生态恢复群落特征及可持续发展演替机制等。针对这些科学问题，在该区域已经作了大量的相关研究，特别是 20 世纪 80 年代以来，依托国家攻关或科技支撑计划项目，开展了大量的生态恢复研究和试验示范工作，取得了明显的研究进展。主要研究了退化生态系统的特征和类型，并从不同的退化程度和类型，以及不同的母质和母岩特性入手，针对不同退化生态系统特征设计了恢复技术和模式，取得了较好的生态、经济和社会效益。最近，我们引入生态系统的协容发展和系统免疫的理念，正开展着生态系统恢复过程和健康系统形成机制等方面的研究，确立了生态恢复的思路是从"诊断"（退化研究）到"建模"（恢复模式试验）到再"诊断"（模式评价）到再"建模"（模式优化）的"四步曲"恢复程序。

本书是近 10 年相关研究的部分成果，主要针对干热河谷的成因机制，阐述了干热河谷退化生态系统的特征及其区域分布规律，以及退化生态系统的退化机制；重点针对干热河谷退化生态系统的几种典型恢复模式，详细论述了这些模式的特征和技术标准，阐述了这些模式下的土壤生态响应和生物多样性响应以及生态恢复模式的生态功能等，并对这些模式进行了生态和社会经济评价，以及可持续性和适宜性评价，同时提出了该区下一步生态恢复的措施和对策。

在成书过程中，得到了众多相关学者的大力支持，参与本书各章节编写的主要人员如下：第 1 章，刘刚才、郭芬芬、沙毓沧、钟祥浩；第 2 章，张斌、刘刚才、金杰、刘淑珍、何毓蓉、黄成敏；第 3 章，纪中华、杨艳鲜、李建增、潘志贤、龙会英、史亮涛、张明忠、钱坤建、韩学琴；第 4 章，刘刚才、魏雅丽、郭芬芬、南岭、张丹、陈安强；第 5 章，方海东、纪中华、张明忠；第 6 章，方海东、纪中华、何璐；第 7 章，纪中华、张斌、刘刚才、代富强；第 8 章，纪中华、杨艳鲜、沙毓沧、方海东、刘刚才、熊东红。刘刚才、纪中华、方海东、杨艳鲜和沙毓沧承担了全书的内容和结构设计，最后由刘刚才、纪中华等完成了全书的统稿和定稿。

本书主要是这些作者已有研究工作的总结，相关的科学问题并不是都完全解决了，必然有不完善之处，相关的研究仍然在深度和广度上继续进行着。同时，由于成书时间仓促，难免有疏漏之处，敬请读者批评指正。

另外，本书的完成和出版得到了国家科技支撑计划课题（2006BAC01A11）等的资助，以及科学出版社的大力支持。在此，一并对他们和本书的作者、参加本项工作的所有人员致以真诚的谢意！

刘刚才　纪中华

2011 年 5 月

目　　录

第1章 绪 论

1.1 干热河谷的分布及其主要特征

1.1.1 分布及面积

干旱河谷是我国典型的生态脆弱带之一，是西南山区一种特殊的地理区域和气候类型，也是我国生态系统退化的典型区域之一（杨兆平和常禹，2007）。其范围包括金沙江、雅砻江、大渡河、岷江等干支流和怒江、澜沧江、元江等江河中下游沿岸江河面以上一定范围的干旱、半干旱河谷地带，总面积 1.2 万 km^2。主要分布于云南和四川两省的元江、怒江、金沙江和澜沧江四大江河的河谷地带，涉及元江流域 12 个县、怒江流域 6 个县、金沙江流域 20 个县、澜沧江流域 5 个县，贵州和广西亦有少量分布。

根据科学考察报告（张荣祖，1992），在我国横断山区，干热河谷的长度为 1123 km，面积为 4840 km^2；干暖河谷的长度为 1542 km，面积为 4290 km^2；干温河谷的长度为 1578 km，面积为 2480 km^2。整个横断山区干旱河谷的总长度为 4243 km，面积为 11 610 km^2（表 1-1），分布在元江、怒江、金沙江、安宁河、大渡河、岷江、白龙江、雅砻江和澜沧江两边。

表 1-1 横断山区干热河谷及其他干旱河谷的分布及其长度、面积、宽度

类型	亚类型	类型代码	河段（大致位置）	干旱河谷长度（km）	面积（km^2）	宽度（m）
干热	半干旱偏湿	$H_{1\sim1}$	元江（元江县）	218	1 160	400
		$H_{1\sim2}$	怒江（怒江坝）	103	420	200~300
	半干旱	$H_{2\sim1}$	金沙江（金江街—对坪）	802	3 260	400
干暖	半干旱偏湿	$W_{1\sim1}$	大渡河（泸定）	81	150	300
		$W_{1\sim2}$	雅砻江（麦地龙—金河）	384	590	300
		$W_{1\sim3}$	金沙江（大县、东义）	360	690	400
		$W_{1\sim4}$	澜沧江（表村、旧州）	76	100	300~400
		$W_{1\sim5}$	安宁河（西昌、米易）	160	1 120	200~300
	半干旱	$W_{2\sim1}$	金沙江下游（永善）	138	370	300~400
		$W_{2\sim2}$	大渡河（丹巴）	89	120	400~500
		$W_{2\sim3}$	金沙江（宾川）	196	980	300~400
		$W_{2\sim4}$	元江（南涧）	7	10	200~300
	半干旱偏干	$W_{3\sim1}$	金沙江（奔子栏）	51	160	700~800

类型	亚类型	类型代码	河段（大致位置）	干旱河谷长度（km）	面积（km²）	宽度（m）
干温	半干旱偏湿	$T_{1~1}$	金沙江下游（东朗南）	94	110	300~400
		$T_{1~2}$	岷江（茂汶）	108	110	200~300
	半干旱	$T_{2~1}$	白龙江（南坪）	34	50	300~400
		$T_{2~2}$	岷江（两河口）	53	60	300~400
		$T_{2~3}$	大渡河（金川）	103	150	400~500
		$T_{2~4}$	雅砻江（雅江）	101	110	300~400
	半干旱偏干	$T_{3~1}$	金沙江（巴塘、得妥）	498	920	400~800
		$T_{3~2}$	澜沧江（盐井）	190	370	700~800(1000)
		$T_{3~3}$	怒江（怒江桥）	397	600	700~800(1000)
合计				4 243	11 610	—

从地理分布来看（图 1-1），干热河谷大部分分布在怒江下游、金沙江下游和元江。干暖河谷主要分布于澜沧江中游、金沙江中游、雅砻江下游、大渡河下游等地段，在地理分布上比干热河谷的分布偏北一些。干温河谷主要分布于怒江上游、澜沧江上游、金沙江上游、大渡河上游。在纬度上又比干暖河谷偏北一些。在横断山区，河谷之间没有太大的海拔差距，影响温度的主要原因就是太阳高度角，亦即纬度不同，太阳高度角不同，所得到的太阳能量也不同，即得到横断山区干旱河谷从南往北依次是干热河谷、干暖河谷、干温河谷。

1.1.2 主要特征

干热河谷是干旱河谷的重要组成部分（约占 40%），是与周边地区湿润、半湿润等景观不相协调的、引人注目的、独特的地理生态景观，以纵向岭谷横断山脉中段三江并流区，即北纬 28°~30°的怒江、澜沧江和金沙江峡谷段的干热河谷较为典型（明庆忠和史正涛，2007），较横断山中、北部的干暖河谷和干温河谷更具特殊性，具有光热资源丰富、气候干旱燥热、水热矛盾突出、植被覆盖率低、水土流失严重、生态恢复困难、社会经济条件差等特点；同时，也是自然资源利用开发潜力大、特色资源丰富而经济潜力很大的地区。

干热河谷不同于其他干旱河谷类型。它在气候、土壤和植被等方面都表现出明显的特征（表 1-2）：平均气温明显高于其他干旱河谷，无冬季气候；土壤属于南热带类型，一般是红壤、燥红土等；农作物以热带亚热带为主，作物一年两熟以上。除此之外，干热河谷具有以下特征。

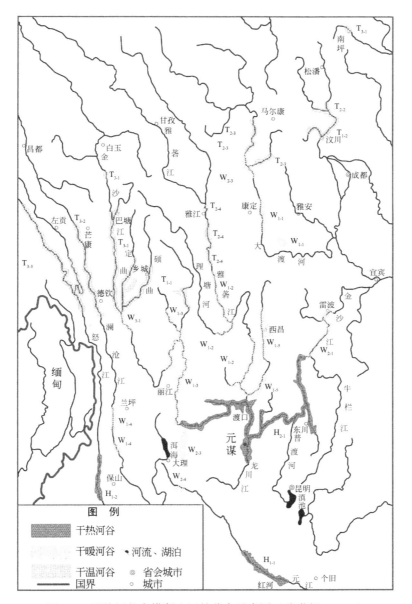

图1-1 干热河谷在横断山区的分布示意图 (张荣祖, 1992)

表1-2 干热河谷与其他干旱河谷的基本特征比较

类型	干热河谷	干暖河谷	干温河谷
最冷月平均气温 (℃)	>12	12~5	5~0
最暖月平均气温 (℃)	28~24	24~22	22~16
日均温≥10℃天数 (天)	>350	350~251	250~151
植被类型	稀树灌木草丛为主, 中生小叶灌丛	稀树灌木草丛为主, 小叶落叶灌丛	小叶落叶有刺, 灌丛

类型	干热河谷	干暖河谷	干温河谷
土壤类型	燥红土	褐红土	褐土
农作物及其熟季	甘蔗、双季稻，一年三熟	甘蔗、水稻、小麦，一年两熟	小麦、玉米，基本上是旱作两熟

1）植被覆盖稀疏。由于干旱少雨、土壤贫瘠，干热河谷地区植被极为稀疏，大多为低矮、多刺的旱生性灌丛和草本植物，平均覆盖度仅为25%。在一些地区原始植被遭到破坏之后，已经明显出现寸草不生的荒漠化演变趋势，生态恶化发展到危机状态（沈有信等，2002）。

2）土壤贫瘠、水土流失严重。干热河谷地区主要以燥红土、红壤等为主，土壤质地黏重，养分贫瘠。区内沟蚀崩塌严重，以元谋盆地为例，该盆地内沟壑密度为 3.0 ~ 5.0 km/km^2，土壤侵蚀模数高达 1.64 万 t/（km$^2 \cdot$a），盆地内河流（龙川江）泥沙含量明显高于金沙江的其他支流（表 1-3）（钟祥浩，2000）；而且，该区域内新老冲沟类型繁多，正在发育的冲沟所占比例较大。

表 1-3　金沙江流域的含沙量状况　　　　　（单位：kg/m^3）

河流名称		站名	20世纪60年代	20世纪70年代	20世纪80年代
金沙江干流		屏山	1.62	1.66	1.83
		华弹	1.30	1.27	1.62
金沙江支流	安宁河	湾滩	1.16	1.18	2.12
	龙川江	黄瓜园	3.81	5.32	6.65
	黑水河	宁南	1.25	1.55	2.76
	昭觉河	昭觉	1.54	1.28	2.90
	美姑河	美姑	1.53	1.64	2.02
	横江	横江	1.08	1.54	1.82

3）崩塌、滑坡、泥石流等自然灾害频发。植被稀疏和土地的不合理利用，导致水土流失严重，加之陡坡地区和岩石破碎带，使得干旱河谷地区崩塌、滑坡、泥石流等自然灾害发生较为频繁（杨兆平和常禹，2007），造成的经济损失十分巨大。据统计，云南元谋县 1950~1990 年的严重旱灾发生频率增长了 20%。

1.2　干热河谷退化生态系统恢复研究进展概况

1.2.1　研究进程及其内容

由于新中国成立初期对森林保持生态平衡作用的认识不够，森林受到严重的破坏，引发一系列的生态安全问题，如水土流失、泥石流等。1953 年以来，该区以飞播、撒播、点播、小块状全垦撒播、带状整地撒播等方式营造大面积的思茅松和云南松，因经营水平不高，保存率相当低（邓戈，1981）。20 世纪 80 年代开始，一些学者从气候、土壤、地貌、植被等方面展开研究，研究重点是如何恢复植被、提高造林成活率，包括：①造林规划上，遵循"适地适树"这个原则（叶厚源，1986）；根据立地不同又分为荒山造林、水源林、防护林、四旁绿化等（邓戈，1981）；林间结构上，也从当初的纯林带发展为乔、灌、草三层立体结构，并且更加注重乡土灌木的作用。②提高造林成活率技术，由原来的飞播，撒播，点播等粗糙的造林技术，发展到移植、容器苗造林、营养杯造林（叶厚源，1986）。③在造林树种的选择上，从乡土先锋树种思茅松，到引进外来物种，如台湾相思（胡云春和李义林，1984）、灰白牧豆（袁杰，1984）、白头树（冷洪万，1986）、柚木（叶厚源等，1987）等。同时，对该区的种质资源进行了较为详细的研究（周跃，1987；金振洲等，1987；欧晓昆和金振洲，1987；金振洲等，1988；欧晓昆，1988；曹敏和金振洲，1989）。

20 世纪 90 年代，学者们分别对干热河谷的土壤、植被、气候变迁等方面进行了深入的研究，并且把土壤、植被、气候等作为一个整体来研究。首先对元谋干热河谷的土壤进行了系统分类，把金沙江干热河谷的土壤分为铁铝土、变性土、初育土 3 个土纲和燥红土、紫色土、红壤、冲积土 4 个主要土类（何毓蓉和黄成敏，1995），并对典型土类的物理化学性质进行了研究（黄成敏和何毓蓉，1995；黄成敏和何毓蓉，1997；何毓蓉和黄成敏，1999）；并开展了以土壤为核心的干热河谷荒漠化评价（刘刚才和刘淑珍，1999）。在植被方面，较 80 年代更深入，例如，研究了土壤中氮磷钾或昆虫对植物种生长的影响（温波，1993；喻赞仁，1994），典型旱生群落结构、植物种组成规律等（朱华，1990）；在评价造林是否成功方面不再依据简单的存活率，而是从生态学指标上定量的研究其生长状况（刁阳光，1993），并从植物生理生态的角度分析比较了树种和立地条件这两个维度下植物种对环境的适应性（李昆和曾觉民，1999；贾利强，2003）。

进入 21 世纪，学者们对干热河谷的研究更为重视，主要为以下几个方面。

1）物种选择与引进。在干热河谷修复植物种的选择上，广泛引种并推广适应性以及利用价值比较大的物种，如以中国林业科学研究院资源昆虫研究所带头的科研队伍就在金沙江干热河谷推广印楝的种植，并对印楝的生长特性、适应性进行了研究（贾利强，2003；张燕平，2005；崔永忠 2006；李伟，2006；秦纪洪，2006；林文杰等，2007；黄俊怡，2009）；同时，重视草种的引进和推广，如柱花草（龙会英，2006；龙会英，2007）、百喜草（龙会英等，2001）、坚尼草（龙会英，2007）等。

2）生态恢复的效应研究。重点研究了车桑子、银合欢、桉树等的生态学特性、抗旱性特征、水土保持能力等（马焕成等，2002；郑科，2003；高洁等，2004；方海东等，2005；赵琳，2006；彭辉等，2009）；对各种农林、林草等生态农业模式对土壤理化性质的改良和水土保持作用做了大量的研究（张建平和王道杰，2000；纪中华，2003；纪中华等，2005；刘光华，2005；张映翠，2005；杨艳鲜等，2006；张明忠，2007；杨艳鲜，2009）。

3）生态恢复的基础性和定位观测研究。在此期间，中国林业科学研究院资源昆虫研究所建有云南元谋荒漠化生态系统定位观测站，中国科学院水利部成都山地灾害与环境研究所和云南省农业科学院联合建有云南元谋干热河谷崩塌沟蚀观测站，在干热河谷区初步建立了长期的观测和研究基地，并进一步对干热河谷退化生态系统展开了调查、评价和恢复重建工作（杨万勤，2001；张建辉，2002；第宝锋，2004；郎南军，2005），沟蚀崩塌等基础性研究也逐步有了成果（Xiong et al.，2009）。

1.2.2 主要研究成果

1.2.2.1 干旱（热）河谷的成因

目前，干旱河谷的形成主要有以下几大观点（张荣祖，1992；明庆忠和史正涛，2007）：

1）地史原生论：认为干热河谷的出现是在自然地理环境演化中的必然产物，即是从河谷深切、气候变热变干在地史期间就形成目前的格局和现象。但这种观点不能圆满地解释红河干热河谷孑遗的冷热性的河谷季雨林种属成分。

2）焚风效应说：认为横断山区的山脉走向，大体上均垂直于西南季风或东南季风，山脉迎风坡截流较多的雨水，背风坡少雨，下山风又增温，致使河谷地区产生干旱现象，愈向内陆，这种河谷干旱现象愈明显，这种观点从气象学原理出发较易为人们所接受。

3）山谷风局地环流说：如国外学者 Schwein 认为主要是山谷风形成的局地环流所导致的，地形封闭，河谷深陷，山谷中温度的日变化引起山谷风的昼夜环流，这种局地环流周而复始，长期作用的结果是使谷地干燥的气流上升，形成具有一定垂直幅度的干旱现象，而谷地气流上升至一定高度所形成的云雾带又恰好与山地森林的存在相吻合。

4）人类活动干扰次生说：认为现代干热河谷是由于人为扰乱砍伐原生的森林植被而引发环境突变所形成的，侧重在河谷由湿热环境转变为干热环境时森林植被对环境变化的影响，但忽略了自然气候效应的影响；虽然也有人提出了自然－社会系统综合成因说，认为在理论上干旱河谷的形成因素不可能是单一的，应包括大气环流、区域性环流和局地环流三种。

因此，关于干旱河谷的成因机制，还是不完全清楚。最近，有学者（赵树华和于建彬，2007）提出了这方面研究的新思考：认为干热河谷是局地地－气－水－生－人交互作用及偶合效应的综合产物。

1.2.2.2 生态恢复区划

纪中华等（2006）根据水是该区主要制约因素的基础上，将金沙江干热河谷脆弱生态系统分为 3 种小系统，即雨养生态系统、集水补灌系统、适水灌溉系统。钟祥浩（2000）针对干热河谷区生态系统退化特征，将干热河谷划分为极强度退化、强度退化、重度退化、中度强度和轻强度退化 5 种主要类型，提出退化生存系统恢复与重建的关键在于土壤水分条件的改善，根据现有土壤和母质的残存情况，提出自然恢复、重建和改建等建设新的生态系统的途径。张建平和王道杰（2000a）依据农业生态系统差别把元谋县划分为平坝农业生态系统区、坝周低山丘陵农业生态系统区、中山农业生态系统区、中高山农业生态系统区 4 个类型，并以此对不同类型进行植被恢复。张信宝等（2003）根据气候带和岩土类型的组合，进行了元谋干热河谷森林植被恢复适宜性分区，分为 6 种坡地岩土类型，3 个气候带，分为森林植被恢复适宜区、较适宜区、较不适宜区、不适宜区和极不适宜区 5 个区，是对干热河谷地区植被恢复分区的一种新的探索。

1.2.2.3　生态恢复技术体系

近年来许多学者对如何在金沙江干热河谷进行植被恢复进行了一些实践和探索。纪中华等（2005）根据元谋干热河谷生态环境脆弱、水分短缺、干热资源充足等特点，按照生态学、生态经济学、系统科学的原理设计规划干热河谷退化坡地立体种养复合生态农业模式，即"乔+灌+草+羊+沼气+蚯蚓+鸡"模式。经多年实践证明，所建的典型优化模式综合效益明显，使系统得以可持续发展，该模式在干热河谷有广泛的推广前景。同时，针对不同退化程度的系统所具有的典型特点，提出了金沙江干热河谷不同退化系统的生态恢复及治理模式，即重度退化生态系统采取冲沟生态恢复模式、中度退化生态系统采取退化坡地生态恢复模式、轻度退化生态系统采取立体种养综合治理模式。杨忠等（1999）从坡地类型划分、林草种选择及乔灌草人工混交植被类型配置、整地、育苗、定植和抚育管理等方面阐述了金沙江干热河谷植被恢复的主要技术体系。杨万勤等（2002）针对金沙江热河谷的生态环境退化特点，提出植被恢复与重建技术必须结合生物措施、土壤生态措施和工程措施，并认为生物措施是最根本的治理途径，首先是筛选和培育一批耐旱、耐瘠薄且能培肥土壤的植物，其次根据植物相克相生原理和群落共生原理，采用合理的搭配和栽培技术，防止水土流失。

1.2.2.4　生态恢复效应及其评价

对该区植被恢复的各种效应，也有不少学者作过相应的研究。李建增等（2001）对金沙江干热河谷退化坡地雨养酸角林进行了水保效益和经济效益分析，结果发现 6 m×6 m 种植方式对水土保持效益最佳。杨艳鲜等（2006）对元谋干热河谷区 4 种旱坡地生态农业模式的水土保持效益进行了系统的研究，结果表明与对照模式"罗望子+裸地"相比，建立的 4 种模式均体现了良好的水土保持效果，其中"罗望子+木豆+柱花草"模式截持降雨能力、增加地表盖度能力、改善土壤物理性状能力、提高蓄水保水能力、防治水土流失效果最佳。何璐等（2006）通过对金沙江干热河谷生态经济林的 3 种典型复合种植模式的观测分析，表明三种复合种植模式的经济产投比、土地生产率的关系为：龙眼+台湾青枣模式 > 龙眼+香叶天竺葵模式 > 龙眼单作模式。方海东等（2005）对金沙江干热河谷银合欢人工林植被恢复区的生态经济价值进行了量化评估，结果表明生态服务功能价值已超过 46.1 万元/hm²，其中直接使用价值为 3.7 万元/hm²，占总生态经济价值的 8.1%，间接使用价值为 42.3 万元/hm²，占总生态经济价值的 91.94%。

1.3　干热河谷退化生态系统恢复的理论基础与思想方法

1.3.1　生态恢复的一般理论方法

1.3.1.1　恢复生态学的定义

据彭少麟和陆宏芳（2003）总结，恢复生态学自 Aber 和 Jordan 于 1985 年提出以来，它仅经历了 10 余年的发展历程，是一门年轻的学科，迄今尚无统一的定义，具代表性的有 3 种学术观点。

第 1 种强调受损的生态系统要恢复到理想的状态。

美国自然资源委员会认为使一个生态系统回复到较接近其受干扰前的状态即为生态恢复。Jordan（1995）认为使生态系统回复到先前或历史上（自然的或非自然的）的状态即为生态恢复。Cairns（1995）认为生态恢复是使受损生态系统的结构和功能回复到受干扰前状态的过程。

第 2 种强调其应用生态学过程。

彭少麟等（2001）提出，恢复生态学是研究生态系统退化的原因、退化生态系统恢复与重建的技术与方法、过程与机理的科学。Bradshaw（1987）认为生态恢复是有关理论的一种"酸性试验（acid test 或译为严密验证）"，它研究生态系统自身的性质、受损机理及修复过程。Diamond（1987）认为生态恢复就是再造一个自然群落或再造一个能够自我维持、并保持后代具持续性的群落。Harper（1987）认为生态恢复是关于组装并试验群落和生态系统如何工作的过程。

第 3 种强调生态整合性恢复。

国际恢复生态学会（Society for Ecological Restoration）先后提出 3 个定义：生态恢复是修复被人类损害的原生生态系统的多样性及动态的过程；生态恢复是维持生态系统健康及更新的过程；生态恢复是研究生态整合性的恢复和管理过程的科学，生态整合性包括生物多样性、生态过程和结构、区域及历史情况、可持续的社会实践等广泛的范围。第 3 个定义是该学会的最终定义。

1.3.1.2　恢复生态学的主要理论

退化生态系统的恢复与重建是一项十分复杂的系统工程，恢复生态学包括了许多学科的理论。目前，自我设计与人为设计理论（self-design versus design theory）是唯一从恢复生态学中产生的理论，但最主要的还是生态学理论（彭少麟和陆宏芳，2003），这些理论（师尚礼，2004）主要包括以下几种。

1）限制性因子原理：寻找生态系统恢复的关键因子及因子之间存在的相互作用，进行生态恢复工程的设计和确定采用的技术手段、时间进度。

2）热力学定律：确定生态系统能量流动特征。

3）生态系统结构理论：确定物种组成成分及其在时间、空间上的配置及各组分间物质、信息流动的方式与特点，即物种结构、时空结构和营养结构。

4）生态适宜性原理：确定物种与环境的协同性，充分利用环境资源，采用最适宜的物种进行生态恢复，维持长期的生产力和稳定性。

5）生态位原理：合理安排物种在时间、空间上的位置及其与相关种群之间的功能关系，使各种群在群落中具有各自的生态位，避免种群之间的直接竞争，保证群落的稳定。

6）生物群落演替理论：确定被恢复生态系统的演替过程，通过物理、化学、生物的技术手段，控制待恢复系统的演替过程和发展方向，恢复或重建生态系统的结构和功能，并使系统达到自维持状态，该理论是指导退化生态系统重建的重要基础理论。

7）植物入侵理论和生物多样性原理：确定物种之间及其与环境之间的多种相互作用，以及各种生物群落、生态系统及其生境与生态过程的复杂性，从而达到系统的稳定性。

8）缀块 – 廊道 – 基底理论：缀块泛指与周围环境在外貌和性质上不同，并具有一定内部均质性的空间单元，可以是植物群落、湖泊、草原、农田或居民区等；廊道指景观中与相邻两边环境不同的线形或带状结构，常见的有防风林带、河流、道路、峡谷、输电线路等；基底指景观中分布最广、连续性最大的背景结构，常见的有森林基底、草原基底、农田基底、城市用地基底等。这一理论的应用，对于生态系统恢复，在大中尺度上，必须考虑土地利用的整体规划，考虑生境的破碎化，恢复与保持景观的多样性和完整性。

1.3.2　干热河谷生态恢复的思想方法及其特色

1.3.2.1　已取得的经验

我们在元谋干热河谷区作生态恢复，早期主要研究了退化生态系统的特征和类型，并从不同的退化程度和类型，以及不同的母质和母岩特性入手，设计恢复技术和模式，取得了较好的生态恢复效果。通过总结发现，我们的生态恢复思路是：从"诊断"（退化类型及其成因机制）到"建模"（恢复模式试验）到再"诊断"（模式评价）到再"建模"（模式优化），这样的"四步曲"恢复程序。

"诊断"是我们的核心和重点，不仅要诊断退化的类型和原因，而且要诊断治理（恢复）的效果。目前，对于干热河谷退化的类型基本清楚，但关于退化的原因还没有统一的认识。因此，"诊断"仍然是将来的工作重点。

1.3.2.2　对学科发展的认识

（1）环境科学的发展概况

环境科学的产生经历了以下几个认识阶段（陈清硕和王平，1995，1996）。

A. 环境决定论

19 世纪地理学家在达尔文学说的影响下，开始认为不同地区人类活动的特征主要取决于地理环境的性质。这种思想被称为"环境论"、"决定论"或"环境决定论"。环境决定论认为地理环境首先决定生产力水平而后决定生产关系，逐层决定人类社会的发展。

B. 环境可能论

最早批评"环境决定论"绝对化倾向的学者是法国的 Vidal，他认为环境为人类社会发展提供了多种可能，可以选择利用；在人与环境关系中，除了环境的直接影响外，还有其他因素作用，不能用环境决定论来解释一切人类事实。Vidal 的理论被称为"环境可能论"，它肯定了人的主动积极作用。

C. 人类中心论

随着人与环境关系中人的主动作用的增强，人类开始产生"生产方式决定论"的环境思想，对环境的作用采取虚无主义态度。环境"虚无观"是一种强调人类主体作用与中心地位的思想，这被称为"人类中心论"。

D. 环境和谐论

19 世纪 40 年代以来，引人注目的公害事件不断发生，使人类认识到环境不是任人摆布的。世界各地普遍发生的环境异常现象，使人们认识到这和人类的活动直接有关，是环境在对人类进行"报复"。所谓"报复"，是指技术负作用带来有害于人类生存的后果。这促使人类进入一个否定环境"虚无观"的新时代，正是在这个时代，迎来了环境科学的诞生。1954 年，美国科学家首次提出"环境科学"（environmental science）这一词汇。

我国的环境科学于 19 世纪 70 年代初正式建立起来，目前已基本形成具有中国特色的环境科学研究体系（陈定茂和宇振东，1994）。

为防止环境的"报复"，新兴的环境和谐论、环境协调论正在崛起，主张人与环境和谐相处，标志着人类对环境的认识达到了更高水平，它和启蒙状态的原始"天人合一"论不同，是建构在现代科学和哲学基础上的新思想和新世界观。

在现阶段，环境科学与自然科学和社会科学相互渗透，形成了诸多分支学科（蔡宏道和彭崇信，1983；杨华和佛迎高，2002；钟祥浩，2006）。与自然科学渗透形成的有环境地学、环境地质学、环境生物学、环境微生物学、环境化学、环境物理学、环境医学、环境工程学、土壤环境学、山地环境学；与社会科学交叉形成的有环境管理学、环境经济学、环境法学等。随着科学技术的发展，环境科学的分支学科还将继续产生。

（2）生态学的发展概况

生态学的发展已经历了以下 3 个阶段（常健国，2005；戈峰，2008）。

A. 生态学萌芽时期

早在公元前 2000 ~ 公元前 1000 年，朦胧的生态学思想已见诸于希腊和中国的古歌谣和著作中。这一时期以古代思想家、农学家对生物与环境相互关系的朴素的整体观为其特点。

B. 生态学的建立与成长时期

公元 16 世纪 ~ 20 世纪 40 年代，这一时期是生态学建立、生态学理论形成、生物种群和群落由定性向定量描述、生态学实验方法发展的辉煌时期。其建立和发展历程可概括为以下几个阶段：①奠基时期。这一阶段始于 16 世纪文艺复兴之后。各学科的科学家都为生态学的诞生做了大量的工作。②建立初期。自 1990 年生态学被公认为生物学的一个独立分支学科到 1920 年，虽然在个体、种群和群落的水平开展了许多研究工作，总体来说还处于定性描述阶段，缺乏对生态现象的解释。③发展期。20 世纪 20 ~ 50 年代，生态学得到了迅速的发展，研究重点已开始由定性转为定量描述，并形成了诸多典型学派，如英美学派、法 – 瑞学派等。

C. 现代生态学的发展期

20 世纪 50 年代以来，人类的经济和科学技术获得了史无前例的飞速发展，既给人类带来了进步和幸福，也带来了环境、人口、资源和全球变化等关系到人类自身生存的重大问题。在解决这些重大社会问题的过程中，生态学与其他学科相互渗透、相互促进，并获得了重大的发展，形成了众多的分支学科。例如，按研究的生物组织水平（或层次）分，有个体生态学、种群生态学、群落生态学和系统生态学（杨晓，1999a）；按生物学分类法分，有动物生态学、植物生态学、微生物生态学和人类生态学（杨晓，1999b）；按学科交叉产生分，有景观生态学、环境生态学、污染生态学、分子生态学、原子生态学、数量生态学（戈峰，

2008）；按研究的空间和时间尺度分，有农业生态学、森林生态学、草地生态学、海洋生态学、湿地生态学、古生态学（杨晓，1999c）等。生态学与某个研究方面结合起来，也产生了一些分支学科，如信息生态学（曾英姿，2009；张向先等，2008）、产量生态学（丁圣彦，1996）、遗传生态学（何维明和钟章成，1996）、产业生态学（王薇薇和李仕良，2006）、真菌生态学（刘开启，2004）、土壤动物群落生态学（朱永恒等，2005）等。

环境科学和生态学的发展过程揭示了生态学是不断向宏观和微观、向自然学科和社会经济学科渗透的过程（白哈斯，2001），它的发展史启迪我们：随着科学技术的发展和研究的不断深入，环境科学和生态学将逐步细分出更多的分支学科。目前，在环境生态学中，出现了一些与耐性（容忍量）有关的科学术语及其众多研究成果，如环境容量、生态承载力、土壤容许侵蚀量等。人类要与自然和谐相处，就必须遵循生态环境的制约规律，人类活动及其结果不能超过生态环境的容忍度，否则会遭受自然的报复。因此，专门研究生态环境耐性规律、容忍和协调规律的科学，即"协容生态学"即将成为一门专业的学科，这是环境科学和生态学的必然发展趋势。

1.3.2.3 环境灾害的启示

近100年来，地球上的主要自然灾害，如地震、飓风和洪水不断发生，而且其趋势是越来越频，越来越严重。据记载（唐林波等，2002），自1900年以来，前50年，即1900~1950年，全球大地震（震级>7.5）有2次，造成死亡人数约31.5万，后50年，即到2000年，全球大地震有5次，造成死亡人数约28.0万；洪水灾害也有这种逐渐增加的趋势（阮宏华和张武兆，1999；张人权等，2003）。这些灾害频率和强度的不断增加和加强，表明人类社会不断发展的过程，也是自然环境在恶化、调节能力（其耐性）在减弱的过程。研究表明：很多环境现象不仅仅是自然因素驱动的，可能越来越多的是由人为活动导致的。例如，土地退化更多属于人为活动引起的（Nyssen et al.，2004；卢金发，1999；程水英和李团胜，2004；罗明和龙花楼，2005；杨朝飞，1997），土壤侵蚀率与人为活动密切相关（Wei et al.，2006），全球气候变化也与人为活动密切相关（Solomon et al.，2007；Leemans and Eickhout，2004；起树华和王建彬，2007）。种种迹象表明：社会的不断发展过程，就是人类对环境不断作用的过程，产生了深刻的影响，有些甚至是"激怒"了环境而产生环境灾害。不断发生的各种环境灾害，警示我们：人为活动必须遵循环境的耐性规律，不能违背环境的耐性规律，即人类的某些活动影响不能超过环境的最大容忍能力，不能使环境失去它的系统平衡，否则将遭受环境的"惩罚"。正如有专家（Hartemink，2006）指出的，现代文明的挑战就是使人类社会不断发展的需求与自然环境的耐性相协调。因此，发展"协容生态学"也是社会实践的必然趋势。

1.3.2.4 恢复生态学的一种假说——协容生态学

（1）协容生态学的定义

众所周知，生态学（ecology）是研究生物与环境之间相互关系的学科（安树青，1994）；是研究有机体与其环境相互作用的科学，环境包括生物环境和非生物环境或叫物理环境，如水、土等（Mackenzie，2004）。生态学的定义还有很多（朱永恒等，2005）：

生态学是研究生物（包括动物和植物）怎样生活和它们为什么按照自己的生活方式生活的科学；生态学是研究有机体的分布和多度的科学；生态学是研究生态系统的结构与功能的科学；生态学是研究生命系统之间相互作用及其机理的科学；生态学是综合研究有机体、物理环境与人类社会的科学等。而环境科学是专门研究人类在改造自然过程中同自然环境之间相互作用关系的科学，它主要从自然环境及其变化的角度来研究保护人类的生存环境（陈清硕和王平，1995；章申，1996；王俊博等，2004）。

根据生态学和环境科学的定义，简单地说，协容生态学是研究环境与环境、环境与生态、环境与人类活动间相互容忍和协调关系的科学，是生态学的一门分支学科，也是一门交叉学科。它的研究主题仍然是环境系统，从这一点看，也是环境学的一门分支学科。

从这一定义可以明显看出，协容生态学有别于其他生态学和环境学的分支学科，是专门研究环境耐性规律和容忍协调规律的科学，目标是在人类的各种活动中，使人类与环境和谐、环境与生态间协调，从而实现可持续发展，从某种意义上讲，是可持续发展的基础学科。

（2）协容生态学的核心思想

我们认为，协容生态学的哲学理论基础是：量变与质变的辩证规律。任何系统的质变都是在量变达到一定程度时发生的。也就是说，生态环境系统或它的某一元素退化到不可逆转的状态时，是需要经过一定的可容忍过程，在这种过程之内，生态环境系统都是可以自我恢复和平衡的，超过这种临界过程，则不能恢复即发生质变。所以，我们认为协容生态学的核心思想和方法是：把自然生态环境看成是具有"生命"的系统，有一定的耐性能力和自我恢复能力，具有自然免疫的特征和能力；系统在每一个阶段是从相容状态发展到协调状态，达到协调状态后才能向下一个阶段发展，即存在的系统至少是各因素间为相互容忍的关系。因此，可借鉴自然免疫的理论和方法，以及量变与质变的辩证规律来创建协容生态学的理论和方法。

众所周知，生态环境系统由生命和非生命个体组成，这两种个体都有其发育、发生、发展等过程规律，从这点意义上讲，我们可以把生态环境系统看成是有"生命"的一种综合系统（个体）。健康的生态环境系统具有较强的自我修复和免疫能力，能够抵御外界的干扰，维护系统状态的稳定；同时，具有自我平衡、多样性、有恢复力、有活力和能够保持系统组分间平衡的特征（Rapport et al.，1998；Rapport，1999；Rapport and Lee，2004）。因此，生态环境系统的耐性能力及其自我恢复能力是必然存在的，自然免疫和质量互变的思想方法是协容生态学的核心。

（3）协容生态学的主要研究内容

我们认为协容生态学的研究应该分3个层次（图1-2）进行：首先要认识生态环境的协容特征，包括确定协容特征的主要指标及其内涵，这些指标的主要影响因素有哪些，以及这些指标的确定方法等；然后揭示这些协容指标的变化规律，包括各协容指标的变化过程规律，这些变化的驱动机制等；在这些研究的基础上，再研究提高生态环境耐性的技术方法，以及管理对策等。协容生态学在生态恢复的研究中，核心是研究生态与环境间、生态环境与人为活动间的相互容忍和协调关系规律，然后按照相容和协调规律进行生态恢复和构建健康生态系统。

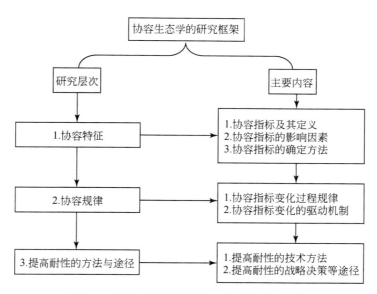

图 1-2 协容生态学的研究思路及其主要内容

关于环境耐性指标，我们认为有以下 3 个指标急需研究。

1）容许侵蚀量。容许侵蚀量（T 值）是水土保持的一个基本参数，水土保持的最终目标是使水土流失量达到 T 值。但是，在我国这一指标至今未全面系统确定，以至于水土保持规划目标不明确，出现很多争议不休的问题。例如，对一定流域，上游认为保持水土越多越好，而下游认为相反；对小流域的治理，有些是一而再、再而三的治理，不知道治理到什么程度为好等。这些问题都应归结为容许侵蚀量的问题。

2）容许施肥量。容许施肥量是在保持一定较高生产力情况下，土壤等环境和作物产品能长期保持安全的施肥量。

当今，我们反复强调食品安全和土壤的可持续能力，以及水土质量安全。可是，什么样的施肥量才能达到这些要求呢？目前还远远缺乏科学依据。

3）容许承载量。目前，关于环境的"容许量"问题，已经提出了"环境承载力"和"环境容量"等科学概念，并进行了较系统的研究。前者主要研究的是某种环境能承受某种消耗该环境的动植物的能力大小（马焕成等，2002），后者主要研究的是某种环境能接纳某种污染物的能力（赵卫等，2007）。这二者有着密切的联系，承载力越大，容量也应越大，甚至认为环境容量是环境承载力的狭义内涵（黄静等，2007）。但这二者往往是独立进行研究和评估的，因此，往往存在争议。为此，我们提出环境"容许承载量"这一指标，将这二者统一起来。将之定义为：在动物（包括人）或植物的一定生长或生产活动方式下，能与其周围环境和谐长久共存的最大动植物量。

容许承载量是一个综合性的环境耐性指标，因此，它的研究更具有挑战性，因为它会涉及更多的自然和社会科学领域，需要更多的研究方法和手段；也是协容生态学要确定的一个重要指标，还有待于不断完善它的研究内容和研究方法。

第2章 干热河谷退化生态系统的特征与退化机理

2.1 区域的水环境退化

2.1.1 降水与蒸散发特点

据区内各点多年的气象监测，河谷区内多年平均降水量为680.7 mm，5~10月雨季降水总量占全年降水量的85%以上，多年平均蒸发量为3215.0 mm，干旱指数大于2.5，干燥度（蒸发量/降水量）达4.5以上（表2-1）。因此，河谷区水热矛盾突出，季节性干旱特别明显，干燥度达10.0以上，一年内超过50%的时间基本无降雨，土壤含水量长达7~8月处于凋萎湿度以下，冬春干旱极其显著。

表2-1 金沙江河谷区降雨与蒸散发特点

地点	年均雨量（mm）	年均潜在蒸发量（mm）	旱季（11~4月）		
			雨量（mm）	潜在蒸发量（mm）	干燥度
元谋	634.0	3847.8	60.4	1283.1	21.2
东川	700.5	3640.1	86.3	1392.3	16.1
攀枝花	764.4	2425.5	103.8	1161.6	11.2
会东	624.0	2946.5	76.3	1014.7	13.3
平均值	680.7	3215.0	81.7	1212.9	14.8

资料来源：刘刚才和刘淑珍，1998

2.1.2 河川径流

区内主要干流是长江上游的金沙江河流，据攀枝花水文站监测，常年径流总量约为5.40×10^{10} m^3，大部分径流来源于长江源头，区内其他支流的径流量较少。由于干热河谷区内降雨量少，其地表径流也较少。例如，元谋盆地内的地表年径流总量为2.8亿 m^3，约占降水总量的22.0%，而区内每年潜在的蒸发量约为7.0×10^9 m^3。元谋每年所需的大量水资源主要由龙川江过境水提供。据黄瓜园水文站资料，龙川江上游80%的年份水量可达7.8亿 m^3，但季节分配极不均匀，约90%集中于雨季。龙川江流量年际变化极大，多年平均最大流量与最小流量之比可高达1710倍。据云南省水文总站资料，元谋地下径流深17.7 mm，年地下径流总量0.36亿 m^3。因此，区内能利用的河川径流量十分有限。

2.1.3 土壤持水性能

干热河谷区主要分布的是黏粒含量较多的燥红土、红壤等，土壤结构差，土壤入渗率低，持水力也弱。据研究（杨忠等，2003），入渗率的空间变异很明显：不同岩土组成坡地的稳定入渗速率，片岩坡地为 1.4～8.67 mm/min，砂砾层坡地为 6.33 mm/min，砾石层坡地为 0.69～2.20 mm/min，轻度侵蚀泥岩坡地为 0.6～1.3 mm/min，强度侵蚀泥岩坡地为 0.03～63 mm/min。可见，不同岩土组成坡地的入渗能力差异较大，泥岩坡地入渗能力最低，特别是强烈侵蚀的泥岩坡地入渗能力极低，部分泥岩坡地的入渗速率低于 0.1 mm/min，在降雨季节的中后期，降水极难入渗，降水对土壤的水分补充较少。石质山地入渗能力远高于泥岩坡地，部分坡地入渗能力极强，稳定入渗速率达到 8～10 mm/min，降水对土壤的水分补充较多。坡地入渗能力与土壤孔隙状况具有密切的关系。通过相关和回归分析表明，饱和渗透速率与非毛管孔隙度呈显著的线性相关关系。由此可见，泥岩坡地 B 层至 C 层土体的非毛管孔隙度低，致使其饱和渗透系数低至 10^{-4}～10^{-3} 数量级，水分很难通过重力水的形式渗入，成为泥岩坡地水分入渗的限制因素，而石质山地的非毛管空隙度高，通透性较好，饱和渗透系数为 0.04～0.25 mm/min。据在元谋苴林基地的监测，入渗率在植被恢复区约为 1.0 mm/min，在无植被恢复区（光板地）则为 0.5 mm/min。从整体看，干热河谷土壤的入渗能力远低于我国黄土高原等其他干旱区，土壤入渗能力低是造成干热河谷土壤干旱的主要原因之一。从土壤持水能力看，据测定，普通燥红土最大饱和含水量约为 0.4 cm^3/cm^3，土壤储水能力较小，保水能力也差，一般历时约 60h 后，土壤含水量达到凋萎含水量（黄成敏等，2001）。

2.2　土　壤　退　化

2.2.1　土壤退化类型

以云南元谋干热河谷区为例，该区土壤有以下退化特征（何毓蓉等，1997）。

2.2.1.1　土层瘠薄板结

据典型区调查，约有 1/4 面积土壤缺乏腐殖质层，紧实板结的心土层或母质层裸露。据测定该区土壤容重多为 1.30～1.70 g/cm^3，表层容重多为 1.30～1.50 g/cm^3，土壤板结较明显。

2.2.1.2　障碍层高位化

该区主要为第四纪早更新世元谋组半胶结河湖相沉积物母质。母质层中夹有姜石层、铁质硬板层等。因侵蚀作用这类原本埋于土层下较深的层次距地表越来越近。这些层次物理性状不良，影响根系发育和水分运行，属土壤肥力的障碍层次。在典型区这类层次深度 <30 cm 者约占该区面积的 1/5，障碍层高位化还有进一步发展的趋势。

2.2.1.3　土壤酸化和石灰化

发育于第四纪元谋组红色风化壳母质的燥红土，土壤酸性强，一般土壤活性酸 pH 为 4.8～5.4，土壤交换性酸多为 113.0～146.1 mg/kg，土壤交换性铝为 13.4～32.1 mg/kg。

土壤酸化既受母质影响，也有风化淋溶作用。而发育于元谋组钙质胶结的黏土层的变性土则多含碳酸钙，其含量可达 38.9~236.6 g/kg，土壤 pH 为 7.8~9.0，呈碱性。这种石灰化作用主要是母质中的碳酸盐成分溶解进入土壤。

2.2.1.4 土壤变性化

土壤变性化是指土壤黏粒含量过高，且以膨胀性黏土矿物（如蒙脱石）为主，土壤膨胀收缩强烈，土壤物理性极为不良，造成土壤肥力和生产性极差的一类土壤退化现象。迄今还未将其列入土壤退化问题加以研究。在该区此类退化分布面积较大，对当地生态环境的恶化和农业生产的落后有重大影响，值得重视。

2.2.1.5 土壤养分贫瘠化

据测定该区燥红土、变性土等主要土壤的养分储量变幅是：全氮 0.29~0.60 g/kg，全磷 0.08~0.30 g/kg，全钾 11.8~26.0 g/kg，碱解氮 1.5~32.0 mg/kg，速效磷未检出，速效钾 16.0~23.0 mg/kg。按国内土壤养分分级标准，全量及速效氮、磷都属缺乏，钾则较丰富。

采用模糊综合评价法对该区土壤养分丰缺进行综合评价，方法如下。

1）将土壤各种养分按公式

$$f(x) = \begin{cases} 1.0 & x \geqslant x_2 \\ (x - x_1)/(x_2 - x_1) & x_1 \leqslant x < x_2 \\ 0.1 & x < x_1 \end{cases} \quad (2\text{-}1)$$

式中，x_1 为养分缺乏值；x_2 为养分丰富值；x 为现土壤养分含量值，土壤养分隶属度值为 0.1~1.0。土壤养分的丰缺指标值参照南方土壤养分综合评价的研究成果（孙波等，1995）。

2）土壤各种养分的权重确定以多元统计和方差计算求得，全氮 0.204，全磷 0.134，全钾 0.149，碱解氮 0.202，速效磷 0.178，速效钾 0.133。

3）运用加法法则计算土壤养分综合评价指标值 AI：

$$AI = \sum_{i=1}^{n} f_i w_i \quad (2\text{-}2)$$

式中，AI 为土壤养分综合评价指标值；f_i 和 W_i 分别为第 i 种养分丰缺指标的隶属度值和权重。

从该区土壤养分综合评价结果（表 2-2）可以看出：根据南方红壤丘陵区土壤养分贫瘠化分级（孙波等，1995），综合评价值在 0.6~0.9 为轻度贫瘠，0.3~0.6 为中度贫瘠，0.1~0.3 为严重贫瘠；该区土壤除变性燥红土和表蚀变性土属中度贫瘠外，其余都属严重贫瘠。可见该区土壤养分贫瘠化特征明显。

表 2-2 元谋河谷土壤养分的丰缺综合评价指标值

土壤	$f_i w_i$						AI
	全氮	全磷	全钾	碱解氮	速效磷	速效钾	
普通燥红土	0.0204	0.0134	0.0310	0.0208	0.0178	0.0648	0.1682
表蚀燥红土	0.0204	0.0134	0.0364	0.0202	0.0178	0.0911	0.1993
变性燥红土	0.0240	0.0134	0.1374	0.0242	0.0178	0.2288	0.4456

土壤	$f_i w_i$						AI
	全氮	全磷	全钾	碱解氮	速效磷	速效钾	
普通变性土	0.0388	0.0134	0.0918	0.0202	0.0178	0.0133	0.1953
表蚀变性土	0.0204	0.0134	0.1579	0.0202	0.0178	0.1450	0.3747
普通薄层土	0.0206	0.0134	0.0176	0.0384	0.0178	0.0229	0.1307
普通紫色土	0.1452	0.0134	0.1392	0.0929	0.0178	0.1593	0.5670

2.2.2　土壤退化程度

通过借助其空间上的土壤特性变异，区分该土壤退化的阶段特征，我们研究和判明了该区土壤的退化过程。以该区内的基带土壤燥红土和退化严重的特殊土壤变性土作为研究对象，分别根据不同的生态景观和土壤肥力特征，选定有代表性的、反映一定退化阶段的土壤剖面系列，对其土壤构造特征、物理性、化学性等进行比较研究，从而确定土壤退化的阶段特征。通过采集燥红土和变性土2个系列共8个土壤剖面并进行研究，得到了这两种土壤不同退化程度的土壤特征（何毓蓉等，1999）。

2.2.2.1　燥红土系列

表2-3为燥红土剖面系列，由上到下依次反映不同退化程度和退化阶段剖面的环境生态与土壤性状特征。

（1）环境生态特征

由生长繁茂的植被和覆盖率达90%逐步过渡到植被生长差，植被覆盖率<10%，甚至近于光板地状况。土壤侵蚀与水土流失状况也由无、轻度到中度和重度。

（2）土壤构造性

由深厚的腐殖质A层逐渐减薄，以至该层缺失。71号剖面有埋藏A层特征，系侵蚀沉积掩埋所致，属构造倒置现象。

（3）土壤物理性质

主要表现在团粒和团块状结构含量及其层次厚度有逐渐减少和减薄的趋势，表层容重有逐渐增大的趋势。颗粒组成和质地变化无规律。

（4）土壤化学性质

土壤有机质含量变化较显著，表层及腐殖质A层土壤有机质含量由9.21~21.10g/kg，逐渐下降到4.21~6.18 g/kg，土壤氮素含量也呈递减趋势。其他特性变化不明显。

由上述可见，燥红土剖面系列的生态景观和土壤性状反映了从无（未）退化、轻度退化、中度退化到重度退化各个阶段的特征。

2.2.2.2　变性土系列

变性土是金沙江干热河谷区近年才发现的一类特有土壤，由于其过黏和剧烈的膨胀收缩性使土壤物理性状极差、肥力低，所以是退化问题突出的一类土壤，但变性土间的土壤性状和肥力也有差异。表2-4为变性土剖面系列的土壤特征。

表2-3 干热河谷区燥红土退化系列典型剖面特征

土壤(剖面号)	环境生态特征	土壤构造	土层深度(cm)	土壤结构	容重(g/cm³)	20.25 mm(g/cm³)	<0.002 mm(g/kg)	土壤质地	土壤pH	有机质(g/kg)	全氮(g/kg)	全P_2O_5(g/kg)	退化阶段
普通燥红土(81)	林草间作治理区,植被生长茂盛,盖度99%以上,无水土流失	A_0	0~7	团粒(>80%)	1.37	177.9	154.4	粉砂壤土	8.0	21.10	0.87	0.18	未退化
		A_1	7~15	团粒(>60%)	1.48	152.9	159.6	壤土	7.9	9.39	0.50	0.14	
		A(B)	15~45	块状(55%)	1.57	208.4	201	粉砂黏壤	7.7	9.21	0.52	0.18	
		(B)C	45~100	无结构	—	32.2	239.5	粉砂黏壤	7.4	4.51	0.28	0.17	
普通燥红土(75)	旱作农地,作物生长较好,雨季植被盖度70%左右,轻-中度水土流失	A_1	0~17	团粒(50%)小块状(30%)	1.40	73.9	353.7	粉砂黏壤	5.2	6.80	0.39	0.14	轻度退化
		(B)	17~24	小块状(50%)	1.56	86.5	218.3	粉砂黏土	5.4	5.00	0.44	0.15	
		(B)C	24~100	块状(20%)无结构	1.50	66.7	413.2	粉砂黏土	4.8	2.60	0.29	0.08	
表蚀燥红土(84)	荒地,种有少量桉树等,盖度<30%,中-重度水土流失	A_1	0~11	粒状(<20%)	1.54	83.7	363.9	壤黏土	6.2	7.25	0.51	0.17	中度退化
		(B)	11~58	小块状(50%)	1.63	11.8	384.4	壤黏土	6.4	3.92	0.45	0.14	
		(B)C	58~71	块状(30%)	1.63	39.5	294.4	粉砂黏壤	6.7	2.26	0.24	0.11	
		C	71~100	无结构	—	19.4	415.4	粉砂黏土	6.9	3.58	0.35	0.10	
表蚀燥红土(71)	荒棵地,多年植物未成活,草地覆盖度<10%,重度水土流失	(B)	0~10	小块状(80%)	1.43	30.1	378.2	粉砂黏土	7.8	4.21	0.34	0.16	重度退化
		(A)	10~20	块状(50%)	1.63	38.9	284.3	粉砂黏土	7.8	6.18	0.44	0.13	
		(B)C	20~60	无结构	—	43.5	306.6	粉砂黏土	8.0	5.07	0.42	0.14	

表 2-4　干热河谷区变性土退化系列典型剖面特征

土壤（剖面号）	环境生态特征	土壤构造	土层深度（cm）	旱季开裂状况	容重（g/cm³）	20.25 mm（g/cm³）	<0.002 mm（g/kg）	土壤质地	土壤pH	CaCO₃	有机质（g/kg）	CEC	黏粒活性	退化阶段
煤红变性土（82）	孔颖草、扭黄茅、酸角树，生长一般，盖度60%，恢复治理但效果较差	A₀	0~6	<0.5cm龟裂较多	1.37	4.2	806.7	黏土	8.0	0	9.63	33.05	0.41	中度退化
		A₁	6~44	0.51cm纵裂，2条/m² 少量	1.54	2.4	683.8	黏土	7.8	0.73	5.16	27.16	0.40	
		(B)	44~64	<0.3cm开裂	1.63	5.0	516.2	黏土	8.1	4.66	2.84	21.72	0.42	
		C	64~100	无	1.63	3.7	466.1	粉砂黏土	8.2	2.28	1.88	21.92	0.47	
普通变性土（83）	扭黄茅、孔颖草，生长差，盖度40%，荒地未利用	A₁	0~9	<0.51cm龟裂较多	1.42	20.5	579.1	黏土	8.2	1.0	8.80	23.79	0.41	中-重度退化
		(B)	9~21	0.51cm纵裂，3条/m² 少量	1.60	6.8	785.4	黏土	8.2	0	4.58	33.45	0.43	
		(B)C	21~40	<0.5cm开裂	1.65	2.6	746.7	黏土	8.4	2.85	3.45	30.00	0.40	
		C	40~71	无	1.63	3.6	674.6	黏土	8.4	0	3.25	27.16	0.40	
普通变性土（77）	扭黄茅、孔颖草，生长很差，荒地未利用	A₁	0~6	<0.55cm开裂较多	1.47	8.6	667.8	黏土	8.9	11.02	5.46	37.04	0.55	重度退化
		(B)	6~25	>0.2cm开裂，2条/m²	1.55	4.3	617.7	黏土	8.9	23.66	4.56	30.40	0.49	
		(B)C	25~65	10.5cm开裂	1.56	4.6	787.6	黏土	8.9	3.89	3.68	35.75	0.45	
		C	65~100	无	1.62	13.2	767.8	黏土	9.0	0.50	2.96	32.23	0.42	
表蚀变性土（76）	无植被、荒裸、重力侵蚀严重，呈鱼脊地形	(B)	0~6	>2cm开裂较多	1.39	19.4	349.9	黏砂黏土	8.6	1.70	2.44	29.11	0.83	极重度退化
		(B)C	6~25	0.52cm开裂，3条/m² 少量	1.53	19.2	291.6	黏砂黏壤	8.6	0.90	2.52	27.02	0.93	
		(A)C	25~65	0.51cm开裂	1.63	28.4	335.0	黏砂黏土	8.3	0.90	5.29	27.18	0.81	
		C	65~100	无	1.68	45.1	328.6	黏砂黏土	7.9	0.60	2.17	24.88	0.76	

（1）环境生态特征

剖面82经过人工利用和治理后，植被可以生长，但生长状况一般。植被覆盖度已恢复到60%，以下剖面的植被生长状况和盖度依次变差，76剖面已成为寸草不生的裸地。

（2）土壤构造特征

剖面间腐殖质层厚度及层次排列有一定差异。剖面82A0层和A1层厚度可达45 cm，而剖面77，83的A1层仅6~9 cm。剖面76已无A层，但表层下25~65 cm处有一埋藏（A)C层。其形成原因与燥红土剖面71不同，它是由变性土强烈的收缩开裂，A层土壤填充裂隙，发生"自吞"现象而形成的。

（3）土壤物理性质

变性土在旱季产生开裂是其诊断特征之一。开裂的裂缝越宽，密度越大；深度越深者，其变性化越强，物理性越差，退化越严重。剖面由82，83，77，76依次表现出开裂特征增强的趋势。变性土颗粒组成中<0.002 mm黏粒含量过高，占29%~81%，其含量变化没有规律性，黏粒活性则表现出依次增大的趋势。黏粒活性>0.7为高活性，0.5~0.7为较高活性，0.3~0.5为中活性，0.2~0.3为较低活性，<0.2为低活性。黏粒活性主要与土壤胶体性质和黏土矿物组成类型有关，其值越高膨胀性蒙脱石、蛭石型矿物越多。所以，其膨胀收缩性强，物理性极差，在土壤过黏（<0.002 mm黏粒含量>300 g/kg）和干旱、半干旱的环境条件下，土壤发生退化也越严重。剖面76虽然黏粒含量比其他剖面都低，但由于黏粒活性高达0.76~0.93，因而其退化最严重。

（4）土壤化学性质

与前述燥红土剖面系列相似，表层或腐殖质A层土壤有机质含量随退化程度增加而依次降低，其他特性变化无规律。变性土剖面系列各类土壤性状都差，即使是经过改良的变性土（如剖面82），从植物生长状况来看，土壤肥力和生产性仍很低。剖面系列依次为中度、中度-重度、重度和极重度退化。与燥红土系列同一退化阶段剖面相比，退化状况也相对较严重。

2.2.3 土壤退化的主要影响因素及其机制

土壤退化受到内外多种因素的影响，在此我们主要讨论以下2种内外影响因素及其作用机制（何毓蓉等，2001）。

2.2.3.1 土壤母质

（1）母质类型及其特性

在该区有10多类母质，其中主要为表2-5、表2-6所列的6类。

1）古红土层。形成于早更新世，为铁质胶结得很坚硬的风化壳。土色偏红，风化程度深，硅铝率在2.4以下，属酸性硅铝-铁质类型。主要分布在平缓的丘岗上部或Ⅳ、Ⅴ级高阶地上。由于其质地为砂质黏土，胶结紧实、透水性差，所处地势较高，水土难保。常形成光裸地或表蚀燥红土。其发育土壤肥力多出现紧实、干旱等问题。

表 2-5 典型区主要母质性状特征

母质类型	分布	厚度(m)	岩性特征						发育土壤及肥力特征
			颜色(干)	硅铝率	紧实性	质地	pH	石灰反应	
古红土层	高阶地、地上部	0.5~1	红 10R5/8	<2.4	容重 1.48 g/cm³ 坚硬紧实	砂质黏土	4.78	无	裸地或表蚀燥红土,紧实、旱、瘦、酸
粉砂质层	缓坡地、阶地级	1~2.5	亮红棕 2.5YR5/8 红棕 5YR5/8	2.4~2.6	容重 1.43 g/cm³ 板结较紧	粉砂壤质	5.37	无	燥红土,旱、板、蚀
细砂质层	坡中部、零星分布	0.5~1	亮红棕 2.5YR6/8 浊红棕 5YR5/4	2.5~2.8	容重 1.36 g/cm³ 松散	细砂质	6.90	无	薄层土、粗骨土、旱、瘦蚀、瘠薄
亚黏土层	坡中、下部侵蚀丘岗	1~2	橙 5YR6/6 至亮棕 5YR5/6	2.9~3.4	容重 1.39g/cm³ 块硬,结构松散	壤质黏土	7.95	较强烈	变性土或变性化土,黏、裂、旱、碱
黏土层	丘岗地、坡中、下部	1~3	橙 7.5YR6/6 至浊红棕 7.5YR6/3	2.9	容重 1.43 g/cm³ 块硬,结构松散	黏土	8.90	强烈	变性土,黏、裂、碱、旱
砾石土层	坡上部、Ⅱ、Ⅲ级阶地	1~2	亮红棕 5YR5/8 橙 5YR6/8	—	容重 1.30 g/cm³ 土质部分适中	粗骨壤质	6.95	无	燥红土或粗骨土,障碍层

表 2-6 不同母质主要物理特性的比较

母质类型	颗粒组成(%)(粒径:mm)			黏粒活性	线胀系数	胀黏比
	砾石 <2	砂粒 0.05~2	粉粒 0.002~0.05	黏粒 <0.002		
古红土层	—	50.52	11.66	37.82	0.39	0.01	0.026
粉砂质层	—	33.60	44.57	21.83	0.83	0.02	0.092
细砂母质层	—	75.64	17.01	7.53	0.84	0.02	0.266
亚黏土层	—	8.67	58.47	32.86	0.76	0.12	0.365
黏土层	—	14.39	8.83	76.78	0.42	0.18	0.234
砾石土层	62.5	41.27	30.30	28.43	0.54	0.05	0.176

2)粉砂质层。古红土风化壳下为粉砂质沉积层,已不像古红土层坚硬,但仍较紧实,土色偏棕,风化度较古红土低,土质多为壤质,较松软,透水性增强,易形成结构,所处

地形较平缓，土层深厚而易于植物生长。多形成普通燥红土。一般土壤肥力较好，但也存在干旱、板结等问题。

3）细砂母质层。在上新世至早更新世的巨厚河湖相沉积层中，细砂土层出露较零星，厚度也不均匀。土色为红棕、浊棕，质地为均质细砂土，被胶结成半成岩，露出地面后易水蚀分散，保水性弱，形成的土壤主要为薄层土、粗骨土。土壤肥力的主要问题是干旱、瘦（养分缺乏）和侵蚀等。

4）亚黏土层。亚黏土包括壤质黏土、粉砂质黏土、砂质黏土和部分黏壤土等。土色橙 – 亮棕。但一般还夹有很多鲜艳的紫红、粉红、橙黄、褐色、灰黑等颜色。这主要是因为其上层多为透水性好的沉积层，而下部为不透水的黏土层，有干湿交替淋溶淀积条件，铁、锰等元素发生氧化还原而产生有色物质。由于黏粒含量多 > 30%，据测定其线胀系数（EOLE）达 0.12（COLE > 0.05 时为高胀缩性），胀缩度 60%，膨胀收缩性较强。所以出露后，在干湿交替环境下，裂隙也有所发育，开裂宽 0.5 ~ 2 cm。松散结构易于崩塌散落和侵蚀。当其上部红土硬壳层蚀去后，便迅速被蚀为馒头状土丘或鱼脊地形。其发育土壤由于具有明显的变性特性，因而多发育为变性土或具有变性化现象的过渡土壤。土壤肥力的主要问题是：土质黏重、旱季开裂、有效水分少等。

5）黏土层。在典型区内，第四系元谋组地层中不同性状层次交替出现，主要特性表现为：土色为橙色，土质尤其黏重，据分析所含黏粒成分高达 80%。由 X 射线衍射分析证明，黏粒中所含膨胀性矿物蒙脱石较多。测定其线胀系数为 0.16，胀缩度为 69%，膨胀收缩很强烈。黏土层出露地表，旱季开裂可达 1 ~ 10 cm，土体内裂隙发育。也形成与亚黏土层相似的地形。所发育的土壤变性特性显著，形成的变性土肥力极低，主要特征是黏重、强开裂、强碱性等。

6）砾石土层。主要分布在 II、III 级阶地。砾石和土无序混合堆积，砾石无分选性，大小不均，磨圆度不好。一般砾石直径为 5 ~ 30 cm，砾石含量为 60% ~ 80%（容积比），土呈填充状，土质以砂土或壤土为主。砾石土中孔隙较丰富，一般其下阶地基座，透水性弱，砾石土层常有储水量较高的特点，在干热气候下有利于抗旱。因此，在砾石土层上发育的土壤，植被生长状况较好。但有的砾石土层及其发育的土壤由于砾石含量过多，且砾石层在剖面中出现部位高（深度 < 60 cm），即成为影响植物生长的障碍层，肥力降低。所以这类土壤上常出现"小老树"生长现象。

（2）母质特性对土壤退化的影响

A. 母质层次组构性控制土壤退化的区域分布

在研究金沙江干热河谷典型区土壤退化过程时已发现在同一地区但不同母质分布地段土壤在退化类型、退化程度和过程上差异都很显著。上述研究也表明，典型区内不同母质在性状特征上大相径庭，特别是母质物理特性的强烈反差（表 2-6），对其所发育土壤存在的肥力问题（表 2-5）有重要的影响。

对典型样区土壤退化的区域分布调查发现，不同岩性母质的层次组合和构造，控制了土壤退化的区域分布规律。一个典型古沉积旋回母质层次组构的土壤退化区域分布特征是：①古红土层，处于丘顶部，坚硬紧实，较难风化成土。形成强度退化的裸地或中—强度退化的表蚀燥红土。②细砾石层，很薄，且不成片分布。形成小面积中–重度退化的粗骨土。③粉砂质层，岩性松散，但受到古红土层的保护残留下来。地处缓坡或平地，质地适中，结构较好，土层深厚，一般形成肥力较高的普通燥红土，土壤未退化或出现轻度退化。④细砂土层，砂质含量高达 75.5%，冲刷严重，养分淋溶，易蚀、易旱、缺养（分），形成中-重度退化的薄成土或粗骨土。⑤亚黏土层，上覆岩层崩蚀后，亚黏土层受强度冲刷，但因黏粒较多，黏结性强，形成块状结构，有一定的抗蚀力。但块状结构易崩散，故形成丘状、鱼脊状地形。由于黏粒活性大，达 0.76，胀黏比达 0.365，故土壤变性化较严重，形成中-重度退化的变性土。⑥黏土层，与亚黏土层相似，形成丘岗状地形。但黏粒含量高达 76.78%，且含较多钙质结核，碱性强（pH 高达 8.97），变性化、碱化严重，形成重度-极强度退化的变性土。⑦粉砂黏土层，类似粉砂质层。⑧砾石土层，分布在高阶地基座上，地形平坦，一般土层深厚，水分状况较好，砾石层埋藏较深者，形成轻度退化的燥红土。同时，强烈反差的母质岩性建造和上硬下软的岩组合，是一种很不稳定的地层组构。下伏软岩层蚀空后，上伏硬壳岩层垂直崩塌侵蚀，所以形成了崖陡壁峭、丘高谷深的破碎土地和强侵蚀地貌景观，区域土壤退化也更为严重。

B. 母质岩土特性对土壤退化的主导作用

典型区土壤退化的主要类型和鉴别指标区内按土壤退化特性进行分类，有：①土壤粗骨化；②土壤黏重化；③土壤瘠薄化；④土壤干旱化；⑤土壤障碍层高位化；⑥土壤贫有机质化；⑦土壤贫磷化；⑧土壤变性化；⑨土壤酸化；⑩土壤碱化（或石灰化）10 类。表 2-7 是由专家系统建立的土壤退化类型及其指标和影响度（相当于权重系数）。

表 2-7　土壤退化类型及其指标和影响度

土壤退化类型	属性指标	影响度
土壤粗骨化	土壤 ≥2 mm 粒径 ≥35% 或土壤 <2 mm 粒径中 ≥0.02 mm 土粒 ≥60%（质量百分比）	0.082
土壤黏重化	土壤 <2 mm 粒径土壤中 <0.002 土粒 ≥30%	0.080
土壤瘠薄化	表土层 ≤14 cm 或全土层（岩石接触面以上）深度 <30 cm	0.125
土壤干旱化	年内土壤深度 10~20 cm 土壤水分吸力 >10×10⁵ Pa 在 6 个月以上	0.128
土壤障碍层高位化	卵石层、沙姜层、铁盘层等障碍层埋深 ≤30 cm	0.080
土壤贫有机质化	表层（0~20 cm）土壤活性有机质含量 ≤0.6 g/kg	0.212
土壤贫磷化	表层（0~20 cm）土壤全磷含量 ≤0.4 g/kg，或者速效磷含量 ≤5 mg/kg	0.091
土壤变性化	土壤 <0.002 mm 黏粒含量 ≥30% 和 COLE >0.05	0.103
土壤酸化	土壤表层（0~20 cm）活性酸度 pH ≤5.5	0.808
土壤碱化或石灰化	土壤表层（0~20 cm）pH ≥7.8 或 CaCO₃ 含量 ≥10 g/kg	0.110

不同母质发育土壤的土壤退化指数（SDI）根据表 2-7 土壤退化指标，对典型区内不同岩性母质发育土壤退化发生概率进行计算和统计分析，再计算 SDI（soil degradation index）值（孙波等，1995）：

$$SDI = \sum_{i=1}^{10} K_i P_i \tag{2-3}$$

式中，K_i 为各类退化指标原影响度（权重系数）；P_i 为各类土壤退化发生的概率。对 6 类母质发育土壤的 SDI 计算结果进行比较如图 2-1 所示，可看出：不同母质发育土壤间的 SDI 值差异较大。在各类母质发育土壤的退化发生强弱依次排序为：黏土层 > 亚黏土层 > 古红土层 > 细砂土层 > 砾石土层 > 粉砂土层。与实际土壤退化状况基本吻合。表明母质特性对其发育土壤退化具有明显的主导作用。

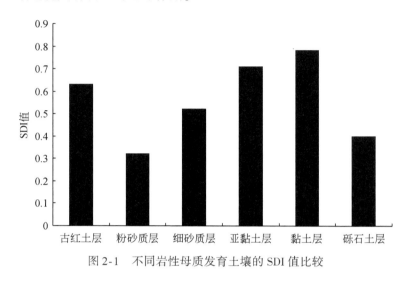

图 2-1　不同岩性母质发育土壤的 SDI 值比较

2.2.3.2　土壤侵蚀

（1）土壤侵蚀作用下土壤退化发生类型

在金沙江干热河谷典型区主要土壤退化类型，如土壤瘠薄化，土壤障碍层高位化，土壤紧实化，土壤粗骨化，土壤贫有机质化，土壤变性化等都与土壤侵蚀紧密相关。表 2-8 是该区几类主要土壤在不同侵蚀作用下，典型退化土壤剖面的土壤退化发生类型及其性状特点。表中土壤退化发生类型是根据土壤退化指标（表 2-7）进行定量划分的，较为客观。由此可见：①不同土壤侵蚀作用下，由轻度到极强度，土壤退化发生类型增多，由土壤性状反映的退化程度加重；②土壤类型不同，在相似的侵蚀环境条件下，土壤退化发生类型虽有一定差异，但不如侵蚀作用对土壤退化的作用明显。

表 2-8　不同土壤侵蚀作用下典型退化土壤剖面的退化类型和特征

剖面编号	土壤名称	环境简况和土壤侵蚀作用	土层厚度（cm）		砂（砾石）黏比		表土有机质（g/kg）	其他	土壤退化发生类型
			表层	全土	表层	下层			
Y-3	普通薄层土	高阶地，荒地，极强度侵蚀	0	10	—	10.0	8.3	半成岩障碍层高位 <10cm，容重 1.36g/cm³ 细砾石障碍层高位	土壤瘠薄化，粗骨化，贫有机质化，障碍层高位，紧实化

续表

剖面编号	土壤名称	环境简况和土壤侵蚀作用	土层厚度（cm）		砂（砾石）黏比		表土有机质（g/kg）	其他	土壤退化发生类型
			表层	全土	表层	下层			
Y-1	表蚀燥红土	高阶地，裸地，强度侵蚀	0	10	—	1.3	4.8	<30 cm，容重1.43 g/cm³	土壤瘠薄化，贫有机质化，障碍层高位化，紧实化
84	表蚀燥红土	Ⅱ级阶地，荒地，中度侵蚀	11	100	0.2	0.03	6.2	容重1.54 g/cm³	土壤黏重化，紧实化
75	普通燥红土	缓坡地，农地，轻度侵蚀	17	100	0.2	0.16	6.8	容重1.40 g/cm³	土壤黏重化，紧实化
76	表蚀变性土	鱼脊状山丘，裸地，土质崩塌严重，极强度侵蚀	6	65	0.06	0.07	2.4	pH8.6，开裂>1.0 cm	土壤瘠薄化，黏重化，贫有机质化，碱化，变性化
77	普通变性土	丘岗，荒地，强度侵蚀	6	100	0.013	0.006	5.5	pH8.9，开裂>0.5 cm	土壤黏重化，碱化，贫有机质化，变性化
82	普通变性土	缓坡地，治理后种树，生长不良，中度侵蚀	9	71	0.005	0.009	9.6	pH8.0，开裂<0.5 cm	土壤黏重化，碱化，变性化

（2）土壤侵蚀对土壤退化作用的机制分析

A. 土壤瘠薄化

在金沙江干热河谷典型区，这类土壤退化发生很普遍（何毓蓉等，2002）。据对该区样区调查，此类退化占 26.5%（面积比，下同）。一般认为土壤侵蚀是造成土壤瘠薄化的最重要原因。该区年平均降水量虽然只有 615 mm，但降水集中，6~10 月占年降水量的90%，且多大雨和暴雨。例如，在典型区元谋 1995 年 1 次暴雨降水量达 116 mm，1999 年8 月发生的两场大雨，短短数小时降水量就分别达 32.4 mm 和 33.2 mm。已有研究表明：降水及其产生径流的侵蚀动能（E）为 $E = 0.5mv$，式中，m 为雨滴（或径流）质量，v为雨强（或径流速度）。因此，雨量（或径流量）和雨强（或径流速度）越大，对土壤的溅蚀（或冲刷侵蚀）作用越大。溅蚀促使土粒分散，径流冲刷破坏土表结构并搬运泥沙下移，造成面蚀、沟蚀，导致土层减薄。

研究还发现：①典型区的退化土壤多数入渗性能很低，因而与同样坡度、覆盖、利用等条件下的未退化土壤相比，土壤发生径流的强度也较大。据现场观测，在坡度 8%，农业利用的强度退化的变性燥红土（Y-4），1 次降水量为 26.8 mm，入渗和径流量的比值为1:3.9，即降水量的 83.4% 产生径流。②区内多数土壤含大量细砂和粉砂（粒径为 0.5~0.002 mm），一般含量为 57.31%~81.93%（表 2-9）。细砂和粉砂都是易被水分散悬移的土粒成分，这是土壤侵蚀对土壤瘠薄化作用更强烈的重要内因。

表 2-9　土壤侵蚀作用下退化土壤颗粒组成和容重特征

剖面编号	颗粒组成（g/kg）				土壤容重（g/cm³）
	粗砂（2~0.5 mm）	细砂（0.5~0.05 mm）	粉砂（0.05~0.002 mm）	黏粒（<0.002 mm）	
Y-3	3.0	751.6	170.1	75.3	1.36
Y-1	1.8	503.4	116.6	378.2	1.43
Y-5-1	26.1	397.7	222.3	353.7	1.39
Y-5-2	39.1	332.9	445.7	218.3	1.55
84-1	27.4	407.4	201.3	363.9	1.54
84-2	8.8	347.1	259.3	384.8	1.63
81-1	36.1	635.0	173.4	154.4	1.37

B. 土壤紧实化

未退化的土壤表层（A）一般有结构且疏松多孔。据典型区样区调查，此类土壤退化发生比率为24.0%，该区的土壤紧实化主要与其严重的土壤侵蚀相关。其发生机制主要是：①疏松表层被冲刷，侵蚀后紧实的下层土壤出露；②降雨溅蚀和冲刷破坏土壤结构，使土粒分散填充土壤孔隙而致土壤紧实；③由于母质原因，或侵蚀使细土颗粒冲蚀，区内土壤的颗粒组成中普遍富含细砂和粉砂，易为水分散而沉实，板结化作用强。所以该区土壤紧实化退化普遍，土壤容重偏高（表2-9）。

C. 土壤障碍层高位化

土壤剖面中凡是能够阻碍水分养分正常运移和妨碍植物根系正常生长的土层称为障碍层。例如，黏盘层、铁盘层、砂姜层（钙积层）、砾石层、盐碱层等。如果这类土层在剖面中分布位置越高（一般<60 cm），土壤肥力就越低。这类土壤退化称为土壤障碍层高位化，在该区分布也较多，据样区调查其分布比为23.0%。在典型区，受母质类型和分布的影响，土壤剖面中的障碍层也较为复杂多样，其埋藏深浅不一，但多数情况下障碍层的高位化是侵蚀作用形成的。例如，在燥红土中铁质胶结的硬古红土层、细砾石层；变性土中的砂姜层、黏板层、盐碱层；薄层土（新成土）中的砾石层、碎屑层等，大多就是在上层土壤不断侵蚀后，出现高位化甚至暴露地表的。

D. 土壤变性化

在金沙江干热河谷区特殊的气候和母质环境条件下，产生这类土壤退化现象（何毓蓉等，1999）。该区元谋组的28个地层中，有若干个黏土层和亚黏土层，其黏粒（<0.002 mm）含量为30%~90%，而其中黏土矿物又富含蒙脱石等膨胀性矿物。当其成土后，在干湿季交替的气候条件下，膨胀收缩强烈，物理性很差，形成肥力极低、植物难于生长的变性土。据样区调查，这类退化分布达46.4%，强烈的侵蚀作用使黏土层和亚黏土层出露地表，是其形成的主要原因。除了流水侵蚀通过面蚀、沟蚀作用将其上伏土层逐渐剥去外，该区的垂直裂隙发育和强烈的重力崩塌侵蚀也加速了其出露进程。同时在侵蚀过程中，上述黏土也在搬运和沉积过程中与其他土壤混合，使土壤变性化在更大范围扩散，该区内分布有较多的变性燥红土（燥红土中有变性现象的过渡土壤）等多因于此。

E. 土壤有机质贫化

　　土壤有机质在土壤肥力上的作用是非常重要的，它是反映土壤结构性、营养性、生物性等的综合指标，通常以表层土壤有机质数量鉴别土壤退化与程度。由统计分析暂定该区土壤有机质贫化指标为：活性有机质含量 <8.0 g/kg。据样区调查，土壤有机质贫化比例达 93.1%，可见十分严重。除了干旱造成生物生长不良，土壤生物循环较弱，使土壤有机质积累差外，最重要的原因便是土壤侵蚀作用。对该区典型退化土壤剖面有机质分布研究（图 2-2）可以看出：①表层土壤有机质含量都低于 8 g/kg，比同地未退化土壤的平均含量 15 g/kg 低 87.5%。图中 1~4 剖面依次为轻度、中度、重度和极重度退化（何毓蓉等，2002），表层土壤有机质也依次降低。1 剖面和 2 剖面表层属 A 层，而 3 剖面和 4 剖面的表层已属 B 层，A 层缺失。表明随土壤退化加重，有机质表层减薄甚至丧失，这是土壤侵蚀作用的明证。②从 3 剖面和 4 剖面可发现与一般正常土壤有机质空间分布相异，下层出现高值，据特征鉴定为埋藏 A 层。这说明在该地区土壤侵蚀作用十分强烈。冲刷剥蚀和沉积掩埋双重作用加剧了土壤有机质贫化。当然 4 剖面因为是变性土，还有"自吞"作用的影响，退化更加严重。

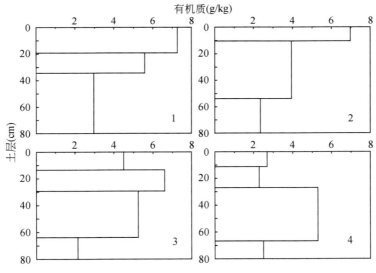

图 2-2　不同退化土壤的有机质剖面空间分布状况
1. 剖面 75；2. 剖面 84；3. 剖面 71；4. 剖面 76

2.3　区域气候特征及其演变趋势

2.3.1　常规方法对气候变化趋势的判定

　　气候、水文和地质地貌基础共同控制着生态系统基本状态以及相应的系统水平（包括生产力、生物量、稳定性、脆弱性、敏感性、抗逆能力等），是生态系统进化或维持动态平衡的基本推动力；气候的异常变化是导致生态退化的原因，当降水量和降水变率变化使其他因素不能自我调节时，无疑会造成生态环境链的断裂。如异常干旱会使水资源衰竭，土层变得疏松干燥，覆被下降，土壤抗蚀能力和生产力降低；干旱条件下风蚀增强，而暴雨条件下水土流失增加；水分循环和水量平衡的破坏使生态系统内的物质和能量因受阻而失衡，整个生态系统的稳定机制被破坏（章家恩和徐琪，1999）。因此，生态缺水是造成元谋干热河谷生态系统退化的根本原因，合理调整植物品种结构，配置有限的水资源是当地生态恢复与重建的紧迫任务（周跃，1987）。

起树华和王建彬（2007）对元谋干热河谷 1956~2006 年的气候变化趋势进行资料分析发现：20 世纪 50 年代以来年平均气温及最冷月均温明显下降，与此同时年蒸发量明显减少，相对湿度增加，年日照时数及年均风速下降。这是与全球气候变暖不一致的变化趋势，反映了干热河谷特殊地形和人类活动对下垫面性质和状态改变的影响。元谋干热河谷退化生态系统最重要的要素是"水"，故此只讨论降水量和蒸发量的情况，尤其是降水的变化（表 2-10）。

表 2-10　元谋县气象要素按 10 年平均值

项目	20 世纪					2001~2006 年
	50 年代	60 年代	70 年代	80 年代	90 年代	
气温（℃）	22.3	22	21.7	21.6	21.2	21.3
平均最高气温（℃）	29	29	28.6	28.6	28.3	28.6
降水量（mm）	538.7	662.7	615.6	623.6	687.5	707.2
平均蒸发量（mm）	4370.6	3961.8	3444.6	3130.3	2686.9	—
日照（h）	2717.3	2681	2621.8	2586.9	2570.7	2566.4
相对湿度（%）	50	53	55	56	61	60
20 cm 地温（℃）	26	25.4	25	24.9	24.6	24.4
风速（m/s）	2.5	2.4	2.5	1.9	1.9	1.5
总云量（成）	5.4	5.5	5.4	5.3	5.1	5.2

从图 2-3 可知，元谋干热河谷的降水季节分配不均。年均降水量 642.9 mm，春、夏、秋、冬降水量分别为 21.9 mm、303.8 mm、281.7 mm 和 34.88 mm，分别占全年的 3.4%、47.3%、43.8% 和 5.4%。年均降水量最高 916.3 mm（2001 年），最少 287.4 mm（1960 年）；冬、春季节在某些年份甚至降水量为 0，因而具有非常典型的干湿季节分明的特点，夏季和秋季的降水远远高于冬、春两季；全年和分季节降水量均具有明显的波动性，且降水量越贫乏的季节其变率越大：春、夏、秋和冬季的年降水量变差系数分别为 0.89、0.33、0.32 和 0.97。用最小二乘法对全年与春、夏、秋和冬季的年水量进行拟合，可得拟合后直线的斜率分别为 1.93、0.18、1.41、0.07、0.33，这表明全年与分季节的降水量总体上均呈增长趋势，夏季降水的增加趋势明显，其他 3 个季节具有微弱增长之势。气候变化包含有各种时间尺度的多层次演变特性（Waymire，1985），总体趋势分析不能揭示其更精细的变化结构。

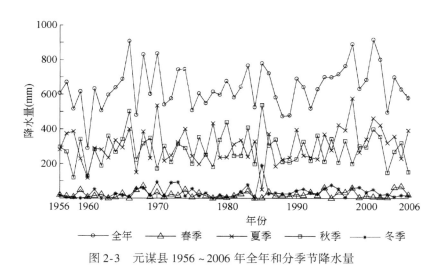

图 2-3　元谋县 1956～2006 年全年和分季节降水量

2.3.2　气候变化的持续性特征

鉴于降水对干热河谷生态恢复的重要意义，以下尝试对其变化趋势作进一步分析。较多学者应用统计学方法对区域降水量时间序列进行过分析。张耀存和丁裕国（1990）运用 Markov 链分析了我国东部几个地区代表测站逐日降水序列的统计学特征；王永县等（1994）用多元分析和随机序列等方法综合对中国大陆地区降水序列进行同步预测；王子缘（1996）运用 $X-11$ 方法对降水量时间序列进行预处理，然后进行周期分析和自回归拟合；许秀娟等（2001）从统计学的角度对关中西部地区降水量的变化趋势进行了分析研究；姜逢清（2002）利用非参数统计检验法分析了新疆北部地区近 40 年降水序列的趋势。但统计学方法将各时期降水量看做是孤立的、彼此没有影响，没有考虑到各时期的降水量存在非线性相互影响，因而具有一定的局限性。为了克服此不足，近年来已有学者应用混沌、分形等非线性方法对其进行了卓有成效的探索。Waymire（1985）、Olsson 等（1993）、Svensson 等（1996）、Lin 等（1997）、常福宣等（2002）计算了降雨在时空上分布的分形维数。Herath 和 Ratnayake（2004）指出多重分形技术可以帮助分析降雨趋势以便预测未来不利的影响。门宝辉等（2004）通过计算降水序列的关联维、最小嵌入维、最大 Lyapunov 指数以及 Kolmogorov 熵等特征量研究降水时间序列的趋势。

本研究采用消除趋势波动分析法（DFA）和小波变换方法分别对 1956～2006 年全年和各季节元谋干热河谷地区的降水变化规律进行滑动和多时间尺度分析，并探讨了其与植被覆盖变化的关系，揭示了降水的周期特征和旱涝变化趋势，以期理解局地对全球变化背景下的气候过程响应特征。

2.3.2.1　基于 DFA 法对元谋干热河谷地区降雨量的分析

本研究从构建元谋干热河谷年均降水量的二维相轨迹图入手，运用消除趋势波动分析法（DFA）对 1956～2006 年降水量（元谋县气象站）的变化趋势进行滑动分析，并探讨了其与植被覆盖变化的关系。

（1）年均降水量的非线性动力学特征

图 2-4 显示了元谋年均降水量的二维相轨迹图，延迟时间分别为 1 年、2 年和 3 年。

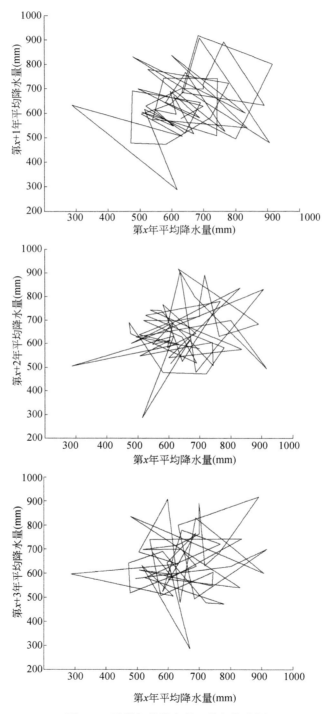

图 2-4　元谋年均降水量二维相轨迹图

从图中可见，这些轨迹的形状大致呈现出中心比较密集，边缘较为稀疏的不规则运动方式，这说明支配元谋年均降水量的机制是非线性的，可能具有确定性混沌动力学特征。这与国内外学者对降水序列的研究是一致的。目前研究认为，降水干湿年份的出现并不表现为一种纯粹随机的事件，有可能存在 Hurst 效应（Herath and Ratnayake，2004）。同时这也说明，研究元谋年均降水量的变化趋势需要应用非线性动力学方法。

（2）研究方法

DFA（detrended fluctuation analysis）分析方法，即消除趋势波动分析法，是一种改进的随机步进的均方根分析方法，这种非线性动力学方法最初是在 1994 年提出的（门宝辉等，2004）。近几年，该方法在广泛学科领域中得到了发展和应用，被证明是检测非平稳时间序列的长程相关特征的最重要、最可靠的工具之一（Lin et al.，1997）。从动力学角度讲，这种方法中变换的序列仍然残留有原序列的痕迹，与原序列保持相同的持久性或反持久性；同时，变换后能够滤除自身演化的趋势成分，剩下的离差序列主要是波动成分。因而，较其他分形分析方法，如谱分析和 R/S 分析而言，它具有两个优点：一是能够检测出包含于表面上看来不平稳的时间序列中的内在的自相似性；二是能够避免检测出由于外在趋势而导致的明显的自相似性，即可消除人造非平稳时间序列中的伪相关现象。DFA 方法的具体算法如下：

对于所研究的时间序列 $\{x_i, i = 1, 2, \cdots, n\}$，其中 n 是序列的长度，首先对原始序列中的数据进行积分，积分方法如下：

$$y(k) = \sum_{i=1}^{k} [x_i - \bar{x}] \quad (k = 1, 2, \cdots, n) \tag{2-4}$$

式中，$\bar{x}$ 为原始序列的平均值。

其次将积分信号等间隔地分成长度为 n 的数据段。在每一小段里，利用最小二乘法进行直线拟合，得到最小平方直线，作为这一段数据的局部趋势。所有最小平方直线组合在一起，成为趋势信号 $y_n(k)$，$(k = 1, 2, \cdots, n)$。

然后对于给定的 n，用积分信号减去趋势信号，得到波动信号，具体如下：

$$F(n) = \sqrt{\frac{1}{n} \sum_{k=1}^{N} [y(k) - y_n(k)]^2} \tag{2-5}$$

最后取不同的尺度 n，重复上述两步，得到不同尺度 n 下的 $F(n)$。通常情况下，$F(n)$ 都会随着 n 增加而增大。在双对数坐标下绘出 $\lg n \sim \lg [F(n)]$ 曲线，如果满足线性关系，则存在幂律关系 $F(n) \propto n^{\alpha}$。此时进行直线拟合，所得到的斜率 α 即为自相似性参数，即 DFA 指数。

α 可以表明所分析的时间序列是否具有分形性质：$\alpha = 0.5$ 时，表示研究的时间序列不存在长期相关性，任意时刻的值与前一时刻的值无关，即序列是随机的为白噪声。当 α 不等于 0.5 时，意味着时间序列中存在长期相关性，时间序列的观测值之间不是独立的，每个观测值都带着它之前所发生的所有事件的"记忆"，具体情况还可以进一步区分如下：$0.5 < \alpha < 1$ 时，表明时间序列中存在持久的、长时程幂律形式的相关性，即过去检测的值若呈增加（减小）的趋势，未来检测的值也将呈现相同的趋势。α 越接近 1，这种持久性的行为就越强；若 $0 < \alpha < 0.5$，则意味着序列具有反持久性的长期幂律相关性，说明时间

序列在前一个期间呈现增加（减小）的趋势，则在后一个期间可能存在相反的趋势，α 越接近 0，这种反持久性的行为就越强；当 $\alpha = 1$ 时，序列为 $1/f$ 噪声；当 $\alpha > 1$ 时，表明序列中相关性存在但不是幂律关系形式；而当 $\alpha = 1.5$ 时，则时间序列为布朗噪声。

（3）结果分析与讨论

A. 元谋年均降水量 DFA 指数计算

为了了解元谋年均降水量的长程相关特征，首先分析该地区年均降水量序列（1956～2006 年）的 $\lg n \sim \lg [F(n)]$ 结构特征。从图 2-5 中可以看出，$\lg n \sim \lg [F(n)]$ 在整个时序区间内都呈现较好的线性关系，这表明元谋的年均降水量变化具有分形特征，其标度不变区间至少在 50 年以上。拟合计算得到其 DFA 指数为 0.58，这表明元谋地区年均降水量序列至少在 50 年的时间尺度上具有微弱的 Hurst 效应，即具有较弱的长期持续性及较强的随机性。

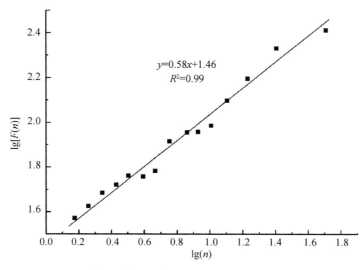

图 2-5 元谋年均降水量序列（1956～2006 年）DFA 分析

B. 元谋年均降水量 DFA 指数的时间变化特征

为了讨论不同年份元谋年均降水量 DFA 指数的时间变化特征，采用如下的方法：首先以 1956～1977 年的数据作为初始窗口（长度为 22），计算其 DFA 指数。然后以该初始窗口为基础，增加 1978 年的数据，此时窗口的长度为 23。最后计算其 DFA 指数。若此时 DFA 指数数值出现变化，由于初始窗口不变，故可以认为这主要是由于计算窗口中加入的 1978 年年均降水量导致。以此类推，这样的滑动计算就可以得到从 1978～2006 年的 DFA 指数随时间的变化图（图 2-6）。这也就反映了元谋从 1978～2006 年年均降水量长期持续特征的变化。

为了考察年均降水量长期持续特征的意义，我们首先需要了解初始窗口（1956～1977 年）中年均降水量的变化趋势。图 2-6 中对初始窗口的变化趋势进行一阶线性拟合，发现 1956～1977 年元谋年均降水量具有微弱的增加趋势。因此，在 1978～2006 年的 DFA 指数的变化图中，如果某年滑移窗口的 DFA 指数大于 0.5，则表示未来的年均降水量可能出现

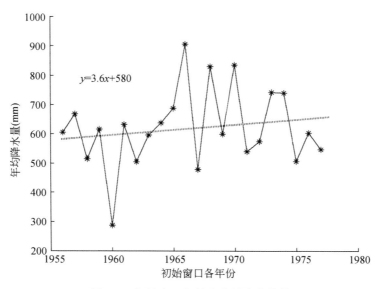

图 2-6　初始窗口年均降水量变化趋势

维持初始窗口的这种微弱增长趋势；而如果某年滑移窗口的 DFA 指数小于 0.5，则表示未来的年均降水量可能出现减少的趋势。

图 2-7 滑动计算了 1978～2006 年元谋年均降水量的 DFA 指数的变化。整体看来，各年元谋年均降水量序列的 DFA 指数都为 0.5 左右（对应于白噪声）波动，显示出较强的随机性和较弱的持续性。降水持续特征的不显著，说明有关当地年均降水量的预测必须慎重，这也与降水混沌系统的"随机性态"、"长期不可预测"等特征是一致的。除此之外，从图 2-7 中我们还可以看出一些重要的规律，即整体上看滑移窗口的 DFA 指数呈现出先波动性下降，后又逐步增大的"V"形结构，其中最低谷在 1995 年。1978～1995 年，滑移窗口的 DFA 指数整体呈现波动性下降的趋势，从较弱的长期持续特征（$\alpha > 0.5$）转变为较弱的反持续特征（$\alpha < 0.5$）。这表明 1978～1995 年元谋年均降水量在动力学上增加趋势持续减弱，以致成为减少趋势。动力学上导致年均降水量出现减少趋势特征的年份至少有 15 年左右（1983～1998 年）。但 1995 年～2006 年，滑移窗口的 DFA 指数显著的逐年上升，元谋年均降水量的减少趋势得到了抑制，逐步又从较弱的反持续特征（年均降水量的减少趋势）转变为较强的长期持续特征（年均降水量的增加趋势）。

C. 元谋分季节降水量 DFA 指数计算

从图 2-8 可知，$\lg n \sim \lg [F(n)]$ 在整个时间尺度上都呈现较好的线性关系，表明元谋干热河谷多年分季节降水量的年际变化也具有一定的分形特征，其标度不变区间至少在 50 年以上。

对各季节进行拟合计算得到 DFA 指数分别为：春季 0.43，夏季 0.58，秋季 0.35，冬季 0.53。这表明元谋干热河谷区分季节降水量时间序列至少在 50 年的时间尺度上具有微弱的 Hurst 效应；夏、冬季具有较弱的长期持续性及较强的随机性，夏季的长期持续性行为强于冬季，而随机性则弱于冬季；春、秋季具有较弱的反持续性，且秋季的反持续性特征强于春季。

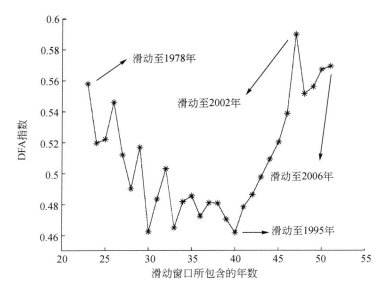

图 2-7　滑移窗口 DFA 分析结果变化曲线

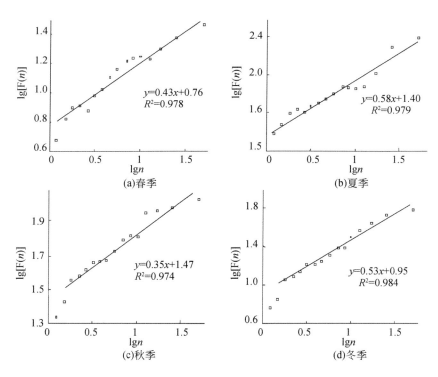

图 2-8　元谋分季节降水量序列（1956~2006 年）DFA 分析

D. 元谋分季节降水量 DFA 指数的时间变化特征

图 2-9 中对初始窗口的变化趋势进行一阶线性拟合，元谋四季降水量的初始窗口均具有一定的增长趋势。因此，在 1978～2006 年的 DFA 指数的变化图中，如果滑移窗口的 DFA 指数大于 0.5，则表示未来该季节降水量可能出现维持初始窗口的这种微弱增长趋势；而如果滑移窗口的 DFA 指数小于 0.5，则表示未来的该季节降水量可能出现减少的趋势。

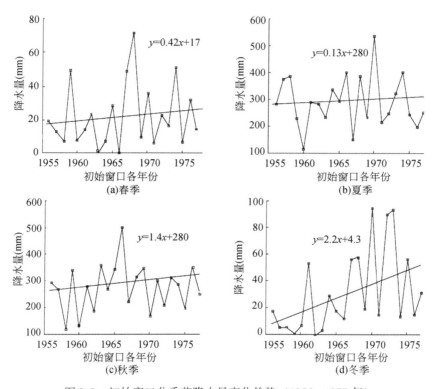

图 2-9　初始窗口分季节降水量变化趋势（1956～1977 年）

图 2-10 表明，各季节降水量的变化特征具有显著的差异。春季降水量一直具有微弱的反持续性特征，20 世纪 70 年代末～80 年代初 DFA 的滑移变化具有一定的增长趋势，表现为短暂的反持续性减弱；20 世纪 80 年代初～2006 年，尽管 DFA 的滑移变化比较复杂，但总体上看来，具有一定的降低趋势，表现为相对较长的反持续增强过程，即降水量具有减少趋势。秋季降水量的变化趋势与春季相比具有一定的相似性，也是表现为短暂的反持续性微弱减弱之后出现相对较长的反持续性增强的过程，其差异在于秋季降水量于 80 年代～2006 年所表现出的更强的反持续性增强趋势，即降水量持续减少的趋势更强。而冬季降水量在 1985 年以前，降水的持续增加特征相对显著；1985 年以后，DFA 指数仅在稍大于 0.5 的数值上波动变化，总体上具有微弱的长期持续性和较强的随机性特征。夏季降水量的变化趋势与其他季节相比，差异最大。1977～1985 年，夏季滑移窗口的 DFA 指数整体呈现波动性下降的趋势，从而表现为约 10 年的反持续性缓慢增强过程，降水量具有微弱减少的趋势；随后 10 年（1985～1996 年）表现为 DFA 指数缓慢上升，1996～2006 年

则快速上升；DFA 指数的变化从较弱的反持续特征（$\alpha < 0.5$）转变为长期持续特征（$\alpha > 0.5$），动力学上逐步抑制了夏季降水量的减少趋势，最终逐步转变为夏季降雨量的增加趋势。

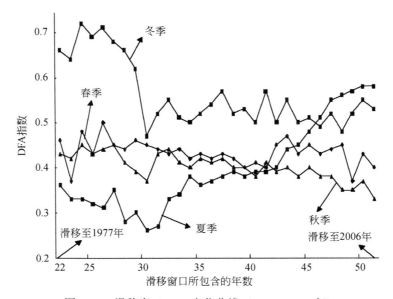

图 2-10　滑移窗口 DFA 变化曲线（1978～2006 年）

E. DFA 曲线变化原因分析

目前关于降水与下垫面覆被变化的关系已有学者进行了研究。李震等（2005）以及李春晖和杨志峰（2004）的研究表明植被指数变化与降水变化具有很好的正相关关系；夏虹等（2007）认为植被覆盖变化率反映了植被生长速率，其大小影响植被对降水变化的响应程度。郭建侠等（2005）通过模拟植被改进与降雨敏感性的关系，结果表明陕北植被改善后能够使区域性平均降水量增加，并探讨了植被治理与降水变化的机理。

元谋全年与分季节降水量的变化趋势中，1985 年的降水是一个拐点，而该年又恰是元谋县植被覆盖最差的一年：植被覆盖的变化与夏季降水的变化具有高度的相关性。要理解分季节降水变化特征的原因，需要从下垫面性质的改变，尤其是植被覆盖的动态变化入手（图 2-11）。

元谋县自 20 世纪 50 年代以来平均气温及最冷月均温明显下降，与此同时年蒸发量明显减少，相对温度增加，年日照时数及年均风速下降，这些与全球气候变暖的趋势相背离，反映出元谋干热河谷的气候具有典型的局地性，与特殊的地形和下垫面性状改变具有密切的关系（起树华和王建彬，2007）。对于该地区降水的年际变化，地形是不变要素，故下垫面的变化成为具有重要影响的因素。元谋干热河谷植被的变化与年降水量的变化具有很强的相关性，而植被影响降水量的变化本身存在一定时间上的延迟（"时滞"）。由此，可以根据当地植被的变化较好的解释图 2-11 中出现的 V 形曲线。

据 1973 年的调查，元谋县域森林覆盖率已由 1950 年的 12.0% 降到 6.3%。至 1985 年

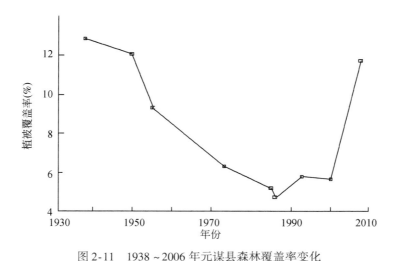

图 2-11　1938～2006 年元谋县森林覆盖率变化
注：1986 年前的数据源于《元谋县林业志》；1993 年后的数据根据有林地面积计算

森林覆盖率下降至历史最低点约为 5.2%，植被破坏使干热河谷下垫面性质发生重大改变，但植被影响降水量的变化本身存在一定时滞，这导致 20 世纪 90 年代中期以前 DFA 曲线整体存在下降趋势（1995 年达到最低谷），年均降水量的长期动力学行为呈减少之势。但是 80 年代以来，由于《中华人民共和国森林法》的颁布实施以及长江中上游防护林体系建设工程、退耕还林政策的实行，元谋县政府和相关职能部门积极贯彻落实上级有关法规制度，坚决制止乱砍滥伐林木和毁林开荒，对木材采取依法严管的政策；同时相关管理和执法机构的成立，使得元谋县的林业管理走上了良性发展的道路；加之国家和地方政策大力开展生态环境治理、水土流失综合治理、农村能源建设、恢复植被，使得干热河谷的植被覆被率有了一定的提高。到 1993 年森林和灌木林的覆盖率分别上升到 5.8% 和 47.1%，2006 年全县综合森林覆盖率为 38.3%。植被的恢复对当地降水变化的效应也在 90 年代中期后开始显现。滑移窗口滑移至 1995 年时，DFA 指数的下降趋势得到有效遏制，故降水在动力学上减弱的趋势也得到一定的遏制。90 年代至今降水量的动力学持续特征逐步表现为持续增加趋势，尽管这种持续增加的幅度很微弱。目前基于对生态恢复治理的乐观前景，降水量未来的增长趋势应该可以得以持续，所以将对未来干热河谷的生态环境恢复、农业生产、景观变化等产生一定程度的有利影响。

　　元谋干热河谷地区下垫面植被的变化可以较好的解释图 2-11 中出现的 V 形曲线。当地植被影响降水量的变化本身存在的时滞有十余年，这也说明当地植被的变化需要一段时间才能带来一定的生态影响。这是进行植被恢复工作必须认识到的。

　　（4）结论

　　水资源作为元谋干热河谷首要的生态限制因子，降水增加的趋势一方面反映了生态环境综合治理的效果，另一方面又反作用于生态环境，有利于退化生态系统的恢复，尤其是植被的恢复。基于分析非平稳时间序列长期持续性的 DFA 方法，对元谋地区 50 年降水量特征加以分析，结果表明，元谋地区年均降水量序列至少在 50 年的时间尺度上具有微弱的

Hurst 效应，即具有较弱的长期持续性及较强的随机性。同时我们发现：1978～2006 年元谋年均降水量 DFA 指数的滑移变化，表现为从较弱的长期持续特征转变为较弱的反持续特征，又逐步转变为较弱的长期持续特征。"V"形变化可以用当地植被覆盖率加以解释。这也说明元谋干热河谷的气候具有典型的局地性，其年均降水量的长期动力学行为与当地特殊的地形和下垫面植被的改变具有密切关系。

2.3.2.2 气候变化的多尺度波动

（1）研究方法

小波变换是时间—频率的局域变换，能有效地从信号中提取信息，并通过伸缩和平移等运算功能对函数或信号进行多尺度细化分析。在实际应用中，绝大多数信号是非稳定的，小波分析正是适用于非稳定信号的处理工具。小波分析相对于传统时频分析的优势在于可以在任意时频分辨率上将信号分解，具有良好的时频多分辨率功能和自适应性特点，可以聚焦到任意细节，从而观察到不同时间尺度上的变化情况。

如果 $\psi(t) \in L^2(R)$ 满足允许性条件

$$C_\psi = \int_R \frac{|\hat{\psi}(\omega)|^2}{|\omega|}\mathrm{d}\omega < \infty \tag{2-6}$$

那么 $\Psi(t)$ 叫做可允许小波或基小波，$\hat{\psi}(\omega)$ 是 $\Psi(t)$ 的 Fourier 变换。由基小波函数 $\Psi(t)$ 进行伸缩和平移，得到连续小波：

$$\psi_{a,b}(t) = |a|^{-1/2}\psi(\frac{t-b}{a}) \tag{2-7}$$

式中，a，$b \in R$，$a > 0$。对任意函数 $f(t) \in L^2(R)$，其可允许小波函数 $\psi_{a,b}(t)$ 的连续小波变换为

$$W_f(a,b) = [f(t),\psi_{a,b}(t)] = |a|^{-1/2}\int_R f(t)\psi(\frac{t-b}{a})\mathrm{d}t \tag{2-8}$$

式中，a 为伸缩尺度因子；b 为平移尺度因子；$W_f(a,b)$ 为小波系数。

选择适当的小波函数是进行时间序列分析的科学前提（徐建华，2002），实际选取小波主要依据自相似原则、判别函数、支集长度等。Morlet 小波在时间序列的研究中应用非常广泛（张斌等，2009；Andreo et al.，2006；Domingues，2005），因为它能清楚辨识随机波动和周期性（Andreo et al.，2006），其解析形式为

$$\Psi(t) = Ce^{-t^2/2}\cos(5t) \tag{2-9}$$

式中，C 为常数。

为了判断序列的主周期，进行小波方差检验：

$$Wp(a) = \int_R |W_f(a,b)|^2\mathrm{d}b \tag{2-10}$$

式中，$Wp(a)$ 为小波方差，反映了能量随尺度 a 的分布。

（2）降水量变化的多时间尺度分析

元谋干热河谷近 50 年来的年降水量及分季节降水量具有在不同时间尺度上周期震荡的多尺度特征（图 2-12）。在图 2-12 中信号的强弱通过小波系数等值线的大小来表示，等值线为正表示降水偏多，等值线为负表示降水偏少（相对于均值，下同）；不同时间尺度

所对应的降水结构是不同的，小尺度的多少变化表现为嵌套在较大尺度下的较为复杂的结构。

图 2-12　元谋干热河谷近 50 年全年和分季节降水量的小波系数

a、b、c、d、e 分别代表全年、春季、夏季、秋季、冬季。横轴代表年份，纵轴表示时间尺度，以年为单位

图 2-12（a）可见，年降水量在 10～16 年的较长时间尺度上，在 1980 年以前的震荡

并不明显；但20世纪80年代以来震荡明显，越到后期震荡越显著，80年代中期和21世纪初期为降水相对较丰的两个时期，而20世纪90年代初期降水相对较低，目前处于该时间尺度上降水相对较少的时期。在5~9年的中时间尺度上，表现出初期震荡强烈，而后期震荡较弱的特征；在60年代初期具有明显的降水低值区，而50年代末期和60年代末期是降水相对较丰的时间，之后进入平稳变化的阶段，振幅较小，波动不显著，但越到后期波动略具增强之势。在1~4年的较短时间尺度上，表现出降水"偏多－偏少"的反复交替变化。

春季降水量的变化［图2-12（b）］，在11~16年的较长时间尺度上表现出周期不等长的震荡现象，具有"高→低→高→低→高→低→高"的交替，20世纪60年代中期、80年代初期和21世纪初期是降水相对偏少的时期。在5~10年的中时间尺度上，时间尺度越大，后期周期性波动越显著，而前期波动越弱；时间尺度偏小时，变化规律则相反，前期周期性波动越显著，而后期波动越弱。在1~4年的短时间尺度上，"高→低"震荡交替明显。

夏季降水量小波系数图［图2-12（c）］表明，在10~16年的较长时间尺度和5~9年的中时间尺度上，呈现出与全年该时间尺度极相似的变化特征，这也表明夏季降水的变化在全年降水中占有决定性的地位。在1~3年的短时间尺度上，"高→低"反复交替，波动性极强，年际变化大。

秋季降水量在10~16年的较长时间尺度上，表现出"低→高→低→高→低→高→低"的震荡特征，越到后期振幅越大；降水相对较丰富的年代大致出现在20世纪60年代中期、80年代中期和21世纪初期，而20世纪70年代中期和90年代中期是降水相对较少的时期，这与张斌、舒成强等，2009年在该时间尺度上的变化特征相同。在5~9年的中时间尺度上，表现出前15年和后15年波动明显，而中间20年震荡较弱。在2~4年的较短时间尺度上，1990年以前波动显著，而之后震荡微弱［图2-12（d）］。

冬季降水量的变化具有明显不同于其他季节的特征［图2-12（e）］。在6~15年的较长时间尺度上，20世纪70年代初期~90年代中期降水的波动强烈，具有以80年代中期为轴对称的特征，表明1985年前后在干热河谷降水的变化过程中具有特殊性；而之后与之前的波动均较弱。在1~5年的较短时间尺度上，降水具有较强的波动性，"高→低"震荡明显。

（3）小波方差

小波方差检验可以判断降水量变化的主要周期。在一定尺度下，小波方差表示时间序列中该尺度（周期）波动的强弱（能量大小）；小波方差图能反映时间序列中所包含的各种尺度的波动及其强弱（能量大小）随尺度变化的特性，因而能方便地查找一个时间序列中起主要作用的尺度（陈克龙等，2007）。小波方差用于估测格局和过程的尺度参数（Percival and Walden，2000），可以确定时间序列中各种尺度扰动的相对强度，对应峰值处的尺度称为该序列的主要周期（许月卿等，2004）。利用小波方差可以更准确地诊断出振动最强的周期长短。

图2-13表明，元谋干热河谷全年具有7年的主周期和3年的次周期；春季降水具有6年的主周期和3年的次周期；夏季具有3年的主周期和6年的次周期；秋季具有7年的主周期和2年的次周期；冬季的降水量具有11年和2年的次周期。夏季降水以3年为主周

期表明，夏季降水具有年际变化明显的特征；而全年降水与秋季降水具有相同的主周期，在一定程度上也表明秋季降水在全年降水中具有重要地位。

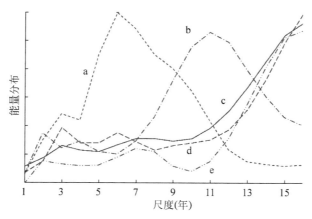

图 2-13　元谋干热河谷年降水和分季节降水的小波方差
a、b、c、d、e 分别代表春季、冬季、全年、夏季、秋季

（4）多尺度波动变化原因分析

元谋干热河谷近 50 年降水和分季节降水量均呈波动性增长之势，夏季降水的增长趋势最为显著；旱季（春季和冬季）的降水变化率明显高于雨季（夏季和秋季）。在各时间尺度上，全年和四季降水量均具有不同的变化特征，但全年降水与夏季降水在相同时间尺度上具有相似的变化规律，在一定程度上揭示了夏季降水在全年降水中的决定性意义。而小波方差所揭示的全年与秋季降水具有相同的主周期，表明秋季降水在全年降水中也占有重要地位；夏季降水以 3 年为主周期，显示了夏季降水丰枯转化的频率快；而秋季主周期较长，预示着丰枯转换的速度较慢。

元谋干热河谷降水的多尺度变化，具有非常复杂的原因，既有全球气候变化的背景，更深受干热河谷特殊的地形和下垫面覆被变化的控制。正如张斌等（2009）和史凯等（2008）的分析，元谋干热河谷植被覆盖在 20 世纪 80 年代中期处于历史最低点（5.2%），根据 DFA 法分析的降水效应则是全年和夏季降水在 80 年代末和 90 年代初期的长期动力学行为的减少之势。这与图 2-13a、图 2-13c 中 1990 年前后在较长时间尺度上的小波系数低值中心具有很好的对应关系，因而 DFA 与小波变换两种不同方法分析的结果具有一致性。这也表明从下垫面覆被的变化来解释降水的多尺度变化行为应该具有可行性和合理性。

降水的多尺度变化研究可以服务于降水的短期预测。21 世纪第一个 10 年的末期，在中长时间尺度上，全年、夏季和秋季的降水均处于偏少的时期；春季则处于降水偏多的时期；冬季则处于降水偏少的时期。不同季节降水的未来短期变化，对于干热河谷农业生产具有较强的现实指导意义。尽管春季在未来短期处于降水偏多的阶段，对农业生产具有一定的积极意义，但由于春季降水量原本极少（在有些年份甚至为 0），故这种积极的变化并不能从根本上解决春耕生产的需水问题，因而仅能持谨慎的乐观态度。秋、冬两季降水偏少，对于干热河谷热坝区的反季节蔬菜的生产会造成不利的影响；夏季降水偏少，对于无灌溉设施的旱地生产具有较大的负面影响，因而需要作好节水与保水的措施。

2.4 植被退化过程及现状

2.4.1 干热河谷区植被的演替过程

已有研究（张建辉，2002）指出：在距今 300 万年的更新世初期，由于印度板块与欧亚板块碰撞使青藏高原隆起，其海拔高达 3000 m 左右，当时元谋地区为浅水湖泊。孢粉分析资料显示，当时湖泊周围的平原及丘陵地带生长着栎树、桦树、胡桃、桑树、雪松、铁杉、罗汉松等阔叶针叶树种，林下生长着相当数量的蕨类植物，海拔 1000 m 左右的山生长着以松类为主的针叶林。从当时的植物种类可以看出该时期气温暖湿润。

元谋人生活时代（170 万~130 万年前）的植物孢粉组合显示，松属占 20%，恺木占 9%，拷占 1.2%。此外还有少量雪松、柏、柳、胡桃、榆、桑、青冈、枫、栎、龙眼等，另外还有少量热带、亚热带属存在。植被为常绿阔叶、针叶混交林。据植被推测当时气候为温湿润期。

在距今 80 万~60 万年前的中更新世，随着青藏高原的隆升，金沙江其支流龙川江河谷开始形成。从龙川江阶地上紫红色和砖红色风化中的孢粉分析，推测当时的植被为南亚热带常绿阔叶林及草地，根据植物种类推测，当时的气候与现在相比，气温稍低，但湿度较高。在距今 10 万年前的晚更新世，青藏高原及横断山区已抬升了 1000 m 左右，元谋地区的新构造运动和断块差异导致龙川江河谷下切，封闭型河谷地貌开始形成。据孢粉资料，植被种类为木本、草本、蕨类各占 1/3。焚风效应导致气候干热。

据新石器时代出土文物考证，3000 年前元谋的气候已与现在相似，当时低山丘陵区为灌草丛占据，山地森林茂密。

据元谋县志记载，20 世纪 50 年初的气候与现在基本相同。虽因民国时期战乱，森林植被遭到一定破坏，但低山区仍有成片的灌丛分布，海拔 1500 m 以上的山地仍有成片的森林。然而，目前的植被状况却发生了很大的变化。低海拔地区，尤其元谋干热河谷坝周围低山区，人口密度大，人为活动强烈，在严酷的气候条件下，自然植被破坏后形成了以灌木或草本层为主的植被种群。海拔 <1600 m 的区域，植被形成稀树灌丛景观，其特征是禾草为主、灌乔零散生于其中。草本以多年生耐旱禾草为主，如扭黄茅（*Heteropogon contortus*）、毛臂形草（*Brachiaria villosa*）、孔颖草（*Bothriochloa pertusa*）、拟金茅（*Eulaliopsis binata*）等。灌木主要以明油子（*Dodonaea angustifolia*）、车桑子 [*Dodonaea viscosa* (L.) Jacg] 为主，其次为黄荆（*Vitex negundo*）、余甘子（*Phyllanthus emblica*）、鞍叶羊蹄甲（*Bauhinia brachycarpa*）、南蛇藤（*Celastrus orbiculatus*）、仙人掌（*Opuntia monacantha*）等。乔木以山合欢（*Albizzia kalkora*）、滇榄仁（*Terminalia franchetii*）、大理栎（*Quercus cocciferoides* var. *taliensis*）、云南松（*Pinus yunnanensis*）为主。该区不仅植物群落结构简单，而且植物种类也很少。目前灌木草本为主的植被种类主要为由明油子 - 扭黄茅构成的优势群落，并由于干湿季变化而发生明显的颜色和形态变化。旱季植物总体上呈休

眠态，生长发育受阻滞，呈现以扭黄茅凋萎所致的地表，一片枯黄景观，雨季来临时地表转绿。该区干热的恶劣气候使植物产生其适应性，表现出如下形态特征：①灌木和小乔木的枝干多弯曲、丛生；②茎叶多茸毛、叶厚而小、肉质、多刺；③植物根系发达、植株萌发力强；④许多草本种类具有硬叶、卷叶、多毛、臭味等耐旱特性。

2.4.2　金沙江河谷植被现状

2.4.2.1　植被类型

金沙江河谷是以干热气候为特点的河谷或峡谷地带，云南境内主要从巧家经小江、普渡河、元谋、永仁、华坪至永胜（海拔 650～1600 m），四川境内主要从金阳经宁南、会东、攀枝花、会理、米易至盐边（海拔 650～1600 m）。其气候类型为季风型的河谷干热气候，其年均温为18～23℃。年降水量500～800 mm，其中90%以上在雨季内降落，年干燥度3～5，干旱，特别是干而热，是植物生存和生长的主要制约因素。其植被具有独特的群落外观与区系组成，系世界植被中萨王纳植被的干热河谷残存者，属河谷型萨王纳植被（savanna of valley type），所以是我国珍稀濒危的植被类型之一。金振洲和欧晓昆（2000）的研究表明，干热河谷植被多为"稀树灌木草丛"，以中草和禾草草丛为背景构成大片草地植被，在草丛之上散生2～5 m为主的稀散乔木和0.5～2 m为主的稀散灌木，人为干扰下可成为"稀树草丛"、"稀灌草丛"和"草丛"外貌。群落结构上，多数分乔、灌、草3层或灌、草2层。群落种类多为热带性或热带起源的耐旱种类，热带种、温带种和中国特有种，分别占47.59%、14.88%和37.42%，具有长期适应干热河谷的群落特征种或区系标志种。优势或常见种多数为生态适生种或耐干热种类。

从自然植被总体看，成片中草草丛上散生稀树、稀灌的"半萨王纳植被（semi-savanna）"以常绿或落叶、扭曲、变矮、革叶、小叶、毛叶、多刺的稀树与稀灌为特征，多半以丛生、狭叶、硬叶、毛叶旱生禾草等草类为草地背景，构成稀树林、稀灌丛、稀树草丛、灌草丛、草丛等从疏林至草地的各类萨王纳景观，而且均带有次生性，也可称次生萨王纳或半自然萨王纳（secondary savanna or semi-natural savanna）。植被主要由稀树、灌丛、高大禾草丛组成（金振洲，1999）。随着近年来的植树造林、水土保持造林、生态植被恢复造林、经济林建设等，在金沙江底河谷的平坝区内，逐渐呈现出乔木稀林景观，但其仍属于"半萨王纳植被"。

2.4.2.2　植被种类

据金振洲等（1994）的研究，金沙江河谷共记录了920种种子植物（含变种和变型）。扣除其中栽培引种的172种植物，有野生植物（含长期逸生）748种，它们分属于111个科，427个属，这是研究的基础。这111个科中，世界分布的科32个，主要热带分布的科61个，主要温带分布的科18个。各科的属数和种数的分配情况为：10种以上的科共有19个，其中属数和种数最多的是禾本科，为68属，122种，它们是构成干热河谷植物区系的主体，其次为蝶形花科（30属，66种），菊科（34属，61种），唇形科（17属，33种）等，3～9种的科32个，如苦苣苔科（6属，9种），木樨科（5属，8种），漆树科（4属，7种），桑科

（4 属，8 种）等，1 或 2 科的最多，共 60 个。热带科中，如马鞭草科、茜草科、萝摩科、爵库科、苏术科等均有 10 种以上，而无患子科、田麻科、马钱科、樟科、梧桐科等也有 3 种以上，1 或 2 种的很多科中有苏铁科、莲叶桐科、西番莲科、使君子科、野牡丹科、木棉科、橄榄科、紫金牛科等，温带科中属种一般均少，如玄参科、石竹科、壳斗科、榆科等。植物科级区系组合的特征显然以属种多的世界分布科和热带科为主，而有一定数量的温带科存在。适应干旱环境的科也有一些，如苏铁科、裸树科、含羞草科、梧桐科、使君子科、蒺藜科、仙人掌科、木棉科等，这些科中的一些种正是干热河谷的标志植物。

2.4.2.3　主要分布

金沙江干热河谷自然植被群落分布主要以稀树灌草丛为主，其群落结构是以旱生禾草丛为主要层次，多见硬叶、卷叶、厚叶、多刺、多毛、多味等耐旱的适应特征。草本层的优势种为扭黄茅、鬼针草（Bidens pilosa）、芸香草（Cymbopogon distans）、拟金茅（Eulaliopsis binata）、万寿菊（Tagetes erecta）、地果（Ficus tikoua）等；灌木种类较多样，主要是：车桑子、余甘子、华西小石积（Osteomeles schwerinae）、西南杭子梢（Campylotropis delavayi）、白花刺（Amorpha viciifolia）、滇刺枣（Ziziphus mauritiana）、黄荆、清香木（Pistacia weinmannifolia）、滇合欢（Albizzia simeonis）、剑麻（Agave sisalana）等，稀树散生，高 10 m 以下，冠球形似伞状，树干多弯曲，多为耐旱、耐火种类（高文学等，2005）。

在朱冰冰等（2008）的研究报道中，由于人为破坏严重，金沙江干热河谷地区目前几乎不存在天然森林，多为受人为经常干扰的金沙江流域特有的河谷型次生植被，主要为干热灌丛和干热稀树灌草丛，间杂分布有人工更新林。如巧家干热河谷的干热灌丛主要含狭叶山黄麻灌丛（Form. Trema angustifolia），干热稀树灌草丛分为含攀枝花苏铁的中草草丛（Form. medium grassland containing Cycas panzhilhuaensis）和含锥连栎的中草草丛（Form. medium grassland containing Quercus franchetii），人工林主要有人工赤桉林和新银合欢林。狭叶山黄麻灌丛（Form. Trema angustifolia）含狭叶山黄麻、疏序黄荆群落（Trema argustifolia，Vitex negundo f. laxipaniculata Comm.）1 个。一般发育在 1600 m 以下的河谷坡地的坡积物上，土层贫瘠，地表石砾较多，母质为砂岩、砂页岩。群落分灌、草两层，灌木层高 0.5～1.5 m，主要种类有狭叶山黄麻、疏序黄荆、车桑子、余甘子、斑鸠菊（Vernonia esculenta）、毛果算盘子（Glochidion eriocarpum）等；草本层稀疏，高 0.3 m，主要种类有飞扬草（Euphorbia hirta）、扭黄茅、砖子苗（Mariscus sumatren- sis）、龙须草等；含攀枝花苏铁的中草草丛。含扭黄茅（Heteropogon contortus）、攀枝花苏铁群落（Cycas panzhilhuaensis Comm.）1 个。主要分布在河谷 1300 m 左右的陡岩上，母岩为玄武岩，土壤为红褐土，多有岩石群落。植被群落高 1.5～2.0 m，以草本层为主，灌木层次之。草本层高 1 m 左右，以丛生草丛为主，主要种类有扭黄茅、菅草（Themeda gigantea var. villosa）、芸香草、荩草（Arthraxon hispidus）等；灌木层高 1.5～2.0 m，以攀枝花苏铁为主，兼有车桑子、余甘子和疏序黄荆等；含锥连栎的中草草丛。含扭黄茅（Heteropogon contortus）、锥连栎群落（Quercus franchetii Comm.）1 个。在金沙江和牛栏江河谷中 1300～1600 m 的河谷地段多见。群落多半片段化，散布于耕地间。群落高 6～8 m，稀树主要为椎连栎；灌木层高 0.5 m，层不明显，主要以车桑子、余甘子、云南野扇花（Sar-

cococca wallichii）、毛叶柿（*Diospyros mollifolia*）等种类为主；草本层为主要层，高 0.5 m，主要种类有扭黄茅、黄背草（*Themeda triandra* var. *japonica*）、龙须草、旱茅（*Eremopogon delavayi*）、菅草等。赤桉林（Form. *Eucalyptus camaldulensis*）中的人工赤桉林多位于交通方便的丘陵地区或村庄附近。群落密度较大，结构简单，多为乔木、草本两层，林分中主要分布优势种，稳定性差。其中乔木层高 5～10 m，以赤桉为主，间杂有车桑子、余甘子等；林下草本层高度一般为 50～200 cm，以扭黄茅和龙须草为优势种。

元谋干热河谷地区与元江干热河谷地区的植被类似，植被整体上多分为乔、灌、草 3 层或灌、草 2 层，乔木多稀疏的分布于灌草丛之间，植被多由热带性或热带起源的耐干旱种类组成，并有长期适应干热条件的植物群落，如肉质多刺灌丛等（吴征镒和朱彦丞，1987）。植物多具有耐干旱的特征，如多毛、多浆、叶片革质或肉质、植株矮小、根系发达等。草本植物占主要成分，而禾本科植物又在草本植物中占主要地位；灌木次之，乔木的种类及数量在这一地区都较少（刘方炎和朱华，2005，1997）。

另外，元谋干热河谷植被立体分布明显，海拔在 1600 m 以上的河谷两旁主要以乔、灌、草为主；海拔在 1600～1200 m 时，主要以草、灌为主，如杨振寅等（2007）研究报道，草丛优势种有扭黄茅、孔颖草、双花草（*Dichanthium annulatum*）等，稀树灌木，如滇榄仁、石山羊蹄甲（*Bauhinia comosa*）、坡柳（*Salix myrtillacea*）、疏序黄荆、山合欢等；海拔在 1200m 以下主要以稀疏的人工乔木林为主，还间有中草丛，乔木人工林主要为桉树、银合欢生态水保林、经济林、果林等。

2.5 金沙江河谷荒漠化特征

2.5.1 荒漠化区域特征

以云南元谋河谷区为例，干热河谷荒漠化除上述的土壤退化特征外，还有以下特点（刘淑珍等，1996）。

2.5.1.1 土地资源不断丧失

元谋干热河谷区物质组成为更新统胶结不好的河湖相堆积物，由于其地表植被覆盖很差，在季节性流水的侵蚀作用下依细沟 - 切沟 - 冲沟 - 宽沟劣地的模式，最终发育成崎岖不平的劣地。目前，试验区冲沟劣地广为发育。这些冲沟沟壁陡峭，沟底堆积大量泥沙，旱季为干沟，雨季暴雨时形成流量大、流速快的挟沙暂时性流水，侧蚀力和逆源侵蚀力都很强。除了对沟壁、沟底、沟源产生强烈的侵蚀作用外，还产生崩塌、滑坡和泄流作用，使冲沟迅速扩展和延长。据调查，元谋试验区冲沟年均延伸长度约 3 m，最大可达 6 m，由于这种侵蚀作用，试验区中部千沟万壑，土柱成群，局部地段发育成特殊的地貌景观——"土林"，成为元谋县的一大旅游资源。侵蚀作用导致试验区土地表层富含有机质的土壤层不断被剥蚀，使土地失去生产能力而最终荒废。由于冲沟不断扩大，土地不断被蚕食，在土林发育的地段，土地资源几乎完全丧失。

2.5.1.2 植被退化

（1）植被类型退化

试验区自晚更新世以来气候日趋干燥，加之近、现代的人为影响，植被已由地带性植被常绿阔叶林及地质历史时期的针阔叶混交林退化为稀树灌木草丛类型和荒草地，局部地段已退化为裸地。

（2）植物种类组成退化

据孢粉组合资料分析，早更新世早期（3400～3000kaB. P.），试验区以木本植物为主，占总数的76%～95%，其中松属占46%～87%；元谋人生活时代（1700～1300kaB. P.），木本植物占50%以上，其中松属占43.20%；晚更新世（100kaB. P.），木本植物、草本植物和蕨类植物各占1/3，木本植物中以松为主，草本植物中占绝对优势的是蒿。而现今的稀树灌草丛植被以扭黄茅为优势，层盖度一般为60%～80%，稀树以锥连栎、云南松为主；灌丛以明油枝，坡柳为标志。试验区山地现存云南松乔木层盖度约50%左右，而滇中高原其他地区同类植被的云南松乔木层盖度一般保持在50%～70%。

（3）植物群落结构退化

随着植被类型的退化，群落结构也发生了相应的变化。原植被外貌为森林，结构复杂，可分出乔、灌、草3个结构层次，乔木层为主要层，季相变化不明显，而现在的稀树灌木草丛外呈稀树草原状，结构单一，草本层为主要层，乔木稀疏，配置不均匀，灌木层不明显；灌丛混生草丛之中，由于干湿季变化，植被的季相变化十分明显，6～10月山丘坡呈斑状翠绿，11月～翌年5月的旱季则一片枯黄。

（4）植被分布不均，覆盖率下降，生产力退化

由于特殊的环境条件和人为干扰，试验区海拔1600 m以下的山丘主要生长着稀树丛植被或荒草地；1600 m以上的山地水分条件稍好，出现高山栲、云南松林等，但以残次木为主；海拔2000 m以上的山地才有成片森林分布。水平方向上森林分布也不均匀，元谋县花园、羊街两乡土地面积占全县总面积的12.9%，森林面积占全县森林面积的63.5%；而土地面积占全县总面积56%的燥热丘陵区，灌木林的覆盖率只有0.06%。从新石器化石遗址出土的文物考证，3000年前试验区山地森林茂密，丘陵地带以灌草为主。据县志记载，20世纪50年代初，植被虽遭受一定破坏，但山地仍有成片森林分布，全县森林覆盖率达12.8%，但50年代以后，森林遭到严重破坏，覆盖率急剧下降。1957～1985年，45%森林面积变成萌生的残次灌丛和疏林，16%的有林地变为无林地，1985年林业普查的结果，森林覆盖率仅5.2%。植被退化的另一表现是生产力下降，首先体现在植被类型由森林退化为稀树灌草丛，使现存森林乔木稀疏、矮小、蓄积量低、材质差（表2-11）。河谷、丘陵稀树灌草丛以禾本科扭等为主，草质差，其蛋白含量是云南省各类草地中最低的，仅占干重的4.3%，其产量、载力均不如同一海拔分布的山地稀树灌草丛。

表2-11　元谋现存云南松与滇中同类林比较

区域	乔木层盖度（%）	平均树高（m）	蓄积量（m³/hm²）	干型
元谋	50	13～15	110	1圆形通直
滇中	50～70	20	200～300	基干粗大，稍弯曲

2.5.2　荒漠化程度的评价

2.5.2.1　荒漠地的土壤理化性质特征

由表 2-12 可见：荒漠化地（荒草地）较耕地在土壤理化性质方面有明显差异，前者较后者，其养分含量减少明显，植被盖度越小，减少量越多，尤其是有机质、有效氮和有效磷；土壤物理性黏粒减少 50% 以上，说明荒漠化地有明显的粗石质化现象。由此可见，荒漠化地与非荒漠化地（耕地）有一定质的差别，故可以从其土壤基本理化性质筛选出评判土地荒漠程度的指标（刘刚才和刘淑珍，1999）。

表 2-12　荒漠化燥红土的基本理化性状

盖度（%）	厚度（cm）	坡度（°）	粗砂（%）>0.1mm	细砂（%）0.1~0.01mm	物理黏粒（%）<0.01mm	有机质（g/kg）	全氮（g/kg）	全磷（g/kg）	全钾（g/kg）	有效氮（mg/kg）	有效磷（mg/kg）	有效钾（mg/kg）
0	7.5 (33.3)	22.5 (24.4)	45.4 (12.2)	28.3 (39.2)	6.4 (20.8)	9.5 (29.8)	0.5 (18.3)	0.4 (4.8)	19.1 (15.6)	43.1 (26.8)	2.6 (19.8)	114.9 (34.5)
10	9.0 (11.1)	22.0 (22.7)	50.6 (10.4)	39.0 (11.5)	11.0 (17.1)	7.2 (11.5)	0.8 (12.5)	0.3 (18.3)	8.7 (21.7)	70.9 (12.3)	2.0 (26.5)	91.2 (28.9)
20	8.2 (30.0)	19.0 (35.4)	56.9 (37.3)	31.0 (36.0)	12.0 (35.6)	16.3 (29.6)	0.9 (35.0)	0.3 (32.6)	24.0 (30.0)	57.1 (20.3)	1.8 (11.5)	71.5 (19.9)
30	9.0 (36.0)	20.5 (12.6)	54.6 (3.6)	27.3 (29.6)	18.1 (37.3)	15.1 (30.6)	0.7 (33.2)	0.3 (20.0)	13.8 (21.7)	46.2 (18.7)	2.2 (22.0)	86.8 (25.3)
40	10.0 (11.0)	22.0 (31.0)	23.9 (16.0)	58.8 (3.6)	17.2 (31.8)	28.1 (12.3)	1.2 (19.6)	0.3 (17.1)	8.5 (19.3)	82.6 (30.0)	2.8 (21.3)	138.6 (17.2)
50	11.7 (28.3)	22.0 (25.4)	50.6 (27.0)	33.5 (31.6)	16.5 (28.9)	25.3 (22.4)	1.1 (28.7)	0.3 (20.2)	14.2 (26.4)	56.7 (35.1)	2.0 (11.1)	128.3 (28.6)
60	13.0 (32.3)	23.0 (24.1)	56.3 (24.3)	30.5 (33.2)	16.7 (39.5)	26.0 (24.1)	1.0 (24.5)	0.5 (26.1)	18.4 (15.6)	92.0 (36.6)	3.1 (33.2)	119.1 (22.2)
70	13.0 (26.7)	33.0 (19.2)	34.4 (22.8)	56.2 (31.9)	9.1 (29.8)	32.3 (19.3)	1.3 (28.7)	0.3 (19.2)	7.0 (16.8)	104.5 (12.5)	2.0 (24.7)	101.1 (28.8)
80	18.0 (31.3)	17.0 (29.6)	59.5 (33.3)	21.3 (19.3)	13.5 (21.7)	32.8 (21.7)	1.5 (33.2)	0.3 (30.1)	11.8 (18.8)	101.3 (11.1)	2.4 (31.9)	118.7 (30.6)
90	22.5 (33.8)	19.2 (32.6)	46.8 (33.7)	38.4 (31.9)	14.5 (30.8)	33.0 (24.6)	1.2 (25.8)	0.4 (29.5)	14.0 (29.6)	62.2 (32.3)	2.4 (19.9)	81.8 (33.6)
100	26.8 (22.2)	30.0 (19.8)	64.6 (29.3)	22.8 (30.6)	13.1 (19.8)	34.1 (23.3)	1.7 (31.7)	0.4 (19.7)	22.7 (31.8)	81.6 (36.5)	2.3 (17.9)	90.7 (25.6)
耕地*	>20.0	—	25.4 (31.2)	38.4 (28.3)	36.2 (26.1)	46.2 (22.8)	1.8 (18.6)	1.2 (33.7)	26.1 (23.9)	121.8 (28.3)	48.4 (34.5)	136.2 (23.3)

注：* 根据云南会东县、东川市和四川省攀枝花市土壤普查资料统计获得的；括号内的值为变异系数（%）

2.5.2.2 评判荒漠化程度的土壤物理指标

将土壤物理指标（因子）进行因子分析，结果表明（表2-13），这些指标中主要有两个因子是影响植被盖度的，其贡献率分别达43.5%和32.1%，累积贡献率为75.6%。从变量在主因子上的载荷（系数）分布可以看出（表2-14），这两个主因子是机械组成因子[可用粗砂或细砂二者之一代表之，其在第一主成分上的载荷（绝对值）大于0.9]和土体形态因子（可用坡度或厚度代表之，其在第二主因子上的载荷大于0.6）。物理性黏粒含量因子在此次分析中未能反映应有的意义，可能是样品间的变异较大所致。

表 2-13　土壤物理指标的因子分析

变量	特征值	贡献率（%）	累计贡献率（%）
厚度（SD）	2.1766	43.5	43.5
粗砂（CS）	1.6054	32.1	75.6
细砂（XS）	0.7099	14.2	89.8
物理黏粒（WZ）	0.4971	9.9	99.8
坡度（SL）	0.0109	0.2	100.0

表 2-14　土壤物理指标旋转因子的载荷（负荷量）矩阵

变量	主因子1	主因子2
粗砂（CS）	0.9597	0.0759
细砂（XS）	-0.9556	0.2252
物理黏粒（WZ）	0.0279	-0.7784
坡度（SL）	-0.3237	0.6985
厚度（SD）	0.4793	0.6800

据上述结果，影响植被盖度的土壤物理因素有两个方面，为便于确定盖度与土壤物理性质间的定量关系，将盖度与土壤有关物理性质作相关分析，结果如表2-14所示，表明仅盖度与土层厚度有极显著关系，其他指标都未达相关显著水平。因此，荒漠化程度的土壤物理性质评判指标应为土层厚度。表2-12揭示荒漠化地与非荒漠化地间的物理性黏粒差异较明显，但此表未反映出它与荒漠化程度有显著相关性，可能是不同土属、土种间，土壤的机械组成变异较大造成的，因此，用它作为荒漠化程度的评判指标，其操作性不可靠。

将盖度与上述所确定的土壤物理指标——土层厚度进行曲线回归拟合，得最佳模型为 $lgCD = -140.34 + 75.59lgSD$（CD为盖度，SD为土层厚度）（$P < 0.0001$），回归检验表示该回归方程达极显著水平（表2-15）。因此，依据该模型，据土层厚度（土壤基本物理参数之一）可获得该区可靠的土地荒漠化程度。

表 2-15　土壤物理指标与盖度（CD）的相关系数

相关变量	R_{CD-SD}	$R_{CD \sim CS}$	$R_{CD \sim XS}$	$R_{CD \sim WZ}$	$R_{CD \sim SL}$
R 值	0.9115 **	0.2103	− 0.0721	− 0.4328	0.2948

＊＊表示极显著水平；＊表示显著水平，下同

2.5.2.3　评判荒漠化程度的土坡化学指标

将土壤化学指标（因子）进行因子分析，结果（表 2-16）表明，这些指标中主要有 3 个因子是影响植被盖度的，其贡献率分别达 39.6%、27.2%、20.3%，累积贡献率为 87.2%。通过各变量在主因子上的载荷分布看出（表 2-17），这 3 个主因子分别是碳、氮因子（可用有机质、全氮、有效氮其一代表之，其在第一主因子上的载荷大于 0.8）、磷元素因子（可用全磷或有效磷表示之，其在第二主因子上的载荷绝对值大于 0.6）、钾元素因子（可用全钾或有效钾表示之，其在第三主因子上的载荷绝对值大于 0.5）。因此，确定荒漠化程度的土壤化学性质指标应在这 3 个因子中选。

表 2-16　土壤化学指标的因子分析

变量	特征值	贡献率（%）	累计贡献率（%）
有效钾（AK）	2.7729	39.6	39.6
有效氮（AN）	1.9042	27.2	66.8
有效磷（AP）	1.4239	20.3	87.2
有机质（OM）	0.4695	6.7	93.9
全钾（TK）	0.2608	3.7	97.6
全氮（TN）	0.1091	1.6	99.1
全磷（TP）	0.0597	0.9	100.0

表 2-17　土壤化学指标旋转因子的载荷（负荷量）矩阵

变量	主因子 1	主因子 2	主因子 3
有效氮（AN）	0.8058	0.1253	− 0.3380
有机质（OM）	0.9365	0.1284	− 0.0123
全氮（TN）	0.9700	− 0.0666	0.0256
有效钾（AK）	0.0876	0.9530	− 0.1345
全钾（TK）	0.0289	0.8201	0.4810
有效磷（AP）	− 0.1106	0.1928	0.8923
全磷（TP）	0.1070	0.5627	− 0.6851

将植被盖度与土壤化学性质指标进行相关分析，结果如表 2-18 所示，由表可见，盖度与土壤有机质、全氮和有效氮有显著相关性，因此，评判荒漠化程度的土壤化学指标应有土壤有机质、全氮和有效氮，即第一个主因子，故选其中一个即可，据相关系数的大

小，应选土壤有机质（OM）。值得说明的是，表2-18中揭示了荒漠化地与非荒漠化地间差异明显的还有土壤有效磷，但它与盖度相关未达显著水平，可能是由于土壤有效磷的含量太少而变异很大的原因造成的。

表2-18 土壤化学指标与盖度（CD）的相关系数

相关变量	$R_{CD \sim AN}$	$R_{CD \sim AP}$	$R_{CD \sim AK}$	$R_{CD \sim OM}$	$R_{CD \sim TN}$	$R_{CD \sim TP}$	$R_{CD \sim TK}$
R 值	0.5882*	0.1391	-0.0112	0.9375**	0.8915*	0.2136	0.0058

据上述结果，将盖度与土壤有机质进行曲线回归分析，二者间的最佳模型是 $CD = -24.11 + 3.14OM$，（$P < 0.05$），经回归检验达显著水平。因此，评判荒漠化程度的土壤化学指标应选土壤有机质。

2.6 生态系统退化程度的定量评价

2.6.1 评价指标

第宝锋（2004）选择土地覆被（植被指数、景观分维）、地形（沟谷密度、坡度）、气候（水热分带）、社会经济（载畜量、人口密度）4大要素进行评价，以反映生态系统的状态-压力。汤洁和薛晓丹（2005）选用土壤背景质量（有机质、全氮、速效磷、速效钾）、生态环境现状（耕地盐碱化程度、草地覆盖率、森林覆盖率、水资源开采程度、载畜量）、经济发展水平（农民人均收入、人均粮食产量增率、耕地资源利用率）、生态破坏速度（人均植被减少速率、盐碱地增加率、地下水可开采潜力减少率）。这些评价中表现生态系统退化"症状"的指标可以借鉴，而把退化的原因作为评价指标并不妥当。

结合以上指标遴选原则与区域实际，确定以表现退化"症状"的核心指标用于评价元谋县域生态系统退化程度。

2.6.1.1 植被退化指数

要获得前人对植被的定量历史记录是一件十分困难的事，即使是有幸获得了一些资料，其分析价值也常因取样地点的模糊性和取样空间的局限性而受到很大的削弱，有时对于大范围的分析甚至是无法利用的（Wu，1999；刘先华等，2000）。遥感技术的发展使得获取大范围的信息成为可能。

植被盖度和生物量虽能反映生态系统退化程度，但构成遥感图像的各个像元的亮度值均是地表各种地物光谱特征的综合记录。故需要先从信息中提取植被信息，并且所提出的植被信息必须与盖度和生物量有很高的相关性。植被在近红外光区反射强烈，反射率与植物长势、盖度以及生物量呈线性正相关；在红光区呈强吸收谷，是因为红光被叶绿素大量吸收而作为光合作用的能量，故反射率与植物长势呈负相关。与之对应的是近红外波段（IR）对植被盖度、长势、生物量敏感；红光波段（R）对叶绿素敏感，它们的不同组合，如IR/R、IR−R，归一化差值（IR−R）/（IR+R）等称作植被指数。植被指数随植物长势、生物量的增长而增大，随植被空间分布密度（或盖度）的增大而增大。由于归一化差值（NDVI）能使植被信号放大，能消除或削弱地形阴影的影响，故考虑元谋干热河谷地形的特点，选用如下模型从混合信息中提取植被信息：

$$VI = \left(\frac{IR - R}{IR + R} + 1 \right) \times 255/2 \qquad (2-11)$$

式中，VI 为植被指数。

归一化植被指数（NDVI）能够较准确反映植被覆盖程度、生长状况、生物量和光合作用强度，NDVI 与植被的很多参数有关，如吸收光合有效百分率、叶绿素含量、叶面积指数、植被覆盖率和蒸散率等，因此在反映植被状况方面具有明显优势，在一定程度上能代表陆面植被覆盖变化，被广泛用于陆地生态系统与全球气候变化研究中（Tucker et al.，1986）。

2.6.1.2　土壤退化指数

土壤养分是土壤所提供的植物生活所必需的营养元素，是评价土壤自然肥力的主要因素之一。水土流失导致土壤养分流失，因而养分的含量成为土壤退化的重要标志。

土壤有机质是土壤肥力的重要物质基础（林大仪，2004），它包括各种动植物残体以及微生物及其生命活动的各种有机产物。它在土壤中的累积、移动和分解过程是土壤形成作用中最主要的特征。土壤有机质不仅能为作物提供所需的各种营养元素，同时对土壤结构的形成、改善土壤物理性状有决定性作用。

2.6.1.3　生境破碎指数

切割密度或破裂度是反映土地被破坏程度的指标，切割密度是单位面积线状侵蚀的长度，其值越大，反映地表被流水侵蚀得越严重，破裂度是单位面积线状侵蚀所占面积的比例，与切割密度相同的是反映土地被破坏的程度。在目前条件下破裂度的获取难度较大，主要是沟谷的宽度和深度测定难度较大，而且精度不高，因此在本项目中采用切割密度作为退化度的评价指标。

2.6.2　数据获取及处理方法

2.6.2.1　权重计算方法

层次分析法（analytical hierarchy process，AHP）是美国匹兹堡大学教授 A. L. Saaty 于 20 世纪 70 年代提出的一种系统分析方法。AHP 是一种能将定性分析与定量分析相结合的系统分析方法。AHP 是分析多目标、多准则的复杂大系统的有力工具。用 AHP 分析问题主要运算步骤包括：建立层次结构模型；构造判断矩阵 B；用方根法等求得特征向量 W（向量 W 的分量 W_i 即为层次单排序）；计算最大特征根 λ_{max}；计算一致性指标 CI（consistency index）、RI（random index）、CR（consistency ratio）并判断是否具有满意的一致性。本研究的求解过程在 Microsoft Excel 中实现（表 2-19 和表 2-20）。

表 2-19　退化度评价指数的权重及一致性检验

评价指数	植被指数	养分指数	生境指数	按行相乘	开 n 次方	权重 W_i	$(B \cdot W_i)/W_i$
植被指数	1	2	3	6.0000	1.8171	0.5396	3.0092
养分指数	1/2	1	2	1.0000	1.0000	0.2970	3.0092
生境指数	1/3	1/2	1	0.1667	0.5503	0.1634	3.0092
$\lambda_{max} = 3.0092$		CI = 0.0046		RI = 0.5800		CR = 0.0079	

注：CR < 0.10 具有满意的一致性

表 2-20　土壤养分评价因子的权重及一致性检验

评价指数	有机质	全氮	速氮	速磷	速钾	按行相乘	开 n 次方	权重 W_i	$(B \cdot W_i)/W_i$
有机质	1	5	3	3	3	135.0000	2.6673	0.4512	5.0078
全氮	1/5	1	1/2	1/2	1/2	0.0250	0.4782	0.0809	5.0082
速氮	1/3	2	1	1	1	0.6667	0.9221	0.1560	5.0013
速磷	1/3	2	1	1	1	0.6667	0.9221	0.1560	5.0013
速钾	1/3	2	1	1	1	0.6667	0.9221	0.1560	5.0013
$\lambda_{max} = 5.0040$		CI = 0.001			RI = 1.12			CR = 0.0009	

注：CR < 0.10 具有满意的一致性

2.6.2.2　数据处理方法

采用升降梯形分布，建立一元线性隶属函数进行评价因子的归一化处理。对于数值越大越好型的指标（土壤养分、植被指数）可用以下方法归一化处理：

$$\bar{r}_{ij} = \begin{cases} 1 & r_{ij} \geq r_{nj} \\ \dfrac{r_{ij} - r_{dj}}{r_{nj} - r_{dj}} & r_{dj} < r_{ij} < r_{nj} \\ 0 & r_{ij} \leq r_{dj} \end{cases} \qquad (2-12)$$

式中，$\bar{r}_{ij}$ 为第 i 乡镇第 j 种指标的隶属度；r_{ij} 为第 i 乡镇第 j 种指标的含量；r_{nj} 为第 j 种指标的较高含量水平；r_{dj} 第 j 种指标的极低含量水平。其意义表现在，当某地某种指标含量在较高水平之上时，表现该要素在该地是相对健康的；当低于极低含量水平，表现该地该要素已经完全退化到不适宜于作物生存。而位于二者之间时，用模糊隶属度来刻画其健康程度（其反面亦即退化程度或患病程度）。

对于数值越小越好型指标（生境破碎指数）则用下式进行处理：

$$\bar{r}_{ij} = \begin{cases} 1 & r_{ij} \leq r_{nj} \\ \dfrac{r_{dj} - r_{ij}}{r_{dj} - r_{nj}} & r_{nj} < r_{ij} < r_{dj} \\ 0 & r_{ij} \geq r_{dj} \end{cases} \qquad (2-13)$$

式中各符号的含义同上式。

因而，第 i 乡镇第 j 种指标的退化度（d）可以定义为

$$d_{ij} = 1 - \bar{r}_{ij} \qquad (2-14)$$

第 i 乡镇的总体退化度（D）可以定义为

$$D_i = \sum_{j=1}^{3} (d_{ij} \times w_j) \qquad (2\text{-}15)$$

式中，W_j 为第 j 种指标的权重。按面积加权可得到全县的总体退化度。

参照第二次全国土壤普查的土壤养分分级标准，r_{dj} 和 r_{nj} 的取值对应二级标准，如表 2-21 所示。

表 2-21　评价指标的阈

项目	有机质（g/kg）	速效磷（mg/kg）	速效钾（ppm[①]）	全氮（g/kg）	速效氮（ppm）	植被指数	沟谷密度（km/km²）
常用分级标准	<6	<3	极低 <30	<0.06	<50	≤110	≤2
	6~10	3~7	低 30~60	0.06~0.09	50~80	110~125	2~3
	10~20	7~20	中 60~100	0.09~0.15	80~120	125~132	3~4
	20~30	20~40	高 100~150	0.15~0.20	120~150	132~150	4~5
	30~40 >40	>40	极高 >150	>0.20	>150	≥150	>5
r_{nj}	30	20	100	0.15	120	132	4
r_{dj}	6	3	30	0.05	50	110	5
性质	数值越大越好						越小越好

2.6.2.3　数据来源

由于 20 世纪 80 年代中期元谋植被退化到了最严重的程度，故以该时期的生态系统作为评价对象。

根据 1984 年土壤普查，各乡镇分区土壤养分含量如表 2-22 所示。

表 2-22　元谋县各乡镇土壤养分含量及退化度

乡镇	有机质（%）	d	全氮（%）	d	速效氮（ppm）	d	速效磷（ppm）	d	速效钾（ppm）	d
花同	3.91	0.00	0.13	0.20	348.70	0.00	2.23	1.00	86.90	0.19
羊街	2.36	0.27	0.09	0.64	86.70	0.48	3.50	0.97	156.00	0.00
老城	2.64	0.15	0.13	0.16	137.30	0.00	1.20	1.00	172.30	0.00
能禹	1.30	0.71	0.07	0.78	49.10	1.00	2.95	1.00	91.16	0.13
元马	3.23	0.00	0.17	0.00	117.60	0.03	10.70	0.55	58.04	0.60
平田	0.96	0.85	0.04	1.00	50.10	1.00	1.00	1.00	122.40	0.00

---

① 1ppm = 10^{-6}，后同。

续表

乡镇	有机质		全氮		速效氮		速效磷		速效钾	
	（%）	d	（%）	d	（ppm）	d	（ppm）	d	（ppm）	d
新华	1.54	0.61	0.10	0.48	72.60	0.68	1.60	1.00	43.08	0.81
黄瓜园	1.46	0.64	0.09	0.60	71.80	0.69	4.60	0.91	124.53	0.00
物茂	1.25	0.73	0.07	0.85	64.00	0.80	2.27	1.00	51.50	0.69
江边	3.87	0.00	0.15	0.00	127.30	0.00	8.00	0.71	178.80	0.00
姜驿	1.35	0.69	0.04	1.00	53.10	0.96	2.27	1.00	98.80	0.02
凉山	8.75	0.00	0.34	0.00	201.10	0.00	1.20	1.00	479.10	0.00
苴林	1.42	0.66	0.06	0.90	64.90	0.79	0.30	1.00	43.08	0.81

植被指数由 1985 年的 TM 影像解译获得。利用遥感影像软件 Erdas Imagine 对元谋县 TM 影像进行处理。首先对 TM 影像进行几何校正（阿尔勃斯等面积圆锥投影；克拉索夫斯基椭球体；第一标准纬线：25°；第二标准纬线：47°；中央经线：105°；最近邻距离法重采样；位置误差控制在一个像元内）；然后在 Spatial Modeler 模块，通过 Model Maker 工具，调用 Veg_NDVI 模型，即可解译出元谋县的 NDVI 分布（图 2-14）。最后在 Data Prep 模块用 Subset 按乡镇边界进行分割，运用上述植被退化度的划分标准，采用频度加权法即可求出各乡镇的植被指数。

DEM 是表达地表起伏状况的连续表面，含有丰富的地表结构信息，既可表达出研究区的地形、地貌，又可用于提取坡度、坡向、汇水等地形因子，以对研究区域作进一步分析。在 ARCGIS 下，将 1:10 万比例尺下等高距为 20 m 的矢量化地图层转化为 TIN 数据，建立地面的连续地形起伏表达，之后再将其转换为 20 m×20 m 栅格的 DEM 数据。利用 DEM 栅格数据可进行多种地表环境因子的分析，研究中根据各栅格单元的高程值计算出每个单元点的水流方向，根据流向再计算出各栅格的水流总量，如果有水流量达到某个临界值，该位置就是沟谷区。筛选出所有的沟谷栅格点，并将其由栅格数据结构转化成矢量数据结构，就形成网状的沟谷线分布。在 ARCGIS 中，通过 ArcToolbox 调用 Hydrology（水文分析）模块，载入 DEM，经过 DEM 洼地填平（避免 DEM 精度不高所产生的伪水流积聚地）、水流方向（Flow Di）计算和水流积聚计算后提取沟谷。栅格沟谷的生成是利用设定一个沟谷生成阈值，ArcMap 中的 Spatial Analysis 分析模块下的 Raster Calculator 可计算出所有大于设定阈值的栅格，这些栅格就是沟谷的潜在位置。在 Hydrology 工具集中提供了将上一步生成的栅格沟谷进行矢量化的工具 stream to feature，可得到矢量形式的沟谷图（图 2-15），然后按照乡镇范围进行统计，并按照上述评价标准计算地形的退化度。

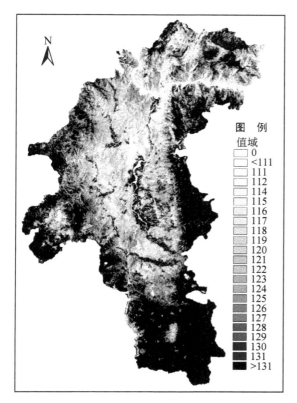

图 2-14　元谋县 1985 年 NDVI 分布（基于 TM 解译）

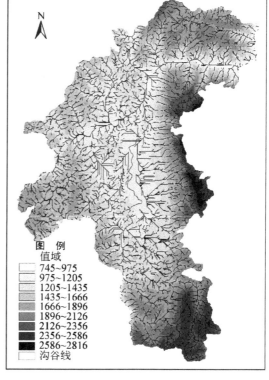

图 2-15　元谋县沟谷分布（基于 DEM）

2.6.3　评价结果与分析

元谋县及各乡镇的退化度评价结果如表 2-23 所示。

表 2-23　元谋县生态系统退化度评价

乡镇	植被	生境	土壤	退化度（D）
花同	0.201	0.054	0.200	0.177
羊街	0.080	0.180	0.400	0.191
老城	0.273	0.322	0.240	0.271
能禹	0.421	0.590	0.720	0.537
元马	0.358	0.412	0.180	0.314
平田	0.431	0.266	0.780	0.508
新华	0.170	0.168	0.700	0.327
黄瓜园	0.409	0.608	0.590	0.495
物茂	0.428	0.206	0.790	0.499
江边	0.455	0.244	0.110	0.318
姜驿	0.416	0.100	0.700	0.449
凉山	0.050	0.020	0.160	0.078
苴林	0.573	0.730	0.780	0.660
全县	0.336	0.250	0.504	0.372

2.6.3.1　植被退化度

20 世纪 80 年代中期，元谋县的植被退化度为 0.336，属于较严重退化状态。在行政区域分布上，所有乡镇的植被均具有不同程度的退化。退化程度从轻到重的乡镇依次为：凉山、羊街、新华、花同、老城、元马、黄瓜园、姜驿、能禹、物茂、平田、江边、苴林。在 13 个乡镇中，有 7 个乡镇的植被退化度超过了 0.40，属于较严重退化状态，尤以苴林乡的退化度最高，达 0.573。退化度较小的是凉山乡和羊街乡，均不足 0.10。这与笔者实地考察的结果基本一致。在空间分布上，元谋县北部的植被退化程度较南部严重；在县域南半部分区域，中部比东西部严重，因而盆地中部的热坝区是元谋县植被退化最严重的地方（图 2-16）。

在干热河谷热坝区坝周山地是植被指数赋存相对较高的区域，使其呈现大致沿县境界具有近似带状的分布特征。在热坝区，植被指数较高的区域呈两条南北向条带状，一是沿龙川江，分布在其两岸；二是永定河两岸至班果山 – 背阴山 – 石碑山山前地带，大致与年平均气温 20（物茂以南）~ 22（物茂以北）℃等值线一致。总体上，年平均气温 20℃等值线成为元谋县的植被退化度高低的大致分界线，年均温高于 20℃（大致相当于等高线 1400 ~ 1600 m）的区域植被退化度高，退化严重。

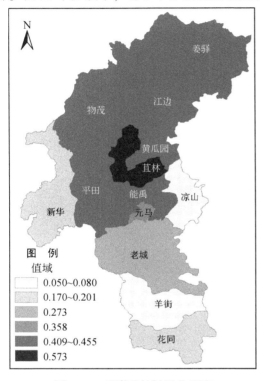

图 2-16　元谋县植被退化程度

2.6.3.2　土壤养分退化度

按照全国第二次土壤普查的分级标准，元谋县土壤养分退化非常严重，在 20 世纪 80 年代中期退化度达到 0.504。总体上，元谋县水田土壤有机质含量略高于自然土壤，二者均显著高于旱地；自然土壤的全氮含量介于水田和旱地之间；速氮的含量以自然土壤最高，水田又比旱地高；速磷的含量以旱地最高，自然土壤高于水田；速钾的含量从高至低依次为自然土壤、旱地和水田（表 2-24）。除了全氮和速钾外，有机质、速氮和速磷均存在不同程度的退化。按乡镇的自然土壤养分退化度从低到高的排序依次为：江边、凉山、元马、花同、老城、羊街、黄瓜园、新华、姜驿、能禹、平田、苴林、物茂。其中，江边、凉山和元马的退化相对较轻，退化度小于 0.2；新华、姜驿、能禹、平田、苴林、物茂的退化度均达到 0.70 以上。在空间分布上，土壤退化严重的区域集中在中北部的热坝区，而东、南、西三面相对较低（图 2-17）。

表 2-24 元谋县 20 世纪 80 年代中期土壤养分状况

地类	有机质（％）	全氮（％）	速效氮（ppm）	速效磷（ppm）	速效钾（ppm）
水田	2.51	0.130	102.5	6.78	93.71
旱地	1.79	0.082	92.9	15.34	129.23
自然土壤	2.48	0.103	116.4	9.23	105.66

2.6.3.3 地形破碎度

元谋县破碎的地形是历史上母岩 – 土壤 – 植被 – 人类活动等因素作用的结果。全县以沟谷密度表征的地形退化度 0.250 为标准，表明地形较破碎（图 2-18）。按乡镇来看，地形破碎度从低到高依次为：凉山、花同、姜驿、新华、羊街、物茂、江边、平田、老城、元马、能禹、黄瓜园、苴林。其中前 5 个乡镇的退化程度较轻，而后 4 个乡镇较重。黄瓜园和苴林的地形破碎度达到 0.60 以上。在空间分布上，呈现出中间高，四周相对较低的格局。以黄瓜园、苴林、能禹为极大，向四周逐渐趋小，即干热河谷热坝区比四周山地的地形更破碎。从坡度来看，在缓坡地带的地形较破碎，而平地和陡坡的沟谷不发育。

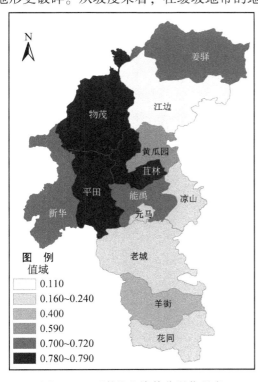

图 2-17 元谋县土壤养分退化程度

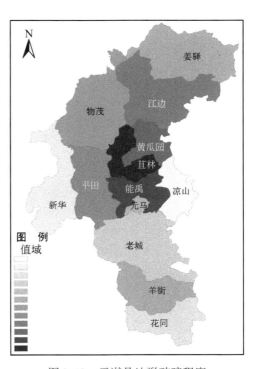

图 2-18 元谋县地形破碎程度

2.6.3.4 县级生态系统退化度

综合考虑植被、土壤和生境（地形），元谋县的生态环境退化度总体水平为 0.372，属于较严重退化程度。但是各乡镇之间的退化度差异非常明显，生态系统退化度从轻到重依次是：凉山、花同、羊街、老城、元马、江边、新华、全县、姜驿、黄瓜园、物茂、平

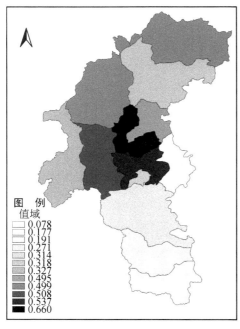

图 2-19　元谋县生态系统退化度评价

图例
值域
- 0.078
- 0.177
- 0.191
- 0.271
- 0.314
- 0.318
- 0.327
- 0.495
- 0.499
- 0.508
- 0.537
- 0.660

田、能禹、苴林。其中，凉山的退化度低于 0.10，属于相对较轻的退化状态；苴林的退化度达 0.60 以上，属于较严重的退化状态。从空间格局来看，退化相对较重的区域分布在县境的中北半部，尤其是干热河谷的热坝区，形成以苴林为极大，向四周趋缓的空间分布态势（表 2-23 和图 2-19）。

2.6.3.5　讨论

1）元谋县干热河谷区由于自然背景和深受人类干扰的影响，形成了今日较严重的退化态势，尤其是盆地中部的热坝区是生态系统退化相对严重的区域。由于采用以乡镇为评价单元，评价结果反映的是乡镇的平均状况，它掩盖了各乡镇内部的差异。因而，实际上局部区域的生态系统退化更为严重。

2）退化度 D 的数学取值：$D \in [0, 1]$。只要退化度大于 0，则表明生态系统处于退化的状态，而越接近 1，则生态系统趋于崩溃边缘，不可恢复。元谋县的生态系统退化度为 0.372，表明其处于较严重的患病状态。因而其恢复正常状态需要投入较多的人力、物力、财力，恢复至原来面貌的难度较大。据此，可以引申出一个概念，即可恢复度（recoverable degree）：

$$D_{recoverable} = \begin{cases} 1 - D_{degradation} & \text{当 } D_{degradation} \text{ 较小时} \\ 0 & \text{当 } D_{degradation} \text{ 较大时} \end{cases} \tag{2-16}$$

上式表明，生态系统的退化度与其可恢复度之间存在定量关系，可根据生态系统的退化度来诊断其可恢复性。据上式可计算得出，干热河谷退化生态系统的可恢复度为 0.628。关于可恢复度的研究，有待于未来的进一步深入。

3）由于数据难于获取或数据的精度差，评价结果可能与实际情况存在一定的差异，但据笔者的实地调查，以上结果大致能反映实地的真实情况。

第3章 干热河谷退化生态系统的典型植被恢复模式及关键技术

3.1 干热河谷退化生态系统的典型植被恢复重建模式

由于干热河谷退化生态系统的退化程度不一致，因此，模式的建设应根据不同退化生态系统进行针对性的模式建设。

3.1.1 极强度退化生态系统治理模式

（1）自然禁封
防止人畜破坏，促进乡土灌草植被生长。

（2）自然禁封＋工程措施
除大范围自然禁封外，对水土流失较大的河谷地段修筑固土防水堤坝以及小谷坊，进行沟头工程治理。防止进一步退化，促进系统自然恢复。

3.1.2 强度退化生态系统治理模式

（1）自然禁封＋生物措施
采取自然禁封，防止人畜对自然生长的灌丛、草被进行破坏，使系统的植物群落得以恢复。生物措施指人工造林、种草措施，选择的抗逆性较强的植物有：银合欢、木豆、山毛豆、车桑子、余甘子、滇刺枣、小桐子、山黄豆、金合欢、龙舌兰、剑麻、香根草、大翼豆、新诺顿豆、龙须草、扭黄茅、孔颖草等。造林、种草的方法主要采取雨季挖塘种植，旱季覆草保墒。

（2）工程措施＋生物措施
工程主要指坡改梯、隔坡水平沟、隔坡水平阶、鱼鳞坑等。生物措施同上。

3.1.3 中度退化生态系统治理模式

（1）薪炭林＋草
营造以银合欢为主要树种的薪炭林。由于银合欢生长快，结果早，2～3年将使土地覆盖率达90%以上，单株银合欢株高5 m左右，径粗达12 cm。当年结果的种子落入土壤自然萌发逐渐长大，整个系统形成银合欢高、中、低三层植被恢复模式，草主要指乡土草被。

（2）先锋植物＋乔灌草

由于退化土地土壤贫瘠，先选择豆科灌草作为先锋树种，如银合欢、山毛豆、木豆、金合欢、大翼豆等。当退化程度减轻后，再规划乔灌草种植模式，其中的乔木树种选择赤桉、柠檬桉、顶果木、攀枝花、红椿、酸角、大叶相思、印楝、云南石梓、青香树等。灌木应选用滇刺枣、余甘子、山毛豆、小桐子、车桑子、刺槐等。草本选用自然生长的扭黄茅、孔颖草、荩草、狗芽根、龙爪茅等。

（3）工程措施＋乔灌草

工程措施主要指植树塘的开挖、换土、施肥等。乔木树塘以 $0.8\sim1m^3$ 大穴为宜，灌木树塘以 $0.6\sim0.8\ m^3$ 为宜。换土指表土表草放在树塘下方，深土换在塘的上方。施肥：25 kg 有机肥，5 kg 磷肥。乔灌草品种选择同上。

（4）先锋植物＋牧＋经济林模式

先锋植物应选择耐瘠薄的豆科饲料或牧草植物，如饲料木豆、山毛豆作为灌木，新诺顿豆、百喜草、柱花草作为牧草。这些植物一方面改良土壤，另一方面又可被牛、羊、兔等动物利用。但所有的牧业发展以圈养为主。当牧业发展了 3 年左右时，逐步取缔灌木，用耐旱、耐瘠薄的经济乔木替代，如印楝、酸角、攀枝花等。

（5）发展特色资源模式

选择的主要植物有芦荟、剑麻、红花红木、山毛豆、车桑子、膏桐、余甘子、酸角等。芦荟加工提炼化妆产品；剑麻加工提供工业皂素以及高档纤维；红花红木加工提供红色色素；山毛豆加工提供高蛋白饲料；车桑子木材用来造纸；膏桐加工生产燃油；余甘子、酸角加工生产饮料等。

3.1.4 轻度退化生态系统治理模式

（1）林＋草＋畜＋沼气模式

林：根据当地需要可选择耐旱的经济林、木材林、薪炭林、饲料林；草：选择豆科牧草和禾本科牧草混种；畜：以猪、牛、羊为主。畜类粪便进入沼气池。

（2）果＋农＋禽模式

模式中的果：酸角、毛叶枣、枣、石榴；农：饲料型中杆植物（玉米、杂粮、木豆）及禽类爱吃的耐旱叶菜；禽：土鸡、火鸡、鸽子、兔子。

（3）果＋药模式

模式中的果：同上；药：香附、天门冬、马尾黄连、苏木、决明子、山药、佛手、金银花、草豆蔻、葛根、女贞子、艾叶、仙茅、车前子、车前草、藕节、石榴皮、蓖麻子、黄芪、板蓝根等。

（4）免耕＋豆＋农模式

免耕：2～6 月干旱生态系统种植成本高、收入低，因此实行免耕、免种，以利于保持土壤水分；豆：利用雨季种植豆科植物，如花生、青豌豆、黄豆、绿豆、地豆等，以利于改良土壤；农：反季种植，如青玉米、薯类、魔芋、山药及节水蔬菜。

（5）粮＋经＋蜂模式

"粮"选择玉米、旱稻等；"经"选择甘蔗、油料作物（花生、胡麻、油菜）、烤烟等；"蜂"指田间养蜂。

3.1.5　无明显退化生态系统生态农业模式

（1）特色果树＋农（菜）模式

特色果树：主要指热带亚热带果树品种，如龙眼、芒果、台湾青枣、荔枝、香蕉、甜酸角、杨桃、番木瓜、番石榴等；农（菜）：在果树树行，根据当地市场需求种植任何农作物（菜）。

（2）稻田＋鱼（鸭）模式

此模式为物质循环利用种养模式，其中鱼的主要品种有鲤鱼、罗非鱼、鳝鱼、鲢鱼等。

（3）三季轮作模式

为了合理利用光热资源，采用三季轮作模式，即4~7月种稻田，7~10月种早熟豆类或蔬菜，10月~次年3月种植冬早蔬菜、瓜果、花卉。此模式需加大土地有机肥的投入。

（4）果树＋蔬菜＋食用菌模式

此模式为立体共生模式，"果树"品种同上述，蔬菜品种选择黄瓜、番茄、架豆等搭架种植蔬菜，食用菌品种主要有平菇、金针菇、香菇。

（5）林＋果＋草＋猪＋鸡＋鱼＋沼气模式

此模式为农业综合生态模式，种植生态、养殖生态、能源生态、土壤生态全面持续发展。林：系统边界种植耐旱、速生树种，如桉树、银合欢、余甘子等；果：热带水果为主，但种植密度应小一些，一般以6 m×8 m为宜，以利于复合种养；草：以豆科牧草、禾本科牧草混种，如黑麦草、大翼豆、新诺顿豆、柱花草、象草等；猪：采取圈养，猪粪入沼气池；鸡：果园内放养，蛋鸡为主；鱼：充分利用蓄水池功能，发展养鱼业。

（6）林＋果＋草＋羊（牛、鸡）模式

此模式为物质循环利用以及生态环境综合治理模式，模式的地理位置较差，土地破碎，应首先建立林、果、草复合模式后，充分利用草资源发展草食羊、牛、鹅，达到动植物复合系统的生态平衡。以草食喂养的羊、牛、鹅为绿色肉食，价格高、市场好。模式中的林、果、草品种前面已介绍。"羊"的品种主要选择本地黑山羊、波尔山羊、努比亚山羊。"牛"以黄牛为主，适当发展一些水牛，解决耕种畜力。

（7）果＋鸡＋猪＋沼气＋食用菌＋蚯蚓模式

此模式为物质循环利用生态模式，在果园内建立复合养殖场，鸡→鸡粪混合饲料养猪→猪粪入沼气池→沼肥养食用菌→菌壳养蚯蚓→蚯蚓喂鸡。

3.2 干热河谷生态治理关键技术

3.2.1 干热河谷生态恢复技术体系

从生态系统的组成、结合干热河谷的特点，技术体系包括生物和非生物系统的恢复技术（图3-1）。其中生物系统的恢复技术主要是运用林业生态工程技术、种植业生态工程技术和循环生态工程技术，结合多年实践经验形成生态林建设和特色经济林建设的技术体系，这将用于指导干热河谷不同退化生态系统的植被恢复。而非生物系统的恢复技术体系主要突出土壤恢复技术和节水利用技术。因为在干热河谷，退化生态系统恢复的主要限制因子是土壤因子，包括土壤肥力和土壤水分。只有土壤生态系统得以恢复和改良，系统的生物量才会增加，生产率才会提高，达到系统恢复的经济、生态效益。技术体系中的各项技术将在第7章的技术措施中描述。

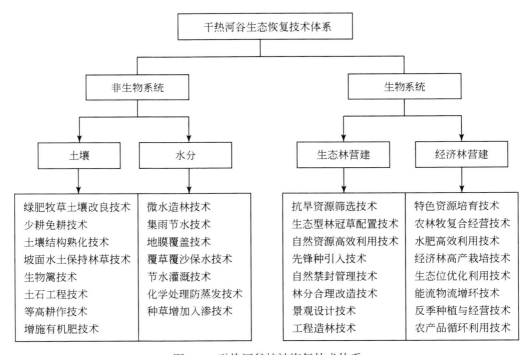

图 3-1 干热河谷植被恢复技术体系

3.2.2 干热河谷生态农业建设技术体系

应用生态学原理，根据当地的自然条件、生产技术和社会需要，可以设计、组装出多种多样的生态农业系统。生态农业技术体系，既是中国传统农业技术精华与现代常规农业技术的有机结合，又是现代农业的系统工程化过程。它既包含农业生态系统不同层次的系统设计和管理，又包括实施这些技术的方案和方法（马世骏和李松华，1987；李文华和闵庆文，2001）。

根据生态农业的内涵，对一个生态经济良性循环的区域，生态农业建设在规划设计时应注意以下几点：一是产业结构调整应以主导产业为主，同时以主导产业与多产业配套的生态农业产业体系为中心，主导农产品生产应建立在该区域水、土、生物与气候资源潜力和区域比较优势的基础上，它包括通过实现物质循环利用、无废弃物或减少废弃物生产，建立规模化、专业化种植与养殖业复合生态系统；二是通过推广一系列生态农业技术，实施生态保护与强化生物再生能力为目标的区域或农田生态环境建设，逐步改善生态环境，保护生物多样性，控制面源污染。生态农业总体技术体系如图 3-2 所示。

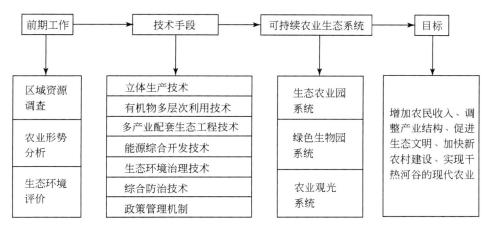

图 3-2　生态农业技术体系

生态农业技术体系之一：生态农业的开发重点应加大高科技含量，完善与健全植物性生产、动物转化与微生物还原的良性循环农业生态系统，运用系统工程方法科学合理地优化组装各种现代生产技术，在农业生产过程中力求保护农业生态环境，不断改善农产品质量，实现不同区域生态农业目标。其中在寻求生态经济协调发展且有市场竞争力主导产业的同时，建立新型生产及生态保育技术体系技术规范，建立环境与产品质量保护控制监测体系，实现农业的可持续发展，可持续发展的农业产业化是当前生态农业建设的重点。

生态农业技术体系之二：遵循生态系统"整理、协调、循环、再生"原理，运用系统工程方法及规划成果，对区域内农业生态经济系统的发展进行宏观战略部署。要求依据区域资源条件和生态异质性特点，在横向上进行分区农业发展模式设计，在纵向上进行工程项目设计。分区模式设计需优化配置系统内部各子系统间关系和比例以及各子系统内部各级层次结构，并考虑创造良好的外部必要条件，使系统能适应其外界大环境。

生态农业技术体系之三：调整结构是实现农业生态经济系统生态合理化的基础，健全植物性生产、动物转化、微生物循环和系统加工增值，实现水土、生物等资源优化配置和高效开发技术；针对区域生物种群生态适宜性特点，引进农业优良生物种群和培育技术，充分发挥生物优势，发展主导生物种群，开发具有市场与经济优势的主导产业，并使主导产业与产业多样化有机结合，形成能适应市场变化的具有可持续竞争力的产业结构。

生态农业技术体系之四：通过以关键技术为核心、技术集成为主线的系统设计，实现无废弃物或少废弃物的清洁生产，生产健康、安全农产品，提高资源利用效率，保护生态环境，因此生态农业技术体系特征是软硬件技术结合与目标（环境友好）的集成。此外，生态恢复技术退耕还林中灌草技术和生物绿篱技术等、生态适宜性生物种群引进与开发都是解决系统良性循环的关键技术。

综上所述，生态农业建设的技术要求决定其技术体系是软硬技术的结合；技术体系的多目标决定其必然是多项技术优化组装；农业生产的生态合理化决定其必须因地制宜地运用生态系统机能进行整体设计（卞有生等，1998），其主要技术如下。

3.2.2.1 立体种养技术

利用生物群落内各层生物的不同生态位特性及互利共生关系，分层利用自然资源，以达到充分利用空间，提高生态系统光能利用率和土地生产力，增加物质生产的目的，这种技术可以达到在空间上多层次，在时间上多序列的产业结构。具体如下。

（1）多层农业群落建设技术

①充分利用干热河谷光热特点做好农作物的轮作、间作与套种，但金沙江干热河谷干旱季节（2~5月）气候干热，水资源缺乏，种植作物费工费水，应少种免种。而在雨季、冬季应发展热区特殊物种种植优势，种植反季植物，提高产值。②林农间作是主体利用光热的另一群落建设技术，此技术一般体现出长期效益与短期效益的有效结合。其中的林包括薪炭林、经济林或混交林等，造林密度不能太大，以免影响间作效益。而农作物主要根据当地适宜条件、市场价格选择。

（2）农业复合群落建设技术

此技术是指通过种植作物、林木、果树、牧草、绿肥所构成的农、林、牧和农、林、渔复合群落。这种镶嵌化农田种群空间结构就是运用生态学的种间互补、共生共惠原理，使种群之间组成相互有利的关系，有助于充分利用农业生物层，获得最大的土地报酬，提高单位土地面积上的物质、能量转化效率及土地生产率。

（3）农业种群的带状组合技术

利用山区立体气候特点，发展带状产业。高海拔区发展针叶林、薪炭林，中海拔区发展多种复合农业模式，低海拔区发展热带经济作物。

3.2.2.2 有机物循环利用技术

通过不同的食性动物、微生物分级利用农业有机废弃物，使它们转化为人们直接利用的生物产品的生物能源，实现生物供给能量的多次利用，是生态学中食物链原理的应用，没有任何生物能量能够百分之百地转化为食物链中下一营养级的生物潜能，但通过生态农业建设，将各营养级因食物选择所废弃的或作为粪便排泄的物质，作为其他生物的食物加以利用、转化，使生物能的转化率提高，达到增产、增值的目的。

3.2.2.3 能源开发技术

沼气发酵及利用技术。沼气的建设与推广对于农村的能源建设、肥料建设、净化环境、保护农民健康意义重大。此项技术包括沼气池的建设及沼气发酵残余物的利用。

太阳能利用技术。干热河谷光源充足，直接利用太阳能节省能源，是农民增收节资的最好途径，如地膜覆盖、塑料大棚、太阳能吸热器等。

3.2.2.4 生态环境治理技术

（1）土地持续利用技术

土壤肥力是影响农作物利用光能和其他资源进行生物固定、转化的主要因素，因此，用地养地是农业生产的一项基本原则，在退化坡地种植豆科牧草，发展畜牧业，实现农牧结合的生态农业工程建设，提高了农业生态系统的稳定性及持续性，增强了系统生产力的抗逆能力。

（2）工程措施与生物措施相结合的水土流失治理技术

要搞好治理，就必须把合理开发土地资源放在首位，治理与开发并举，治理要工程措施与生物措施并举，以生物措施为主；要治坡、治地、治沟同时抓，以治坡、治地为主。在治理中要坚持下列原则：①工程安排要坚持以土为首，山、水、田、路综合治理；②生物结合以林、草为主，实行乔、灌、草结合的方针，推广农、林、牧、渔、副全面发展；③在土地利用上采取立体种植的方式，使光能资源获得充分利用。

3.2.2.5 引进新品种，充实生态位技术

充实生态位是一种生物工程与生态工程的结合。利用优良种质资源，并通过生物技术手段选出新品种，再配置合适的生态位，有利于生产力成倍地提高。近年来金沙江干热河谷一般作物品种趋于老化、退化，因此，本来适宜的生态位，由强转弱，只有不断更换适宜品种，充实到各种生态位去，才能提高系统生产力，要在认识生态环境与品种的要求相统一的基础上，通过小面积试种选优，不断选择适应的品种充实生态位。

3.2.2.6 施肥技术

恢复退化土地肥力（特别是有机肥），一般有以下几种生物措施：①种植豆科牧草，增加土壤中氮的含量，同时牧草用作养殖，动物粪便全部还地；②种植绿肥，通过翻犁入地增加土壤有机质；③秸秆还田，同有机肥混入土壤，促进有机质的转化及利用。

但这些肥料的利用要掌握时期与运用方式，时期的把握应与植物生长期、季节雨量相适应，同时结合轮作技术运用。

3.2.2.7 病虫草害防治技术

在生态农业建设中病虫草害的防治应不用或少用化学药品，应根据生态学种群相生相克原理，利用系统管理的方法，进行综合治理。但在金沙江干热河谷的特殊人口群体暂时达不到完全生物防治病虫草，只能采取生物与化学并举的方式，逐渐消除化学品。①杂草的防治应采取超量种植豆科牧草，从而消减其他杂草的生长。②通过作物种植的时间及空间上的变化来防止或减少害虫的危害。③利用轮作、间作与种植方式改变可限制害虫危害作物的能力。④利用有害生物的天敌，对有害生物进行调节、控制乃至消灭。

3.3 干热河谷节水技术体系

3.3.1 低压管道输水灌溉技术

3.3.1.1 低压管道输水技术

灌溉水分损失的主要部分发生在输水过程，据统计，干热河谷区输水损失占总引水的 40%~55%，可见输水过程的节水潜力之大。输水损失绝大部分消耗在渠系渗漏，这一环节的节水措施主要是低压管道输水和渠道的防渗。渠道防渗是为了减少渠床土壤透水性或建立不易透水的防护层而采取的各种工程措施，具有造价低、适用广的特点，目前已在干热河谷区灌溉系统中大面积推广使用。低压管道输水是利用低压管道代替土渠（明渠）输水到田间地头，进行滴灌或传统沟（畦）灌溉的一种地面灌溉技术，管道输水是全封闭输水，有效减免了水分渗漏与蒸发，使试验示范区的输水有效系数提高到 0.95 以上，明显高于渠道防渗技术（渠道防渗可提高输水有效系数 0.5~0.7）。低压管道系采用低压管材，工程投资降低，一般亩①投资标准为 130~150 元。管道输水节水节地，特别是在干旱、蒸发量大的干热河谷，地下管道可解决渗漏、蒸发问题。

3.3.1.2 干热河谷采用低压管道输水灌溉具有以下特点

（1）省水

由于以管代渠可以减少输水过程中的渗漏和蒸发损失，使渠系水利用系数提高到 0.95 以上，可使亩毛灌水定额减少 30% 左右。

（2）节能

与土渠输水相比，由于提高了渠系水利用系数，抽取运输的水量大大减少，因此，可减少能耗 25% 以上。

（3）减少土渠占地，提高土地利用率

一般在灌区可减少占地 3% 左右。

（4）管理方便，省工省时

由于低压输水管道埋于地下，便于机耕和养护，耕作破坏和人为破坏大大减少。

（5）高灌水效率

由于管道输水流速比土渠大，灌溉速度大为提高，可显著提高灌水效率。

3.3.1.3 干热河谷区低压管道输水灌溉建设

（1）管网规划原则

管网规划的优劣直接关系到工程投资的大小及经济效益的高低，管网的总体布局必须因地制宜、合理配套，达到费用最省、效益最大。管网的布置应符合当地群众的种植和浇

---

① 1 亩 ≈ 667m^2，后同。

地习惯，使水流直接入畦，尽量不用土垄沟，减少输水损失，提高资源利用率。

（2）管道布局

一般有固定式、半固定式和移动式 3 种布置类型，干热河谷区以选用软硬管结合的半固定式为宜。主管道为地下硬塑料暗管或钢管，垂直种植方向布设，支管道为地面移动式聚乙烯软管，平行种植方向，负责配水入畦。

（3）灌水定额设计

合理的灌水应当使作物的主要根系活动层中既达到有利于作物吸收水分的充足含水量，又避免水量过大形成深层渗漏造成水资源的浪费。设计灌水定额用下式计算：

$$m = 0.0667\rho h(\lambda_1 - \lambda_2)/\Pi_{\boxplus} \tag{3-1}$$

式中，m 为设计灌水定额（m³/亩）；ρ 为土壤容重（g/cm³）；h 为作物主要根系活动层深度（cm），一般大田作物取 40 ~ 60 cm；λ_1、λ_2 为适宜土壤含水量的上下限（质量%），$\lambda_1 = (80\% \sim 100\%) \lambda$，$\lambda_2 = (60\% \sim 70\%) \lambda$；$\lambda$ 为土壤田间持水量；$\Pi_{\boxplus}$ 为田间水利用系数。

（4）管材选择

目前各地管材多种多样，干热河谷区宜选用塑料管，它质量轻，便于运输，表面光滑，耐腐蚀，较能适应低山区起伏的地形；施工容易，寿命长。以薄壁聚氯乙烯管、地面移动塑料软管（也称作"小白龙"，是一种超薄塑料软管，用作移动式低压管道输水灌溉的输水管道）最为常用。

（5）管道施工

1）管道布设。管道应布设在地下足够深度处，以保护管子，防止由于车辆横跨、田间作业、土壤裂缝造成的危害，一般干热河谷最小覆土深度为 40 ~ 60 cm，在低洼处为保证最小覆土深度，应在地面额外填土覆盖。

2）管沟开挖。管沟开挖宽度以接管方便为原则。一般上顶宽不小于 60 cm，下底宽不小于 50 cm。沟底要平整，并保持一定的坡度，便于放水和冲洗泥沙。沟基要稳定坚固，防止管子变形。

3）管道安装。在过热的天气安装管子，应注意避免管子发生永久变形。在管子回土之前到全盖土之后，温度不宜变化太大，否则需要遮阴。接好的管子要均匀地连续支承在牢固稳定的土料上。不能用砖块和支架的办法更动管子的坡度。

4）试水回填。管道接好后应在未覆盖之前进行部分回填固定管子，然后按设计工作压力充水进行抗压强度试验和抗渗试验。部分回填要将所有接头和连接件裸露，以便查看，发现漏水、渗水要及时处理并对系统进行重新试验。管沟回土时应将管道充满水并保持接近设计的工作压力。初始回填土料应为选过的细土料，最终回土至自然地面或达到设计的坡度，以保证沉陷后的最小覆土深度。

3.3.2　果树罐渗节水灌溉技术

罐渗灌溉是印度、巴基斯坦、突尼斯等国家的一项传统节水灌溉方式，方法是在果树旁将渗灌罐埋入地下，往罐中定期加水，水通过罐壁渗入土壤中供作物根系吸收利用，该技术较之一般节水技术而言，具有雨季蓄水旱季供水、灌溉省工省时、节水效益高、能较易地进行作物根部水分调控和根部施肥并提高肥效等诸多特点。但国外传统使用的渗灌罐是一种不上釉的陶土罐，它制作工艺复杂、成本高、运输困难、使用过程中易碰碎并且渗透性能较差，不适合我国目前国情，难以在干热河谷山区农村中大面积推广。

中国科学院水利部成都山地灾害与环境研究所元谋站引进了该项技术并在此基础上进行了改进研究。目前已初步研制成功了一种制作更简单、使用更方便、成本更低廉、渗透性能更好的渗灌罐——水泥砂浆罐（简称水泥罐），来代替国外传统使用的陶土罐，并经过几年的试验和实践，摸索出一套能进行规模化生产的制作工艺流程，发展了一套较为成熟的干热河谷区果树罐渗节水灌溉技术。罐渗灌溉不受地形条件限制，操作技术和管理简便，一般农民均可掌握使用，省工省时，比常规灌溉方法可省工省时 30%~50%。提高水的利用率，节水效益显著。渗灌罐原材料易得、制作工艺简单、成本低廉、膨胀收缩率小、使用寿命长，适应干热河谷气候。渗灌罐属于低压设施，可直接用水泥和沙子制作。成本每个 3~4 元，寿命大于 20 年。

罐渗灌溉通过 3 个方面提高水的利用率：①渗灌罐同时起着蓄积降水和灌溉的双重作用，降雨时蓄积降水，间歇性干旱期间利用蓄积水进行灌溉，更有效地利用天然降水；②罐渗灌溉是一种地下水局部灌溉方式，水分由罐内渗入土壤，供作物吸收利用，蒸发损失少；③由于根系的趋水性，根系渐趋包裹渗灌罐生长，能较快地吸收从罐中渗出的水分，水的利用率高。

但试验结果表明，该技术主要适用于沙、壤土地区。元谋干热河谷的成土母岩以泥岩为主，土壤黏重板结，大部分地区土地不适于该灌溉技术的应用，我们仅在庭院果树种植中进行了应用。

3.3.3 地下地膜截水墙旱作农业节水技术

土壤水分的侧向运动，是旱地土壤水分运移的一种重要方式。元谋县气候干热，多年平均降水量 615 mm，主要集中在 6~11 月的雨季（雨季种植一季作物），占年降水量的 90% 左右；多年平均蒸发量 3057 mm，是年均降水量的 5 倍。在缓坡旱耕地中，耕作层土壤厚度 40~50 cm，土壤水库容量较大。降水的分配大致为：地表径流耗水约占 10%（暴雨时产生地表径流），约为 61 mm；地面蒸发约占 50%，约为 308 mm；植物有效蒸腾耗水约占 35%，约为 215 mm；地下径流及深层渗漏耗水极少，可忽略不计。壤中流以"重力自由水 + 非重力自由水"的方式向坡地下方运动耗水约占 5%，约为 31 mm。干旱地区，坡台地的坡面地埂蒸发强烈，土壤水分的无效蒸发损失较大。采用"地下地膜截水墙"技术，对旱坡地可截断壤中流，可减少旱坡台地地埂及坡面水分蒸发，缓解作物生长期内的短期干旱，增加作物蒸腾所占土壤水分的比例，提高作物对土壤水分的有效利用率，增加农作物产量。但试验结果表明，该技术主要适用于沙、壤土地区。元谋干热河谷的成土母岩以泥岩为主，土壤黏重板结，大部分地区土地不适于该灌溉技术的应用。

3.3.4　果树滴灌灌溉栽培技术

低压管道输水是利用低压管道代替土渠（明渠）输水到田间地头，进行滴灌或传统沟（畦）灌溉的一种地面灌溉技术，管道输水由于是全封闭输水，有效减免了水分渗漏与蒸发，使试验示范区的输水有效系数提高到 0.95 以上，明显高于渠道防渗技术（渠道防渗可提高输水有效系数 0.5~0.7）。低压管道系采用低压管材，工程投资降低，一般亩投资标准为 130~150 元。管道输水节水节地，特别是在干旱、蒸发量大的干热河谷，地下管道可解决渗漏、蒸发问题。

3.3.4.1　滴灌技术特点

（1）出水均匀，便于管理、运作

滴灌系统可将水和肥料等有益成分统一均匀注入作物根部区域及其他任何需要的地方，水肥等养分从出水口持续均匀滴出，在渗透过程中被作物吸收，根部区域的湿度、氧气含量可长久保持良好的状态，利于作物生长。滴灌管的精良设计及高品质、高精度的生产可确保这一过程的顺利进行。灌溉效果受外界条件影响极小，使得在该滴灌系统下的作物生长一致性和资源利用率高达 98%。

（2）省水节肥，还能有效降低茎、叶病虫害发病率，减少地表水源污染

滴灌是通过管网严格控制灌水量，可将水分和肥料等通过出水口直接注到作物根部，被作物及时有效吸收，而且仅润湿作物根系区附近土壤，所以能大量减少株间蒸发，完全避免深层渗透，可比一般地面灌溉节水 40%~70%。同时，不会产生地表径流，更不会造成水土流失，具有显著的省水保墒优越性。而且由于作物根部以外区域仍然保持干燥缺水状态，草籽无法发芽，杂草难以存活，同时因土壤潮湿度降低能有效地抑制线虫等土壤寄生虫的生长和繁殖，其他植物病发病率也随之减少。因肥料随水直接注入作物根部，接触空气时间短，在很大程度上减少了空气污染及地表水源污染的机会。根据试验，当气候越干旱、炎热，透水性越强时，省水效果越显著。

（3）增产和提高产品品质

从试验结果看，对花生进行滴灌可增产 30% 左右，同时，出仁率提高 10%，瘦果率下降 10%。滴灌能适时、适量补充土壤中的水分，保证作物经常处于适宜的土壤水分状态，不破坏土壤结构，不造成土壤板结，有利于土壤生物的活动和土壤养分的分解，从而为作物生长发育创造了良好的环境条件。同时，肥水可以随灌溉水一同施入土壤，增加土壤肥力，为作物的干物质形成打下了良好的基础。此外，采用滴灌技术株间土壤干燥，抑制了杂草的生长，减轻了杂草与作物争水问题的矛盾。因此滴灌具有显著的增产和提高产品品质的作用。

（4）节能

滴灌系统，由于采用低压输水，灌水定额很小，与地面灌溉相比，可节省电或燃油等运行维修费约 50%，与喷灌相比，机组耗油耗电运行费用可节省 20%。如果在丘陵地区或山区使用，还可以利用地形起伏的落差，进行自流输水，节能效果更显著。

3.3.4.2 滴灌系统的组成

滴灌技术是通过其载体滴灌设备系统来实现的。它需考虑多种因素：①既要满足主要作物的灌溉要求，又要兼顾其他作物的灌溉需要；②既要考虑设备的配套和完善，又要有取有舍，以便经济实用；③既要考虑滴灌的主要功能，又要兼顾其他作用，以实现多功能复式作业。具体来说，一个完整的滴灌系统应包括压力水源系统、首部过滤系统、输水管网系统、田间首部系统、滴灌管作业系统等几个部分，根据需要可增加自动控制系统。

（1）压力水源系统

主要由水源、加压泵、压力装置等组成，其作用是给水加压，形成有压水源向系统提供设计要求的流量和压力。泵后设压力罐可以相对稳定压力并减少开泵时间。压力罐的压力一般在 0.2~0.4 MPa 即可满足要求。

（2）首部过滤系统

其主要部件为各种过滤器。其主要作用是为了去除灌溉水中含有的可能堵塞管路滴件的各种杂质污物，以免堵塞滴孔和缩短设备使用寿命，保证系统安全运行。可根据需要选用砂石过滤器、离心过滤器、网式过滤器或叠片过滤器等其中的一种或几种。多数情况下，各种过滤器组合使用，其过滤效果更好。

（3）输水管网系统

管网中的管材大多由可抑制藻类生长的黑色 PE 塑料制成，以避免金属管产生的锈蚀、杂屑堵塞滴灌管。管网管路包括干管、支管和相应三通、直通、弯头、阀门等部件。管网设计应进行必要的水力计算，以选择最佳管径和长度，力求做到管道铺设最短、压力分配合理、灌水均匀和方便管理。先计算田间灌水量，确立支管管径，根据支管数和长度设计主管的管径及水泵的形式。若滴灌工程单元规模大，主支管径应设多级规格。管网中根据需要设电磁阀、逆止阀、压力调节阀、进排气阀、放水阀、水表、压力表和各种闸节门等。

（4）施肥系统

施肥装置是整个系统中重要的组成部分，是实现科学灌溉的重要环节，施肥装置主要包括以下几部分。

1）吸肥装置：滴灌水源由离心泵加压时，可在水泵入水管处接吸肥器，利用水泵工作时入水管产生的负压吸入肥液。

2）注肥装置：用潜水泵供水时不存在负压管道，可以在支管进口处接一悬挂的肥液容器，在压力 1~2 m 水头时依靠肥液自动注入。

3）施肥罐：将密封施肥罐连接在施肥阀上，两个接头分别为进出口，调整阀门开度即可控制肥液流入速度。该方式对压力适应性较好。

4）文丘里式施肥器：一节缩小的过水断面由于流速增大产生负压，利用产生负压时将肥液吸入主管中。

5）泵注肥装置：利用专用泵将肥液泵入管道。施肥装置一般都安装在过滤器前，以免未溶肥渣进入滴管。考虑到滴灌用户多为分散管理，面积小，因而施肥装置以小型为主，原则上各田间首部均可单独施肥，自成体系，施肥种类和时间由用户分别掌握。施肥装置应尽可能使用易溶化肥或直接使用液体肥料，根据需要还可施用农药。

（5）滴灌管作业系统

目前，滴管可分为两大类，一是滴头式滴管，滴头有管连式、管上式、发丝式等；二是滴带式，其特点是无需另安滴头，厂家制造时一次将出入水口压制成形，适合大范围推广。

3.3.4.3　集雨滴灌技术

集雨滴灌技术是将雨水集蓄和滴灌结合起来的一种灌溉技术，即利用雨水集蓄工程收集雨水，采用滴灌这种节水灌溉方法对农田进行补充灌溉。其特点是既开源又节流，是干旱、半干旱地区及其他缺水的山丘区解决农田灌溉的一种有效方法。集雨滴灌系统由收集雨水的集流面、汇集雨水的输水渠（管、沟）、沉砂池和拦污栅、储存雨水的窖窖或水池以及灌水部分的首部枢纽、输配水管和滴头等组成。为了节省投资和运行费，滴灌系统应考虑采用移动式灌水系统，一套滴灌系统可供数个集雨窖窖使用。蓄水窖窖最好建在高出灌溉田块 8 ~ 10 m 的位置，以便实行自压滴灌。集雨滴灌的节水效果是十分显著的，如河南省卫辉市道士坟村的集雨窖滴灌，一次灌水仅 195 m^3/hm^2。集雨滴灌技术使干旱、半干旱缺水地区发展庭院经济、日光温室等高效经济作物成为可能。同时对减少水土流失，改善生态环境也有促进作用。

3.3.5　旱地地面覆盖技术

地面覆盖技术是一项用人工方法抑制土壤蒸发改善土壤－作物系统的水分条件，实现节水增产的栽培技术，具有保蓄水分、调节温度、改善土壤结构和理化性能、促进土壤微生物活动、抑制病虫杂草发生、防止土壤盐碱化、避免雨水径流、避免土壤冲刷和风蚀、保持水土及促进农作物生长的作用。据调查，半干旱地区休闲农田的土壤蒸发，占同期降水的 60%~80%，半湿润易旱区也达 60%。地面覆盖包括地膜覆盖、秸秆覆盖、砂石覆盖等。地膜覆盖可以减少土壤的水分蒸发损失，具有保墒、增温、灭草等效应。试验地膜玉米节水 6%，增产 40% 以上。

干热河谷由于常年气温高，空气干燥，地表水分蒸发尤为强烈。试验示范区多年平均降水量为 701.3 mm，而蒸发量达 2938.3 mm，为降水量的 4.2 倍。控制地表水分蒸发是解决干热河谷坝周低山区旱地农业节水增收的另一重要途径。干热河谷地面覆盖可采取以下技术途径。

3.3.5.1　秸秆覆盖

秸秆覆盖是利用秸秆、干草、枯草等死亡的植物物质覆盖土壤表面，避免使其产生对农业生产有益作用的一种技术措施，具有保蓄水分、调节温度、改善土壤结构和理化性能、促进土壤微生物活动、抑制病虫杂草发生、防止土壤盐碱化、避免雨水径流、避免土壤冲刷和风蚀、保持水土及促进农作物生长的作用。在本区变性燥红土上试验，在地面覆盖一层厚 1 ~ 2 cm 铡成寸节的草秆，在大多数时间，覆草秆后比无覆盖对照的土壤储水量要增加 1.2 ~ 19.6 mm。它的作用除了可以利用由植物体分解所释放的养分外，尚具有一些特殊作用：①可以避免耕作和降雨等造成的土壤板结坚实现象，保持土壤的自然结构；

②避免土壤直接与大气接触，不直接受太阳辐射的影响，显著降低土壤水分的蒸发速率，保蓄水分，使表土液态水直接为作物利用；③可提高结构不良土壤的渗透性，有利于微生物的活动，增加土壤有机物质和水稳性团粒；④降低雨水径流，避免土壤冲刷等。

试验示范区覆盖材料分别采用枯玉米秆（有整秆覆盖、切碎覆盖两种）、扭黄茅草和修剪下来的新银合欢枝叶，覆盖方式有沟铺、垄盖、翻埋等。试验表明，秸秆覆盖可抑制蒸发，提高土壤入渗，增加土壤有机质的积累量；改善土壤结构，增加 0.05 ~ 0.25 mm 的粗粒级微团聚体含量；提高土壤全氮、有机磷含量，具有较好的培肥土壤的功效。

3.3.5.2 地膜覆盖

地膜覆盖是利用工业生产的厚度为 0.01 ~ 0.02 mm 的聚乙烯塑料薄膜严密地覆盖农田地面，利用其透光性好、导热性差和不透气等特性，改善农田生态环境，促进农作物生长发育，提高产量和品质的一种现代的栽培技术。本区由于夏季气温、地温均较高，地膜覆盖宜在冬春季进行。在试验示范区的变性土上的试验表明，地膜覆盖防止土壤水分蒸发的效果最为明显，覆盖地膜的土壤储水量比未覆盖的对照高 12.6 ~ 22.4 mm。但由于塑料薄膜成本较高，降雨日需人工揭开地膜接纳雨水，雨后再覆盖，且气温过高时也需揭开以防烧苗，较为费工，适合在高经济价值的作物上采用。

3.3.5.3 生物覆盖

生物覆盖是指利用植物种植在地面，发挥其根系、茎叶的固定和遮盖作用，以防止风蚀和水蚀，达到防风固沙、保持水土的目的。不同地区都有适宜的覆盖作物，在北方风沙区种植沙蒿作为沙漠造林的活障蔽，用于防风固沙、阻积雨雪、温润沙漠。生物覆盖适合于在风沙区、陡坡地、铁路公路沿线及水土流失严重的非农业生产用地上应用。

干热河谷光热资源丰富，热带、亚热带经济林果发展前途较大，在果树行间种植特高黑麦草、柱花草、苕子、鲁麦克斯、铺地木蓝等牧草，既可提供牲畜饲料，减轻放牧对草场的压力及因过度放牧带来的生态退化，又可作为水土保持措施，保持水土，逐步恢复生态，而且还为坝周低山区农户提供一种"果园 + 牧草 + 养殖"的开发性治理模式。

3.3.5.4 石沙覆盖

石沙覆盖是利用卵石、石砾、粗砂和细砂的混合体，在土壤表面铺设一层厚度 5 ~ 15 cm 的覆盖层，它是"砂田"结构的主要组成部分。它具有增温保温、蓄水保墒、保土保肥、保护良好的耕层结构、防止土壤盐碱化、抑制病虫和杂草危害的作用。石砂覆盖的"砂田"是一种抗旱保墒，恢复地力及稳定产量的特殊农田，它具有一套自成体系的耕作栽培技术和覆盖石砂、耕种和田间管理的整套特殊农具。其方法是对土壤进行深松耕及施有机肥后，将砂石覆盖于土壤（原 1 ~ 2 cm），在我国西北干旱地区是一种行之有效的抗旱保墒措施。试验示范区在变性燥红土上的试验表明，除个别时间，土壤储水量比无覆盖对照略低 2.5 mm 外，其余均要高 0.2 ~ 18.8 mm。可见其保水效果是明显的。同时这种措施，因原料砂石系就地取材，成本低；覆盖后不再费工；可连续少免耕 2 ~ 3 年；砂石也可翻入土壤改良土质。元谋干热河谷土壤黏重板结，砂覆盖既可抗旱保墒，又可改良土壤。

除此之外，还可采用化学覆盖、土壤覆盖、厩肥覆盖、灰分覆盖等措施进行抗旱保墒。

3.4　干热河谷退化生态系统植被恢复主栽物种的栽培技术

3.4.1　经济林主栽物种栽培技术

3.4.1.1　罗望子（*Tamarindus indica* Linn）栽培技术

（1）营养袋育苗技术

A. 选种

母树选择：对 10 年生以上的罗望子树进行树势、立地环境及经济性状调查，选择连续 3 年以上丰产、稳产、果荚大、果肉厚、质优的树作母树（严俊华和龙会英，1999）。

选种：从母树上选采充分成熟的罗望子大荚果，去果皮、果肉得种子，选取饱满、黑褐色、光泽好的种子作育苗用。

B. 苗圃地的选择

苗圃地应选在种植中心，接近水源、交通方便，土层深厚、疏松、富含有机质，排水性好、保水性强的壤土或砂壤土上，积水地及黏性重的土壤不宜选用。

C. 整地、起苗床

整地：苗圃地先深翻 15~20 cm，拣去杂物，日晒一个月，可杀死土壤中的病原微生物（细菌、真菌、线虫），改善土壤物理性状。

起苗床：干热区采用深坑（低墒）式苗床，埂高 20 cm，宽 30~40 cm，床宽 100~120 cm，长度依地形而定，在湿热地区可起平墒。

D. 营养土配制

将用腐熟有机肥和细土 1:4 拌匀撒于苗床上，松翻一遍使肥土充分混匀，然后装袋。

E. 营养袋选择

选择宽 12~14 cm，高 18~20 cm，厚 0.03 cm 带孔（洞）的塑料营养袋最有利于管理成壮苗及运输、成活。

F. 装袋

要求营养土应装平袋口，排列整齐，摆放水平。

G. 种子处理 – 催芽

用 65℃热水泡种，让其自然冷却，搓洗种子后换冷水浸泡 36 h，捞出种子。按种子与河沙比例 7:4 作沙床催芽。然后盖草，淋水保湿。沙床的湿度要保持手捏不滴水，手感潮湿，直到所催种子露白后取出点播。

H. 播种

点播于备好的营养袋内，每袋一粒，用小竹片在营养袋土中间插孔后将催芽露白的种子（胚根长出 0.2~0.4 cm）播入土内，要求胚根向下，播种深度 1~2 cm；以不露种子即可。然后，及时撒杀虫、杀菌剂，盖上一薄层稻草防晒防湿。播种后即放水浸泡营养袋，让水分由下向上自然吸收（切忌袋口直接淋水或漫灌超过袋口，使表层土板结不易出苗）。

I. 幼苗管理

水分管理：出苗前每隔 3~5 天于上午或傍晚淋水一次，保持苗床潮湿即可，浇水过多会引起烂根、烂种。出苗后于傍晚逐渐摘草，4~7 天浇一次水。

施肥：子叶黄落后，第二对真叶稳定时，苗高大约 6 cm，施一次稀薄清粪水。过 20 天后再施一次清粪水。再过 30 天左右，每平方米苗床可施 50 g 复合肥，切忌追施尿素。

苗床除草：营养袋内的杂草要趁小及时拔除，否则杂草会与苗争夺水分、养分，影响通风透光，滋生病虫。如果等杂草长大时才拔除，其根系会把袋土甚至苗带出，对苗造成不必要的损伤。

苗期病虫防治：

1）病害主要有立枯病、猝倒病、白粉病。立枯病、猝倒病的防治方法，每平方米苗床用 50% 甲基托布津可湿性粉剂或 70% 甲基托布津可湿性粉剂 8~10 g 与 500 g 细土混匀后撒施。白粉病的防治方法，发病初期喷 25% 粉锈灵可湿性粉剂 400 倍液或 50% 多菌灵可湿性粉剂 1000 倍液，或喷 70% 甲基托布津可湿性粉剂 800 倍液。

2）虫害主要有毒蛾、象甲、地老虎。在防治上，首先要拔除苗床杂草，发生初期喷 40% 氧化乐果乳油 800 倍液或 80% 敌敌畏乳油 800 倍液，对几种虫的防治均能收到较好效果。针对地老虎还可每平方米苗床用 30 g 混合粉与 500 g 细土混匀后撒施。

J. 练苗出圃

罗望子育苗一般为当年 3 月中下旬播种，7 月中下旬出圃。6 月中旬起不能追肥，相对拉长灌水时间间隔，晴天下午不见萎蔫最好不浇水。株高 20~25 cm，茎粗 0.3 cm 以上的无病壮苗可出圃。最好选择茎秆下部木质化，稍老化的苗出圃定值。取苗时避免损伤茎芽及根系。要注意袋土不能松散，可适当把袋口捏紧实，要随取、随运、随栽，避免取苗后长时间风吹日晒。干热区在雨季来临初期，第一、第二次透雨后（7 月中旬）连续阴雨天上山定值可大大提高成活率（严俊华和龙会英，1999）。

（2）罗望子嫁接技术

嫁接育苗是在营养袋实生播种育苗基础上进行的。第一年培育营养袋实生苗，第二年 4 月上旬在地径达 8 cm 以上时，可采用舌接（切接）、劈接和芽接 3 种方法进行嫁接。嫁接苗保持了优良品种特性，定植后第二年的试花试果率达到 50% 以上，有较高的应用推广价值。

A. 优良砧木和接穗的选择与培育

砧木的选择培育：

收集新鲜的酸型罗望子种子育苗，育苗地为具有一定黏性的沙壤土，排灌良好，光照和水源充足。通过深翻整地，施足基肥后作高床育苗，为保证取苗时根部带的土团能紧实不散，不宜过多地施有机肥，施普钙 450.0~650.0 kg/m²，床上细碎均匀。播种株行距为 15cm×20 cm，密度为 33 株/m²，开沟条播，播种深度 3~5 cm，播后盖草，浇水。10 天后幼苗开始出土时，在阴天或傍晚移除覆盖物。当苗木真叶由黄绿转为深绿时，薄施肥水，及时除草和抹去苗木基部的荫芽、保证苗木健壮生长。8~9 月，当苗木生长达 40~50 cm 时进行摘心，促使苗木粗壮。冬春干旱季节，每月灌水 2 或 3 次，并及时清除苗木主干基部的分枝。

接穗的选择培育：

为了使接穗健壮，采穗的头年对母树进行修剪施肥，冬、春干旱季，每月灌水 1 次，保证母树在水肥充足的条件下生长，促进夏枝梢健壮，芽体饱满，保证来年有足够好的穗条可采。嫁接时选择母树秋梢中、上部的当年生嫩绿枝。所采穗条要求平滑通直，节间适中，芽体饱满健壮、无病虫害。

B. 嫁接时间和方法

选用舌接（切接）、劈接和芽接 3 种方法进行嫁接。嫁接时间根据树种的生物学特性和罗望子物候变化而定，罗望子 3～9 月都可以嫁接。经在元谋干热河谷试验表明，3 月上旬嫁接当年可出圃定植，但嫁接成活率最高仅为 43.5%。雨季 7 月中旬和 9 月上旬嫁接可节约灌水成本，但成活率不高，且当年不能出圃定植。4 月上旬和 5 月上旬嫁接，成活率在 90% 左右，但 5 月上旬的嫁接苗新梢短而木质化程度低，不利当年出圃定植，而 4 月上旬的嫁接苗，梢长 25 cm 以上，且木质化程度高，当年可出圃定植。因此一般选择在 4 月上旬嫁接。嫁接时速度要快，接穗连同整个嫁接部位用薄膜缠绕包裹，并施行接前、接后灌水，遮阴网棚和覆盖保湿措施。

C. 浇水与施肥

3～5 月正值干旱季节，嫁接前 3～5 天对砧木和采穗母树进行灌透水 1 次。嫁接后至雨季来临前，首次灌水试验后，每 7～10 天灌透水 1 次。在接穗上长出嫩枝以前灌水的时间间隔短些，使苗床面土壤始终保持湿润。用胶管浇水时，水土紧贴土面，防止水和泥土冲到接口上，接穗长出嫩枝后，改为浇水，待真叶由黄绿转为深绿时开始第 1 次施肥。

D. 遮阴、抹芽、剪砧、解绑

嫁接后，立即用遮阴度为 70% 的遮阳网对嫁接苗木进行遮阴，嫁接后 10 天起，每隔 3 天抹 1 次砧木上的萌芽，嫁接后 30 天，剪除芽接口上方的砧木，待接穗与砧木的嫁接伤口愈合稳固牢靠后，及时解除薄膜绑带。

（3）罗望子的建园定植技术

A. 园地选择和规划

种植地选择：罗望子为喜光树种，应选择向阳、土层深厚、土质较好的旱坡地栽植。在低凹、冷空气易集聚地不宜栽植。据多年观察：冬季气温降至 0℃ 左右时，低凹环境种植的罗望子出现冻害，部分枝条干枯，重者整个地上部干枯死亡。罗望子在不同土质的生长、结果习性不同。以元谋坡地典型燥红土和变性土为例（吴仕荣和马升华，1994），7 年生同类品种同等管理水平的罗望子，其长势、产量及商品果率差别较大：酸型罗望子在燥红土上平均株高为 4.82 m，地径 22.34 cm，冠幅东西 520.4 cm，南北 501.8 cm，单株产量 8.54 kg，商品果率 >80%；在变性土上平均株高 3.0 m，地径 15.37 cm，冠幅东西 281.3 cm，南北 302.4 cm，单株产量 4.87 kg，商品果率 63.7%。选择在有机质丰富、保水保肥力强、排水良好、向阳开阔避风寒、土层深厚、周围空气清新、远离污染源、水质纯洁的红壤、砖红壤、燥红土、沙壤土上建园。有霜冻地区避免在容易沉积冷空气的低洼谷地建园。

种植地的规划设计：以等高规划为原则，兼顾公路走向，以东西向或坡向为行向。平缓地株行距按 6 m×6 m 设计, 亩植 18 株; 坡地按 5 m×6 m, 亩植 22 株。

预整地: 雨季结束开挖大塘, 按长×宽×深为 1.4 m×0.7 m×1.0 m 的规格开挖, 并与坡向垂直; 0~40 cm 表土层堆放上方, 40~100 cm 心土层堆放两侧及下方。

B. 定植塘 (穴) 开挖

塘穴开挖后充分暴晒, 雨季来临前回填, 每塘施土杂肥 50 kg 和 15 kg 厩粪或 3 kg 磷肥, 拌土分层回填, 表土回在下层, 土杂肥和磷肥回填中下层, 厩粪回填中上层, 回填后做好蓄水圈 (鱼鳞坑), 迎坡上沿开口以拦截顺坡而下的径流水, 待雨水浸沉后定植。种植塘长×宽×深为 1.4 m×0.7 m×1.0 m。罗望子定植一般在 7 月上、中旬雨季进行。其成活率、保存率高, 栽植密度以 6 m×6 m 和 6 m×8 m 为宜, 21~27 株/亩。

C. 苗木定植

定植最好选在春季发芽前进行。移栽时要施足基肥, 特别是在贫瘠的土地上种植, 窝穴要大、深, 并施足有机肥, 以利于根系的扩展和地上部分生长。

旱坡地 (坡度 8°~25°) 罗望子无灌溉条件, 为经济合理地利用降水, 宜采用沿等高线运用隔坡水平沟设计, 效果较好。首先按立地条件区划一定种植面积, 在坡面两侧及底部打保水土坎, 宽、高为 20~25 cm。其内按隔坡水平沟标准施工, 在沟间距 (种植行距) 一定的情况下, 水平沟沟宽 60 cm, 深 30 cm, 在沟底按规定的株距挖定植塘。苗木定植后, 沟内覆盖 15~20 cm 厚的杂草保墒。雨季, 可在沟间种植一些豆科牧草改良土壤, 减少冲刷。此方法可最大限度利用降水, 使雨水及坡面有机质汇于沟内。观测研究表明, 按隔坡水平沟技术以 4 m×4 m、4 m×6 m、6 m×6 m、6 m×8 m、8 m×8 m 种植罗望子在坡底均未产生径流, 雨水利用率基本达到 100%。

定植苗要选择株高 20 cm 以上, 茎粗 0.3 cm 以上, 枝条充实, 根系发达, 无病虫危害的壮苗。在小雨季后, 大雨季来临时, 连绵雨天冒雨及时定植 (一般为 7 月上旬), 种植节令最迟不要超过 8 月上旬。苗质量要求: 株高 20~25 cm、茎粗 0.3 cm 以上、枝条充实、根系发达、无病虫危害的壮苗。抢雨定植: 干热河谷区旱季长达 6~7 个月, 雨季降水量少、时短, 雨养条件下罗望子林营建必须抢时令, 尽量有效利用有限降水充分长苗扎根, 争取当年能有较大生长量。干热河谷多数年份 6 月有个小雨季, 应抓紧时令在小雨季后, 大雨季来临时, 连雨天冒雨抢栽下去 (一般为 7 月上旬), 使当年能有较长的生长时间, 以便苗木扎根、长高、增粗, 茎秆充分木栓化, 利于次年度旱保苗。种植时令最迟不要超过 8 月上旬, 植后查苗情, 及时补苗。

定植苗木时要将根系舒展开, 苗木扶正, 嫁接口朝迎风方向, 边填土边轻轻向上提苗、踏实, 使根系与土充分密接; 栽植深度以根颈部与地面相平为宜。

(4) 管理关键技术

A. 土、水、肥管理

土壤管理: 苗木定植后每年 8 月上旬和 10 月上旬中耕除草两次, 11 月底至 12 月初进行清园、扩塘深翻和树盘 (隔坡水平沟内) 杂草覆盖。特别是 10 月上旬进行中耕除草对结果树至为重要。这个时期正是罗望子秋梢自剪期, 通过中耕 (深度 20~25 cm) 断根可有效抑制冬梢萌发, 促进秋梢充实老熟和花芽分化, 而秋梢是翌年的主要结果母枝。

肥力管理: 罗望子施肥集中在雨季 (6~10 月) 进行。幼苗定植一个月后, 开始追施速效肥料 3 或 4 次提苗，每隔 15 ~ 20 天一次，每次株施尿素 30 ~ 100 g，复合肥 500 g。从第二年开始，雨季来临前，5 月上、中旬（正值花期），株施尿素 150 ~ 200 g，复合肥 200 ~ 300 g，6 月夏梢抽生株施 150 ~ 200 g 尿素，钙镁磷 500 g，8 月下旬再株施 200 g 尿素，复合肥 150 g，11 月底至 12 月初结合清园扩塘深翻，株施农家肥 50 ~ 100 kg，绿肥杂草 50 kg。此外，在春梢萌发期 4 月上旬（干旱季节）喷施 2 或 3 次 0.2% 尿素液促发春梢，10 ~ 12 月喷施 3 ~ 5 次 0.2% 磷酸二氢钾液和施腐熟农家肥 225.0 kg/hm^2。

水分管理：由于罗望子是深根多年生植物，鉴于旱季长达 6 ~ 7 个月，主要采取雨季扩塘截流集雨，年一次性环沟深施追肥，于每年 7 ~ 8 月进行全面中耕、扩塘、弧形沟施肥，弧形沟位于滴水线内侧吸收根富集区，沟长为周长的 1/3，深 40 cm，宽 30 cm。

覆草保墒渡旱：干热河谷 10 月雨季结束，11 月至翌年 5 月为旱季，尤其 3 ~ 5 月高温低湿，风高物燥，天气干燥，土壤干旱严重，为了增强苗木抗御高温干旱能力，11 月初应松植穴表土，就地割草覆盖整个塘穴表面，厚度不少于 10 cm，并从四周拢土压实，此项措施能较长时间保墒，促使罗望子根系深入 1 m 深的营养土层下部，就能安全渡旱。

B. 病虫害防治

罗望子病害主要有白粉病和烟煤病，其中白粉病发病较多。烟煤病多在雨季 6 ~ 9 月发生，主要靠风雨、蚜虫、蚧类传播，发病初期用灭菌灵 400 倍液，或 70% 甲基托布津 1000 倍液防治效果较好。白粉病多在 9 月上旬秋梢抽生时发生，用 50% 多菌灵可湿性粉剂 800 倍液，或 70% 甲基托布津可湿性粉剂 1000 倍液喷雾防治。罗望子虫害主要有金龟子、天牛、兰绿象、黄蚂蚁等，用浓度为 2.5% 敌杀死乳剂 2500 倍液防治，效果较好。

C. 整形修剪

罗望子树中心干不明显，树形多以自然圆头型，具有顶部芽萌发力强、发梢次数多和隐芽受刺激极易萌发等特点。一般定植当年任其自然生长，第二年的 2 ~ 3 月进行定干，第一次定干 50 ~ 60 cm，第三年结合修剪稳定干高在 1 m 左右。修剪时间以每年采果后 2 ~ 3 月为宜。树形结构上按不同方位和层次培养主枝 5 或 6 个，每个主枝上培养骨干侧枝 4 ~ 6 个。在骨干侧枝多级分枝上培养结果枝组。因罗望子以顶部花芽结果为主，易产生结果部位外移，树冠外围修剪以疏枝为主，去除过密枝、交叉枝、重叠枝、多余背上枝、下垂枝，同时结合撑枝，拉枝打开内膛。冠内利用一些侧枝或副侧枝分枝，合理利用膛内空间，培养成内膛结果枝组，使整个树体成为立体结果的丰产树形。

D. 提高罗望子坐果率的技术措施

通过云南省农业科学院热区生态农业研究所两年对 6 ~ 7 年生罗望子树坐果率调查，两年坐果率分别为 0.65%、0.82%，坐果率非常低，因而提高罗望子坐果率对其丰产栽培尤为重要。

花期喷硼：在罗望子盛花期 5 月中下旬，喷施 0.2% 硼砂液 2 或 3 次可明显提高坐果率。根据对 8 年生 420 株罗望子花期喷硼试验调查，其坐果率为 1.2%，比对照 0.7% 提高 71.8% 左右。

秋梢抽生期喷施多效唑：在秋梢抽生期 9 月中、上旬，喷施两次多效唑可湿性粉剂（有效成分含量 15%，药液浓度为 500 倍），可明显抑制冬梢萌发，促进秋梢老熟和花芽分化，提高翌年坐果率。

环割技术：对生长旺盛树体，在开花前4月上旬左右对其部分侧枝或副侧枝进行环割，深达木质部，环割2或3圈，间距1.5~2 cm，可明显提高环割以上部位坐果率。根据环割试验表明，利用环割技术后其坐果率为1.94%，比对照0.82%提高136.5%。

E. 罗望子采摘技术

罗望子成熟期在2月上旬至3月上旬，外观表现为灰褐色时，果肉呈褐红色，具有良好风味，即可采收。根据果实成熟期差异，同一树上的果实可分批采收。采收时，用枝剪，不伤果实，轻采轻放，应避免果壳破裂，影响果品的外观和价格，另外，也要注意避免损伤和折断营养枝，影响翌年的产量。罗望子果实耐储运，采收的果实剪光枝叶晾晒后可在常温下储藏，或按品种分类装入不同重量的塑料袋中待运输和销售。

3.4.1.2　木豆［*Cajanus cajan*（L.）*Millspaugh*］栽培技术

（1）木豆定植技术

栽培准备：供栽培引进的木豆品种8个，有饲料型和蔬菜型两类，均种植于低位差隔坡水平阶旱坡台地，面积3.0 hm²，株行距1.0 m×1.0 m或1.5 m×1.0 m，也可根据木豆株型大小、土壤条件和其他实际情况设计株行距，木豆冠幅相对较大，一般不小于0.6 m×0.6 m为佳。

整地：5月雨季来临，下过至少一场透雨后，翻犁种植地块，耙平整地，有条件时应施足基肥，以磷肥和有机肥为主，一般每亩施钙镁磷20 kg，农家肥500~600 kg。农家肥在平地前耙入，钙镁磷肥在设置密度时施入，既能作为底肥，又能标记定植塘。规划时以细绳打出行距浅沟，以人的力量一锄下去的深度为宜，准备后等待种植。

种植：采用雨前直播法，种植时用钙镁磷肥基肥量标定好株距。播种时用播种小锄头将底肥与土混匀，再植入2或3粒木豆种子，深度以3~4 cm为宜，每亩播种量视播种密度和种子千粒重不同，为160~250 g。播好接雨水一周后便可看见木豆幼株出土。

（2）栽培管理技术

A. 苗期管理

除草：在元谋雨季杂草疯长，需要及时清除杂草，才能保证幼苗正常生长，同时避免其与幼苗争夺营养和水分。一般出苗后三周就要进行第一次除草，之后，若杂草还在严重影响木豆的正常生长，必须在第一次除草一月后进行第二次除草。

施肥：地力条件好的地块，在营养生长期可以不进行追肥。一般情况下，从两方面进行。①按木豆的生育期，苗期以氮肥为主，初花期以磷、钾肥为主。木豆作为豆科植物，自身具有固氮能力，但苗期木豆根瘤尚未形成，在地力太差时，需补充适量的氮肥，在30~40 cm高时每亩追施约10 kg氮肥即可，其他时期需氮较少。追肥主要以磷、钾肥为主，一般在开花结荚前约一周，每亩追施15~20 kg磷、钾肥，以表土下10~20 cm，深施后盖土效果最佳，宜保证肥力。②按用途不同，以种子生产为主的，要以施磷、钾肥为主；而如ICPL87119以青饲料刈割为主的，则应主施氮肥。总之，施肥量要视土壤条件和生产水平而定，有条件时，最好在每次采摘和刈割后都追施适量的复合肥或磷、钾肥。

灌水：木豆栽培管理粗放，省时省工，同时，由于它具有耐旱的特性，整个生育期需水量较少，雨水正常时，可生长良好。旱季（11月至翌年2月）有条件时可节水补灌，开花前补灌 1 次加以施肥，灌浆前补灌 1 次，就能收获。刈割后补灌 1 次，可增加产草量。

B. 病虫害防治

a. 主要虫害及防治

苗期：木豆苗期病虫害一般发生较少，偶见有卷叶虫（主要以幼虫吐丝把嫩叶和芽捆在一起，危害和妨碍枝条进一步生长）、蚂蚁、蝼蛄等害虫取食危害，但不会造成严重危害，只需用 90% 敌百虫加乐果稀释 800 ~ 1000 倍液喷杀即可。卷叶虫的防治，一般采用 35% 柴油死蜱 1000 ~ 1500 倍液喷雾或 10% 丁硫 – 哒螨酮 1000 ~ 1500 倍液喷雾。

开花结荚期：该时期病虫害危害较严重，防治不及时，会造成极大的损失，甚至颗粒无收。常见害虫以荚部钻蛀性害虫豆象、棉铃虫、扁豆蚜荚虫、蓝蝶、豇豆豆野螟、蛾为主，从现蕾至结荚成熟期，一直造成危害。棉铃虫主要危害蕾、花和荚，还可取食叶片，留下叶脉。虫钻入荚中，留下明显的洞口，危害严重时，荚内成熟种子全部被吃掉，只留下部分残留籽粒和虫粪。扁豆蚜荚虫和蓝蝶主要咬食叶片、蕾、花和豆荚。豇豆豆野螟通常会吐丝将花、荚、嫩叶捆在一起，并在芒种到来时咬食。蛾主要咬食蕾、花、花芽和荚，甚至蛀入荚内危害，在花蕾和嫩荚上通常可见无粪便的洞。豆象主要危害成熟豆荚和储藏籽粒，受害的储藏籽粒表面有圆洞口。一般在 4 周或更长时间完成一个世代，通常可使用敌杀死或毒死蜱喷雾或熏蒸，或用 66% 磷化铝片剂熏蒸。虫害的防治一定要早，以预防为主。以上几种害虫一般结荚初期用 50% 杀螟松 1000 倍液、5.5% 阿维 – 毒死蜱 1000 ~ 1500 倍液、虫螨特 600 ~ 800 倍液、20% 阿维 – 杀单微 1000 ~ 1500 倍液等进行喷雾防治，均有较好效果。根据害虫发生实际情况进行使用，通常连续防治两次以上，防治间隔 5 ~ 7 天效果最好。

b. 主要病害及防治

木豆主要病害为白粉病，在木豆可收获季节（11 月至翌年 2 月）病原物逐步扩展蔓延，多个病斑的病原物连在一起，成片覆盖于叶的背面，白色粉状层明显，危害日渐严重，此时叶缘开始上卷，叶柄下垂，形成离层，叶片开始脱落，直至所有受害叶片落光。防治时，一般在发病前或病害初发期用 25% 粉锈宁 WP 1800 倍液和 75% 百菌清 WP500 倍液喷雾防治 2 或 3 次，防治效果较明显。

c. 收获与储藏

木豆花期很长，果荚成熟不一致，因此要分批收获。收获可采用刈割法和采摘法，刈割法适用于大面积收获，效率较高。一般木豆每年亩产 50 ~ 100 kg，高产的可达 150 kg。如果用作青饲料，收种后一次性刈割（每年刈割一次）年亩产青料 800 ~ 1500 kg，雨季逐次刈割（每年 4 或 5 次）年亩产青料 4000 ~ 8000 kg。木豆收种后，籽粒要晒干至含水量 10% 以下用药后才能储藏。

3.4.1.3　余甘子栽培技术

（1）余甘子育苗技术

选择健壮、树冠正常、优质丰产、无病虫的成年植株作为采种母树。据中国林业科学研究院资源昆虫研究所调查分析，球甘、橘甘、赤皮甘、翡甘、锥栗甘等，具有果大、出肉率高、丰产、口感好等优点，为野生余甘子中的大果型优良品系。于 10 ~ 12 月余甘子充分成熟季节到野生余甘子富集区按上述品系的优良性状选择母树，收集健康果实，风干后去种壳备种。2 月底至 3 月气温回升时营养袋育苗，7 月即可出苗，出圃苗木一般株高在 25 ~ 30 cm，茎粗 0.3 cm。

（2）余甘子定植技术

A. 整地

于 3 ~ 4 月前沿等高线环山开挖宽 60 cm、深 60 cm 的水平沟（定植沟），表土放上沿，心土放下沿。定植沟经阳光充分曝晒，6 月以前回填。定植沟先回填部分表土，再按每米沟长撒施钙镁磷肥 1 kg，再施入 10 kg 土杂肥作底肥，然后继续用松土回填。先回表土，再回心土至定植沟上沿水平，余土靠沟下沿作浅埂，能起到集雨和水土保持作用。

B. 抢雨定植

干热河谷旱坡地降水少分布不均，蒸发强烈，土壤水分严重亏缺，是发展农林业生产的主要限制因素，因此定植余甘子要适时早植，以利成活，并在当年有较大生长量，形成较发达的根系以度过来年干旱。6 月初雨季来临，经连续阴雨，土壤湿润，是定植余甘子的最佳时机。取苗时，穿袋苗要小心操作，尽量减少对根系的撕裂损伤，随取、随运、随栽。栽苗时，在定植沟中间按株距 1.5 m 打小穴，先撕掉塑料袋把苗带营养土放于小穴中央，然后回土达半穴深，充分压实，勿压碎营养土，再回土踩实，最后回一层 3 cm 松土齐根茎为宜，最终定植穴成浅锅底形，以便集雨，提高成活率。

（3）余甘子栽培管理技术

A. 雨季管护

雨季，余甘子幼树根系扩展、树冠形成和茎粗增长快，应加强抚管。主要以除草、松土、追肥和防治虫害为主。定植当年需除草 2 或 3 次，以后视情况而定，除草只除去定植带上对余甘子生长有影响的杂草即可，行间杂草一般可不除，这即可减少用工，又能利用行间植被防治水土流失，草根又能固结土壤，改善土壤理化性质，提高土壤持水量。定植后 1 个月（7 月），幼苗已度过缓苗期进入生长期，要及时补苗，中耕除草，雨季对已成活的树苗进行施肥提苗，每株 10 g 尿素。10 月中下旬雨季结束前，要结合施肥中耕除草，进行草覆盖。即在离茎基 15 cm 处挖 10 cm 宽半月形小沟施入 10 g 尿素和 30 g 复合肥，然后盖土，铲除周围杂草盖在定植行带上，盖草厚度 20 cm 以上为宜，每株树下的覆盖杂草上压土，可以减少蒸发，保水保肥，顺利度旱。以后各年的管护均以雨季为重点，6 月透雨后 1 龄树每株弧形沟施 100 g 尿素和 100 g 复合肥，2 龄树每株弧形沟施 150 g 尿素和 150 g 复合肥；10 月中旬雨季即将结束时结合中耕除草进行草覆盖，2 龄树每株沟施 200 g 复合肥，3 龄树每株沟施 300 g，并随树龄增加、结果量变化调整施肥量。

B. 幼树整形

余甘子幼年期在干热河谷旱坡地上表现出萌发能力强，自然树形呈扇形，分枝角度大，枝条长而开张，容易披垂，茎基易长出多个分枝使树形成丛生状，因此定植后一年半（第二年冬季）要及时定干整形。宜采取单干整形，树形培养成开心形或者扇形，分枝高度 50 ~ 60 cm 为宜，剪去披垂枝、基部萌生侧枝。以后随着树冠的生长逐年修剪，剪去枯枝、弱枝、病虫枝、徒长枝和荫蔽拥挤枝，造就分布均匀、疏密适中能充分利用空间的树冠，以利于结果。

C. 害虫防治

人工栽培的余甘子主要害虫有蚜虫、介壳虫、象甲、毒蛾、蓑蛾、尺蠖等。蚜虫易造成余甘子的落叶、落花、落果，对开花结果有着直接影响，严重时会导致减产和灭产；蛀杆害虫能破坏枝条，造成树木枯死；果实成熟期和储藏期要防止真菌危害，以免降低果实品质。介壳虫发生初期要及时进行防治，喷 4% 速扑杀乳油 1000 倍液进行防治，隔 20 d 喷 1 次，连喷 2 次。象甲、毒蛾、蓑蛾、尺蠖采用人工捕杀或选用 5% 来福灵乳油 3000 倍液、20% 灵扫利乳油 2000 倍液喷雾防治，间隔 7 ~ 10 d 喷 1 次均能获得较好的防治效果。防治过程中要注意选择国家允许使用的低残留高效农药，为果实的品质奠定良好的基础。

3.4.1.4　攀枝花（*Gossampianus malabarica*）栽培技术

(1) 攀枝花育苗技术

A. 播种繁殖

种子处理：攀枝花通常在 5 月下旬至 6 月下旬果实成熟，应及时采回摊开曝晒后抖出种子，储藏过久会使发芽率下降甚至丧失发芽能力，因此最好随采随播。播种前用 0.3% 高锰酸钾溶液进行种子消毒，然后用清水冲洗干净，晾干后播种或用 50℃ 温水浸种 24h（自然冷却）即可播种。

圃地选择：选择排水良好、土层深厚、土质疏松、结构良好、光照充足、保水力强的微酸性沙壤土作圃地。

整地做床：播种前细致整地，然后做畦，畦高约 20 cm，畦面宽约 100 cm，畦距约 40 cm，畦面要整平，用 0.5% 高锰酸钾溶液对土壤进行消毒。

催芽：播种采用撒播。播完后覆土 2 cm 厚，稍加镇压使种子与土壤紧密结合，然后淋足水，以后每天淋水 1 或 2 次，保持土壤湿润，一般播种后 5d 开始发芽，15d 内发芽基本完毕。

B. 苗期管理

幼苗出土后，应保持土壤湿润。在阳光强烈、气温较高时，用 50% 遮阳网遮阴，防止高温和日灼危害。为使苗木有合理的生长空间，要适时进行间苗和移苗，间苗在长出 2 片以上真叶时进行，间苗后要及时淋水；移苗在次年 2 月苗根尚未萌动时进行，株行距 1.2 m×1.2 m，定植后当天淋足定根水。

幼苗出土 30 d 左右用 1% 腐熟人粪尿水淋施，40d 左右施 1 次肥，可逐渐增加肥量，在苗木生长停止前停止施肥。苗木休眠苗高 50 cm 时可作造林苗使用。

移植苗要根据其生长规律进行施肥，攀枝花 1 年有 2 个生长高峰期和 1 个缓长期，第 1 次生长高峰在 5 ~ 7 月，第 2 次生长高峰在 8 ~ 9 月，缓长期在 l0 ~ 11 月。因此，第 1 次施肥应在 4 月中旬进行，第 2 次施肥在 7 月中旬进行，第 3 次施肥在 9 月中旬进行，采用穴施法，在离苗干 30 cm 处开挖对称穴，穴深到苗根分布层，每株施复合肥 0.5 kg。苗木休眠时苗高达 2.5 m 可作园林绿化苗使用，如需更大苗木可在苗圃继续培育。

C. 扦插繁殖

在早春未开花抽芽之前，采集健壮的 1 ~ 2 天生冬芽饱满的枝条，剪成 20 cm 长的扦条，密插于沙床上，淋水保湿，待长叶发根后移入苗床培育；也可用较粗大（直径 5～10 cm）的枝丫进行大干埋插，干长 80～100 cm，株行距 80 cm，坑深 30 cm，先在坑底灌水，拌成泥浆，将干插于穴中，再填满土踩实，切忌硬插，以免损坏或折断插条影响成活，埋插后经常淋水保湿，成活后要注意除去过多的萌条和腋芽，保留 1 条健壮的萌条向上生长，使之形成优良主干，培育 1～2 年可出圃定植。

（2）攀枝花建园定植技术

在干热河谷地区，通常在每年的秋末冬初，土壤还不太干燥时就及时进行打塘，定植塘的规格为 60 cm×60 cm×60 cm，株行距 6 m 左右。种植时宜疏不宜密，根据种植区域地形，一般每亩定植 17～25 株为宜，定植一般是在每年的 5 月底至 6 月初雨季开始时进行。此时定植能使攀枝花在高温高湿的环境中快速生长。定植塘挖好，放足基肥及腐熟过的农家肥，带土团定植，淋足定根水，前 3 年每年施肥 2 或 3 次，促进其生长。

（3）攀枝花栽培管理技术

A. 水、肥管理

攀枝花定植后期管护，每 10 天左右浇水 1 次，雨季视雨水情况调整灌水次数，并注意排水。成活后，秋季在树冠的正投影下挖一环状沟施有机肥，每 2 年 1 次。要及时中耕、除杂草、合理浇水，强调薄肥勤施，重氮肥。

B. 病、虫害防治

病害：一般攀枝花很少发生病害，生长不良的单株偶有茎腐病的发生，发生茎腐病时要除去发病株，防止扩散，并用多菌灵 800～1000 倍液进行防治。

虫害：攀枝花主要有蚜虫、红蜘蛛、金龟子等害虫危害叶片，以及天牛危害树干。蚜虫可用乐果 1000～1500 倍液喷雾防治；红蜘蛛可用螨清克 800～1000 倍液喷雾防治；金龟子可用氧化乐果 800～1200 倍液喷雾防治；天牛可用敌百虫水溶液灌杀，或用脱脂棉蘸浸敌百虫水溶液塞入虫孔，并用湿泥封堵虫孔毒杀天牛。

3.4.1.5 麻疯树（*Jatropha curcas* L.）栽培技术

（1）麻疯树的育苗技术

A. 种子育苗

选种：①母树选择。对 5 年生以上的麻疯树进行树势、立体环境及经济性状调查，选连续 3 年以上丰产、稳产、果荚大、质优的树作母树。②选种。从母树上选采充分成熟果荚，去果皮得到种子，选取饱满、黑褐色、光泽好的种子备为育苗用。最好当年播，隔年的种子发芽率会降低。

苗圃地的选择：苗圃地应选在种植中心，接近水源、交通方便、土层深厚、土质疏松有机质、排水性好、保水性强的壤土或砂壤土，积水地及黏性强的土壤不宜。

苗圃地先深翻 20～25 cm，拣去杂物，日晒一个月，杀死土壤中的病原微生物（菌、线虫），改善土壤物理性状。

干热区采用高埂低墒苗床，埂高 20 cm、宽 30～40 cm，床宽 100～120 cm，营养土配置：将腐熟的厩粪细碎后按每亩 1.5 ~ 2 t 以及复合肥 50 kg、杀虫剂（绿地虫清）2 kg 撒于苗床，松翻一遍使肥土充分混均。

种子处理（催芽）：用 60℃ 热水加杀菌剂（秀苗 100 g 兑水 15 kg）泡种 12 h 后，捞出种子，用清水洗净后沙床催芽，底层沙 5 ~ 10 cm 厚，均匀撒上种，再盖 3 ~ 5 cm 沙，然后盖草，淋水保暖；沙床的湿度要手感潮湿，保持手湿不滴水，直到所催种子露白后取出种子。

播种：用小锄头在苗床上按 15 cm×20 cm 开浅沟将催芽露白的种子（胚根长出 0.2 ~ 0.4 cm）拨入土内，要求胚根向下，播种深度 1 ~ 2 cm，然后盖土盖草浇水，盖草厚度以不露土为宜。

B. 幼苗管理

水分管理：出苗之前每隔 3 ~ 5d，于上午或傍晚淋水一次，保持苗床潮湿即可，浇水过多会引起烂种、烂根；出苗后于傍晚逐渐摘取覆盖苗床上的杂草，4 ~ 7d 浇一次水。

施肥：子叶脱落后，第二对真叶稳定时，苗高约 10 cm 左右，每平方米苗床可施 50 g 尿素提苗。

苗床除草：苗床上杂草在幼苗期要及时拔除，否则杂草不仅会与苗争夺水分、养分，影响通风透光，滋生病虫，而且若杂草大时才拔除，其根系还会把苗带出，对苗造成不必要的损伤。

病虫防治：①立枯病、猝倒病的防治方法。a. 每平方米苗床用 50% 甲基托布津可湿性粉剂或 70% 甲基托布津可湿性粉剂 8 ~ 10 g 与 500 g 细土混均匀后撒施；b. 50% 福美双可湿性粉剂和 70% 五氯硝基苯可湿性粉剂等量混合，用法用量同 a。②白粉病防治方法。发病初期喷 25% 粉锈宁可湿性粉剂 400 倍液或 50% 多菌灵可湿性粉剂 1000 倍液，或喷 70% 甲基托津可湿性粉剂 800 倍液。

炼苗：麻疯树育苗一般当年 3 月中下旬播种，7 月下旬出圃，要求 6 月中旬起不能追肥，相对拉长灌溉间隔时间，晴天下午不见萎蔫最好不浇水。

出圃：株高 40 ~ 50 cm，茎粗 0.8 cm 以上的无病壮苗可出圃。最好选择茎秆下部木质化，新梢老化时的苗出圃定植。取苗时避免损伤茎芽及根系，要随取、随运、随栽，避免取苗后长时间风吹日晒。干热区在雨季来临初期第一、第二次透雨后（7 月中下旬）连续阴雨天定植可大大提高成活率。

C. 扦插育苗

苗床准备：苗床要求土壤肥力中上等，其他要求与种子育苗相同。

插条准备：选用 1 ~ 2 年生健壮无病虫害、直径为 1.0 ~ 1.2 cm 的枝条作插条。将枝条截成 20 ~ 30 cm 带有 3 ~ 5 个发芽点的茎段，上切口用熔蜡涂封，在下切口的基部纵刻 2 或 3 条深达木质部长约 3 cm 的伤口，并用布条缠绕插条上部。及时用 50% 多菌灵 1000 倍液浸泡消毒插条 15 min。捞起晾干后再放入 15 m/L 乙烯利溶液中促根浸泡 3 h 后捞起待用。

扦插及管理：扦插时间以春暖未萌发新叶前进行。先用比插条略大的带尖木棍在苗床上打斜孔。株行距为 20 cm×20 cm，孔深 8 cm。将插条顺孔道放入至孔底，并用手摁实土壤使插条与土充分接触。插后及时浇水淋透苗床土层。并搭拱棚增温保湿，拱棚温度控制在 26～28℃，湿度在 80% 以上为宜。发现病株时，及时挖除插条，并用 2% 石灰水灌孔洞及附近土壤。扦插苗长出 2 或 3 片小叶后，应先人工除草，并用 2% 尿素溶液浇淋厢面。移植前 5～8 d 用 0.2% 磷酸二氢钾溶液进行根外追肥，同时开始控水炼苗。

（2）麻疯树的建园定植技术

A. 宜林地选择

第一，原有植被稀疏、退化严重的地段应合理密植；第二，原有植被盖度好，并有其他灌木生长的地段，严禁再度种植而造成原有植被的破坏；第三，原有植被盖度好，但以草被为主的地段，选择草被稀疏的空地种植麻疯树，对自然草被的破坏将降到最低水平。同时应注意热量、土壤和坡向的选择。

热量：麻疯树对低温环境反应较敏感，正常生长发育需要充足的热量，当气温低于 −2℃ 时，幼嫩植株或嫩梢会发生冻害。因此，造林地应选择年平均气温不低于 17℃、无霜冻的地段。

土壤：麻疯树不耐涝，过分水湿对麻疯树的生长有较强的抑制作用。宜选择在土层厚度为 30 cm 以上，土质疏松、排水性与透气性良好的土壤造林。

坡向：麻疯树为强阳性植物，极喜光照，在较荫蔽的环境下，生长较差，结实不佳。虽然在干热河谷地区，麻疯树在各个坡向均可种植，但在阴坡背光处结实不良，因此造林地宜选择在阳坡、半阳坡。阴坡、半阴坡造林，应选择光照条件好的地段。

B. 种植地的规划、设计

在坡地上种植时，以等高规划为原则，兼顾公路走向，以坡向为行向，有利于通风透光。冲沟或较破碎地带以鱼鳞坑造林为主。对于坡度较大的但相对平整地段，为了充分拦截雨水，沿等高线的方向修筑隔坡水平沟造林。

C. 预整地

开挖鱼鳞坑及修筑隔坡水平沟：鱼鳞坑大小以 50 cm×50 cm×50 cm 为宜，隔坡水平沟的规格宽度和深度一般为 50～60 cm，隔坡水平沟的间隔距离以当地的径流计算，以确保坡面上的水土不流失为宜。株行距视草被和野生小灌木覆盖情况而定，一般为 2 m × 1.5 m 或 2 m×2 m；

开挖要求：0～40 cm 表土层堆放上方，40～100 cm 心土层堆放两侧及下方。

开挖时间：应在造林前进行，时间宜早不宜迟，提早整地可使土壤充分熟化，有利于提高造林成活率和促进苗木生长。干热河谷地区应在雨季结束后即可行动，此时开挖因土壤湿润，可减小劳动强度。3～5 月开挖土体坚硬费力、费时。

D. 备肥回填

塘穴开挖后充分暴晒，促进土体熟化，雨季来临前回填，每塘或每米施土杂肥 50 kg 或 30～40 kg 厩粪、3 kg 磷肥，拌土分层回填，表土回填在下层，土杂肥和磷肥回填中下层，有机厩粪回填中上层，回填土不宜过满，留 1/4 坑或沟蓄积雨水，待雨水浸沉后定植。

E. 抢雨及时利用保水剂定植

干热河谷旱季长达 6～7 个月，雨季集中在 5～10 月，麻疯树雨养人工林营建必须抢时令，尽量有效利用有限降水充分长苗扎根，争取当年能有较大生长量，使苗木扎根、长高、增粗，茎秆充分木栓化，利于次年度旱保苗。种植时令要抢在雨季进行，最迟不要超过 8 月上旬。定植时利用保水剂种植可提高苗木成活率 15%，在麻疯树定植坑（沟）底部放置保水剂 10～15 g，有利于苗木渡过整个干旱季节，不需浇水，从而节约投入成本并保障苗木存活率。定植时就地割草覆盖整个树盘周围，以树干为中心 1 m²，厚度不少于 20 cm。以减少土壤蒸发。

（3）麻疯树的栽培管理技术

A. 幼林管护

松土除草：松土和除草常常结合在一起进行。造林当年的 8～10 月和第二、第三年雨季前与雨季结束后各进行一次松土除草。除草的同时对种植穴进行松土、培土。除草松土时注意不要损伤苗木根系。

施肥：施肥可结合除草、松土进行，亦可单独进行。雨季前施追肥以氮肥为主，施用量一般每株 20～40 g；雨季后施肥以复合肥为主，施用量一般每株 0.1～0.5 kg。施肥方法采用环沟施肥法，即沿幼树树冠滴水线，在树上方或左右两侧挖一条环形沟，沟宽 20 cm，沟深 30 cm，将肥料均匀施入沟中，覆土填平沟槽。

病虫害防治：麻疯树幼林期病虫害较少，主要是象甲、蝗虫喜食嫩梢，发现量多时及时用 600 倍乐果液喷雾效果好。立枯病、白粉病偶尔发生危害，用多菌灵、粉锈灵、秀苗等杀菌剂防治。

B. 幼树管理

除萌抹芽：麻疯树萌芽能力旺盛，栽植后多数植株都会从干上萌生许多新芽。为保证植株能获得充足的养分供应，应及时抹除干上的萌芽。

修枝整形：整形修枝一般在休眠期进行，可分三次进行。第一次是定干修剪，在幼树长到 0～1 m 时进行封顶定干，促进分枝。第二次是骨干枝修剪，选留 3 或 4 个健壮的主枝作为骨干枝，其余的弱枝从基部剪除，并对保留的主枝去顶稍，促进二级分枝生长。第三次为侧枝修剪，在每个主枝上选留 2 或 3 个生长健壮、位置展开的侧枝进行长留短截顶稍，从枝条基部剪除过密枝、下垂枝、内膛枝、弱枝和病虫枝。

抹芽复壮：麻疯树顶端优势强，导致其自然成枝率差。去除顶端优势，促进侧芽萌发，提高侧枝的成枝率，是麻疯树丰产技术的关键。一般定植后 4 个月，苗高达 60～80 cm 时，除掉顶芽；定干后，按 4 个方位分别选择 1 个壮芽进行复壮，培育挂果枝。以后 2 年结合抚育进行修剪，将树形培育成开心形，以提高产量，达到丰产的目的。

病虫害防治：麻疯树幼树期，主要虫害有红蜘蛛、蓟马、白粉虱，用休螨 800 倍液喷叶片叶背，7 d 左右喷 1 次，连喷两次，可达到很好的防治效果；白粉病、叶斑病发生危害，用多菌灵、粉锈灵、秀苗等杀菌剂防治。

C. 成林管理

土壤耕作：夏季铲除杂草、疏松土壤。每年 6～8 月进行，深度 10～15 cm。冬季在 12 月至第 1 月底进行大块翻土，每两年 1 次，挖翻深度为 20～25 cm。可以改善土壤性状。

成年林施肥：在冬季或早春，要结合冬挖施基肥，每株施用土杂肥或农家肥 20～25 kg，或腐熟饼肥 1～1.5 kg，或专项复合肥 0.5～1.0 kg。4 月中下旬至 5 月追施花果肥，每株施尿素 0.1～0.2 kg、过磷酸钙（腐熟）0.3～0.4 kg。

果实的采收：秋季果实外部变为黑褐色时即达到成熟期，此时采收含油率最高，当发现园内 70%～80% 的果实达到完全成熟时即可采收。果实采收回来后，应及时晒干，装入通风防潮的麻袋中收藏，以防止发霉。

3.4.2　生态林主栽物种栽培技术

3.4.2.1　银合欢（*Leucaena leucocephala*）栽培技术

（1）银合欢的育苗技术

A. 栽植密度

造林密度以及由它发展成的后期林分密度在人工林整个成林、成材的过程中起着重要的作用，由于银合欢自我更新能力非常强，密度以株行距 5 m×6 m 为宜。在地形复杂的地区还可以适当调整。

B. 育苗技术

提前适时育苗关键技术环节。许多树种出苗后均有一个缓慢生长阶段，提前容器育苗可避开这一缓慢生长时期，定植后即能充分利用降水迅速生长，安全度过以后来年的干旱季节，提高成活率。根据干热河谷多年造林的实践，裸根苗及大龄苗在移植过程中根系受到损伤，恢复期长，而小苗不耐干旱和夏季的强日照。所以，裸根苗、大龄苗和小龄苗移栽后，往往在干热河谷旱季和雨季中强烈的间歇性干旱气候条件下，成活率低，成活后保存率也低。为了提高成活率将银合欢采用营养袋育苗。

C. 苗床的整理

苗床地应选在靠近定植地，土壤肥沃疏松，静风，近水源，排水良好地方。选好苗床地后进行备耕，翻深 25～30 cm，打碎土块，拣去石子、树根、杂草等，施入一定的基肥，一般每平方米施入优质腐熟的有机肥 6～8 kg，可拌入少量的钙镁磷肥。然后将肥料与土壤充分拌匀，装入营养袋，并平整地摆放在苗床上，苗床的宽度一般在 1～1.2 m，以便田间管理，长度可根据地形来确定，苗床的土埂要高出地面 30 cm 左右，便于灌水。

D. 播种前的种子处理

银合欢的种子都需要浸种处理，这样能够缩短出苗时间，提高种子发芽率。播种前把种子在温水中浸泡 20～24 h，直至种子充分吸水膨胀，种皮软化，促进发芽，但银合欢的浸泡水温可达 80℃。

E. 播种

将处理好的种子点播到营养袋，每个营养袋里点播 2 粒处理好的种子，点播深度 1～1.5 cm，点播时先在营养袋中心点 1.5 cm 深的小穴，将种子点入，然后盖 1 cm 松土，点完后留有一个小凹坑，便于集水。然后最好在苗床上盖上一层干草，以防止浇水时冲刷种子，土壤板结。

（2）银合欢的定植技术

A. 造林时间

造林时间对树种的生长影响较大，是影响造林成活率和林木生长量以及能否安全度过旱季的重要栽培技术之一。定植过晚，生长期短，经过一个旱季后保存率显著降低。干热河谷的特点就是树木的生长季节与雨季同步,因此应选择在雨季造林。最好选择在雨季开始 1 ~ 2 月时造林,这一时期的土壤充分湿润,还能保证较长的生长期,这样还能提高其抗逆性。所以选择在 6 ~ 7 月造林,可以保证林木生长良好,安全地度过旱季。

B. 苗木定植

干热河谷降雨集中,雨期短,选择好造林季节时间,适时定植造林是提高成活保存率的一个非常重要的技术环节。苗木定植的成活关键是苗木水分代谢的平衡,为了苗木茎叶在定植过程中的水分蒸腾,应适当修剪枝叶,修除过长主根。在苗木的定植过程中应做到随起随栽,做到露天不过夜,当天栽不完的要假植。定植时,除去营养袋把苗放入穴中心,栽植深度一般要在根茎以上 2 ~ 3 cm,边填土边打紧,使苗木与土壤接触紧密,有利于根吸收水分,定植后在树体周围修出树盘,利于灌水、集雨,定植后浇 30 kg 左右的定根水。苗木定植后应在附近割草覆盖种植沟,以减少水分蒸发。

(3) 银合欢的栽培管理技术

A. 幼苗管理

播种后每 4 ~ 7 d 灌水一次,保持土壤湿润,还要注意清除田间杂草,待幼苗长出地面后,幼苗应避免阳光直接曝晒小苗,所以应在苗床地上方搭设遮阴棚,遮阴棚高度在 1.5 m 左右,以利于田间操作和通风透光,遮阴棚边缘应宽出苗床 20 cm 左右。幼苗一个月后,为了促进苗木的生长,每袋可追施 3 ~ 5 g 尿素,10 g 左右复合肥。

B. 抚育管理

银合欢喜光不耐阴,苗期或幼苗期易受杂草影响,生长缓慢,必须加强抚育才能成林。人工植被营建初期应进行封禁管理,加强抚育,其工作内容包括以下几个方面:①严禁放牧和樵采刈割;②专人看管,防止火灾;③人工植被营造初期,水平种植沟易被冲毁而形成新的侵蚀沟,在雨季经常观察、及时修补水平沟的冲毁缺口;④当人工植被下层完全覆盖地表,中上层郁闭,植被群落稳定后,可根据疏密状况对上层乔木进行适当的间伐,对灌木树种进行樵采和平茬复状。平茬以隔行平茬为好,平茬时间应在冬季来临、树木停止生长时进行。同时也可进行有计划的放牧、采叶做饲料和肥料。种子成熟后应及时采种,以提高人工植被的经济效益。

3.4.2.2　凤凰木 [*Delonix regia*(Bojea)Raf.] 栽培技术

(1) 凤凰木育苗技术

凤凰木常用播种繁殖,秋季荚果成熟,出种率 20% ~ 25%。种子坚硬,需先用 90℃ 热水浸种 5 ~ 10 min 或用温水浸种一天,发芽率较高。春季 4 ~ 5 月播种,选用土壤以肥沃、排水良好的砂壤土为好,用条点播种,适时淋水保持种子湿度,播后一周可出芽,幼苗应移植 1 次,株行距均不得少于 50 cm。早期可施复合肥,少施氮肥,入秋后停止施肥,促使植株木质化。冬季将叶片剪去,用塑料薄膜覆盖或单株包裹,以防霜冻,一年生苗即可出圃定植。

(2) 凤凰木的建园定植技术

应选土壤肥沃、深厚、排水良好且向阳处栽植。定植塘的规格为 100 cm × 100 cm × 80 cm,株行距 5 m 左右。种植时宜疏不宜密,根据种植区域地形,一般每亩定植 20 ~ 25

株为宜,定植一般是在每年的 5 月底至 6 月初雨季开始时进行。定植塘挖好,放足基肥及腐熟过的农家肥,带土团定植,栽植深度以苗木原地径土痕以上 5 ~ 10 cm 为宜,淋足定根水,前 3 年每年施肥 2 或 3 次,促进其生长。

(3) 凤凰木的栽培管理技术

A. 水肥管理

田间管理春季施肥,旱时灌水,凤凰木性喜高温,喜阳光。宜植于土质肥沃的湿润地,瘦瘠薄地及黏重土壤生长不良。在适宜的环境下生长极快,三五年即可成景。因其树干随时发生枝叶,若任其自然生长,枝形变化较大,影响树姿,故须经常进行修剪,以保证树冠丰满、匀称。不耐寒冷、霜冻,对低温反应敏感。春季萌芽前与开花前应各施肥一次。

B. 病、虫害预防

凤凰木管理较易,少有病害。但有尺蠖危害,主要虫害为凤凰木夜蛾幼虫食叶,可喷洒 50% 的杀螟松剂 1000 倍液防治。严重时虫爬满树,叶子很快都被吃得精光,应及早防治,以免成灾。

3.4.2.3 金合欢 [*Acacia farnesiana* (L.) wild.] 栽培技术

(1) 金合欢的育苗技术

A. 播种

春播 3 ~ 4 月,秋播于 9 月下旬至 10 月中旬。金合欢种子坚实,种皮有较厚蜡质,所以,播前用 60 ~ 80℃ 热水浸种处理,待其自然冷却,日换 1 次,第 3 天取出,混以湿沙,堆积温暖处,覆盖稻草,保湿 7 天后播种,经 3 ~ 5 d 即可出苗。

B. 育苗

育苗方法有营养钵育苗和圃地育苗。①营养钵育苗。常用的营养土有两种,一种是焦泥灰 60% ~ 70%、园土 20% ~ 30%、垃圾或栏肥 9.5%、钙镁磷肥 0.5%,混拌均匀。另一种是肥沃表土 90%、草木灰 7%、骨粉 1%、腐熟畜肥 2%,捣碎拌匀。每杯播种 2 或 3 粒经过催芽处理种子,播种后上面盖些泥灰或细土 1 cm,有条件的再撒上一些松针。把已播种的营养杯排成宽 1 m,长度不定的畦,畦四周培土与杯等高,以保持水分。每亩排 12 000 只左右。播后一星期即发芽出苗。②圃地育苗。圃地要选背风向阳,土层深厚的砂壤或壤土,排水灌溉方便的地方。翻松土壤,锄碎土块,做成东西向,宽 1 m 表面平整的苗床。播种前在畦上先施腐熟人粪尿和钙镁磷肥,再盖上一层细园土。采用宽幅条播或撒播,播种后盖一层约 0.5 cm 厚的细泥灰,然后覆盖稻草,用水浇湿,保持土壤湿润。用种量,需移苗栽植的亩播 3 ~ 4 kg。不移苗的亩播 2 ~ 2.5 kg。播种后 7 ~ 8 d 内,晴天要喷 1 或 2 次水,保持苗床湿润。幼苗出土后逐步揭除覆盖物,第 1 片真叶普遍抽出后全部揭去覆盖物,并拔除杂草。

(2) 金合欢的定植技术

A. 定植时间

苗木栽植后及时扎根才能生长,只有在具备扎根条件的节令移栽,才能保证苗木的成活和生长。移栽时要有足够的水分,树苗才能成活,移栽过早水分不足成活率低,较晚影响根系发育及分蘖,易死苗,长势不良。因此移栽节令十分重要,观气象抢时间便是移栽过程的重要环节。马龙多年的降雨时间最早为 5 月下旬至 6 月上旬，最晚为 6 月下旬，移栽必须抢在最早降雨时进行，才能保证苗木成活后迅速生长。

B. 定植技术

移栽时要选择生长健壮、无病虫害、树形端正和根系发达的苗木。苗木选定后，提前 2~3 d 先把苗木浇透，以便取苗时不损伤根系。起苗时，要保证苗木根系完整。为避免苗木栽植后吸收大量的水分，要作截干处理，把顶梢截去 20 cm 左右。苗木一般当天起苗当天移栽，运到栽植地块时，要人工逐株挑运到植株塘中，栽植时将袋底拆开，植苗时做到一踩、二提、三饱满，以利于根系与土壤结合，促进植株扎根生长。

（3）金合欢的栽培管理技术

金合欢出苗后，苗高 3~5 cm 时施稀薄腐熟人粪尿或化肥 1 次，促进幼苗生长。苗高 15 cm 以上要移苗的，应选阴天或细雨天移苗，适当剪除部分枝叶，按株行距 10 cm × 30 cm 栽植到已备好的畦中。移栽后如遇晴天，要浇水和遮阳，以利苗木的扎根成活。金合欢苗移植以春季为宜，要求随挖、随栽、随浇。由于金合欢苗主干纤细，移栽时应小心细致，注意保护根系。定植后要及时浇水，浇则浇透。到秋末时施足基肥，以利苗系生长和来年花叶繁茂。金合欢幼苗主干常因分枝过低而倾斜不直，为提高观赏价值，使主干挺直有适当分枝点，育苗可合理密植，并注意修剪侧枝。对一年生较弱的苗木或主干倾斜的金合欢，可在翌年初春发芽时，留壮芽 1 个，齐地截干，使之萌发成粗壮而通直的主干。为防止土壤病菌对种子、幼苗造成危害及保证苗木健康生长，在配制营养土和苗床整畦时，可加入适量杀虫剂、杀菌剂和微肥及硫酸亚铁等进行土壤消毒、调酸等处理。

3.4.2.4　山合欢（*Albizia kalkora*）栽培技术

（1）山合欢的育苗技术

A. 种子采集

10 月果荚由绿变黄褐色时，选择生长健壮、干形良好、无病虫害的壮龄母株及时采种，合欢种子极易被种子小蜂寄食，采种后晾晒、脱粒、去杂、精选，干藏于干燥通风处。

B. 圃地选择

苗圃地选择除了应满足合欢的生态特性、有利病虫害防治外，还要便于运输，一般选择背风向阳、土壤肥沃、水源充足、排水良好的砂质壤土，圃地要不带菌且注意轮作，切忌在低洼处育苗。苗圃地准备播前结合整地灌足底水，施足底肥，农家肥约 7000 kg/亩，土壤深耕 30 cm，第 2 次翻耕时撒施 40% 五氯硝基苯 2.5 kg/亩土壤消毒，耙细要土壤细碎疏松，然后整平做垄，垄距 50~60 cm、垄高 20 cm。

C. 种子处理

山合欢有硬实现象，为使种子发芽整齐，出土迅速，播前 10 d 用 80℃ 热水浸种，次日换水 1 次，第 3 天捞出，混以等量的湿沙，堆于温暖背风处，厚约 30 cm，上盖麻袋等保湿。经 7~8 d 堆积，有 60% 左右露白即可播种。播前种子用 2.5% 适乐悬浮剂拌种，每 100 kg 种子用药 100~200 mL。

D. 播种

4 月底至 5 月初播种，以垄播为宜，播幅 10 cm，覆土厚度约 1 cm。用种量为 3.5 kg/

亩。播种后至出苗前要保持土壤湿润，如土壤干旱可灌水，但不可将水漫过垄台，一般 12 d 左右出苗。也可秋季采种直播，种子处理后于 11 月中下旬进行播种，于上冻前灌一遍冻水。来年春季出苗率较春季播种出苗率高，并且生长健壮。

E. 苗期管理

间苗定苗与水肥管理。在长出第 3 或第 4 片真叶时第 1 次间苗，间苗后及时浇水，并做好松土除草工作。幼苗长出 10 片叶后定苗，留苗约 7000 株/亩。定苗后浇水，弥缝稳根，结合灌水施以氮为主的复合肥 20 kg/亩。8 月中旬第 3 次追肥浇水，此次施以磷为主的复合肥 20 kg/亩。6～8 月，幼苗生长速度快，水肥消耗量大，每 20 d 可叶面喷施 0.5%～1% 的尿素和磷酸二氢钾混合液。雨季视雨水情况调整灌水次数，并注意排水防涝。9 月初停止水肥供应，促进苗梢充分木质化，以利越冬。

F. 截干与修剪

山合欢幼苗的弱点是主干易倾斜，且分枝过低，影响苗木的质量和绿化效果。为使主干通直，分枝适当，育苗期间可合理密植并注意及时修剪侧枝。1 年生苗木于翌年初春发芽时，留 1 个壮芽外全部齐地截干，然后大肥大水加强管理，效果很好。为得到质量更高的苗木，第 3 年春季对幼苗还可进行第 2 次从根部截干处理，当年的生长量可达到地径 3 cm、干高 2 m 以上。山合欢幼龄期间也需要修枝，截干后及时抹芽，以促进径、高生长，使树体均匀丰满。修枝的原则是轻剪不留大枝，去除竞争枝，留辅养枝。截干后的次年 4 月合欢发芽后，抹去苗干 2 m 以下的萌芽。苗龄 2～3 年即可出圃。

G. 苗期防治病虫害

山合欢的主要病害是枯萎病，是一种毁灭性病害。幼苗、大树均受害，苗圃、绿地、行道树等均有发生，生产上除了要在播种前做好土壤和种子消毒外，还应注意圃地不可重茬，尤其要重视苗期的防治工作。当幼苗长出 2 或 3 片真叶时，喷 50% 的甲基托布津 0.17% 溶液或 40% 的多菌灵 0.17% 溶液防治；入夏，未见发病之前，再次喷药防治，并注意药剂的轮换。6～7 月用 20% 杀灭菊酯 0.2% 溶液防治豆毛虫等食叶害虫。

（2）山合欢的建园定植技术

山合欢以春季萌芽前移栽为宜。整地方式为大塘或撩壕。大塘株行距 1 m×2 m，撩壕株行距 0.5 m（或 1.5 m）×2 m。移栽时必须带土移栽，并随挖、随栽、随浇。合欢树皮薄，畏暴晒，起苗时要做好阴阳面的标记，栽植时尽量保证原始种植方向。小苗移栽要在萌芽之前进行，移栽大苗要带足土球。为防治枯萎病，移栽前，提前挖坑，晾晒杀菌，并用 40% 五氯硝基苯处理坑土。栽时用 1% 的硫酸铜溶液浸泡或喷洒 65% 代森锌可湿性粉剂 0.2% 溶液，对根部杀菌消毒，并喷施生根粉，以促进根系萌发生长。栽后立即浇透水，加强管理，以保证成活。反季节移栽时，尤其是苗木较大，不应全冠，最好进行重修，侧枝全部进行短截，保留原树冠的 2/3 或 1/2，并适当遮阳，大苗还需设立支架。绿化工程栽植时，要去掉侧枝叶，仅留主干，以保成活，并设立支架，防风吹倒伏。晚秋时可在树干周围开沟施肥 1 次，保证来年生长肥力充足。

（3）山合欢的栽培管理技术

A. 水肥管理与修剪

水肥管理：苗期，每 15～20 d 浇水 1 次，并用 0.5%～1% 的尿素、磷酸二氢钾混合肥液叶面喷施，雨季视雨水情况调整灌水次数，并注意排水。成活后，秋季在树冠的正投影下挖一环状沟（深 30 cm、宽 30 cm）施有机肥，每 2 年 1 次。开花期浇水量不宜过大，冬前浇足封冻水。

修剪：苗木成活后在主干一定高度处选留 3 或 4 个分布均匀的侧枝作主枝，在最上部主枝处定干，冬季对主枝短截，各培养几个侧枝，以扩大树冠，形成自然开心的树冠。及时疏去枯死枝、细弱枝、病虫枝，对侧枝适量修剪调整，保证主干端正，树势优美。修剪后造成的伤口要及时用 5～10 度的石硫合剂消毒，干燥后用固体接蜡（松香 4 份、蜂蜡 1 份、动物油 1 份）封住伤口面。

B. 病虫害防治

主要有溃疡病和枯萎病危害，可用 50% 退菌特 800 倍液喷洒。虫害有天牛、粉蚧、尺蠖和翅蛾，山合欢树上翅蛾幼虫危害严重，可用煤油 1 kg 加 80% 敌敌畏乳油 50 g 灭杀天牛，用 40% 氧化乐果乳油 1500 倍喷杀粉蚧、翅蛾和尺蠖。

枯萎病防治：该病主要受气候条件、土质和地势、栽培环境及管理技术等因素的影响。山合欢不耐水湿，高温、多雨季节发病严重；土质黏重、坚实或树盘过小、地势低洼、排水不良的易发病；在草坪中种植易受草坪中镰刀菌根腐病病原的交叉感染，发病较多；移栽或修剪等造成的伤口，会增加镰刀菌侵染机会，使植株发病；大水漫灌，排水不及时，重茬等均会加重发病。因此，要有效防治枯萎病，必须从多方面做细致全面的工作，如选择通气性好的土壤栽植，要定期松土除草；做行道树时树盘四周要铺通气砖，保持土壤通气性，对道路施工中土壤混有石子、水泥的地段，最好客土栽植；尽量不在草坪中栽植，对栽入草坪中的合欢树，要清除树四周的草被；在移栽前，坑土用药物消毒；减少伤口，尽量不移栽大树，对自然伤口、修剪后造成的伤口，要及时用 1% 的硫酸铜溶液或 5～10 度的石硫合剂消毒，干燥后用固体接蜡封住伤口面；冬初、冬末树干涂白，杀虫防冻防灼；春季发芽前对未发病的树，喷施 3～5 度的石硫合剂，5～8 月喷 2 次 23% 络氨铜水剂 0.3%～0.4% 溶液防治枯萎病等。

病害发生时，药物防治是最有效的，对症状轻微的病株在更换土壤的同时应结合药剂处理进行控制。可采用 70% 甲基托布津可湿性粉、60% 多福可湿性粉 1% 溶液喷洒树干或涂抹，使用 14.5% 多效灵水溶性粉、40% 五氯硝基苯粉剂 0.33% 溶液，以及抗枯宁、甲基托布津、多菌灵、百菌清等的常规浓度等浇灌土壤，施后灌 2 次水，扩大药剂的渗透区，每 7～10 d 灌 1 次，连续 2 或 3 次，并注意交替用药，可有效遏制病情扩展，并使植株逐步恢复；个别严重的树用 70% 甲基托布津可湿性粉 0.3% 溶液输液，可提高疗效。及时清除病枝、病叶和重病株，发现病株有超过 1/3 的枝干存在叶子发黄脱落时，需刨除病株，连土壤一起移走，集中销毁，并对树穴及周围相邻土壤浇灌 40% 福美砷 2% 溶液、40% 五氯硝基苯粉剂 0.3% 溶液或用 20% 石灰水处理土壤，进行消毒，防止病菌蔓延。

锈病的防治：40% 福美胂可湿性粉剂 1.25% 溶液或 95% 敌锈钠原药 6.7% 浓度涂干，或用 95% 敌锈钠原药 0.3%、25% 粉锈宁可湿性粉剂 0.05%、50% 甲基托布津可湿性粉剂 0.125%、75% 百菌清可湿性粉剂 0.25% 溶液进行喷雾，10～15 d 喷 1 次，连喷 2 或 3 次，效果好。

山合欢锈病的防治要掌握两个关键时期，一个关键期是 4 月、5 月，幼树萌芽期，此时是冬孢子侵染传播时期，要在萌芽前 10 天喷洒 1% 波尔多液或 3~5 度石硫合剂，每隔 15 天喷洒 1 次。另一个关键期是夏季高温高湿的 7~9 月。吉丁虫的防治于 4 月中旬以后，在距树干 45 cm 左右，挖一长 33 cm、宽 33 cm、深 40 cm 的坑，将 150 g 3% 呋喃丹放入坑内，浇满水渗后，再浇 1 次，水渗完后填平。1 个月后在另一侧再施 1 次，防治效果好。

天牛的防治：在幼虫孵化期，可在树干上喷洒杀螟松，或在树干基部等距离打小孔 3 或 4 个，孔深 3~5 cm，注入 50% 的久效磷 33%~250% 稀释液，效果较好。

3.4.2.5　川楝（*Melia toosendan*）栽培技术

(1) 川楝的育苗技术

A. 种子处理

选择 7~10 年生健壮母树，10 月以后，当果皮呈黄白色并略有皱纹时表明种子成熟即可采收。将采集的楝树果实放入清水中浸泡 3~4 d，搓去果皮、果肉，洗净后阴干沙藏，春季播种前用 80 ℃ 热水浸种，边浸边搅拌至冷却，再放入冷水中浸泡 3~5 d，使种壳充分吸水软化。

B. 催芽

选择背风向阳处，挖宽 1 m、深 30 cm 的催芽池（长度不限），将挖出的土壤在池边围成土埂，使其北高南低，沟底铺入 10~15 cm 厚的土杂肥，将处理过的种子均匀地撒于池内，每 3~4 kg/m² 浇透水，上覆细沙 2 cm；用竹竿在池上搭成弧形架，上覆塑料薄膜，四周用土压紧，防止透风。种子入池后 15~20 d 裂嘴，即可播种。

C. 圃地选择

川楝喜阳，好温暖，对土壤要求不严，但不耐旱，怕积水，因此，苗圃地应选择地势平坦、背风向阳、土壤深厚、肥沃湿润、通透性好的壤土或砂壤土为宜。同时要求光照充足、排灌方便。

D. 整地做床

入冬前应将圃地深翻冻垡，开春后在平整土地过程中，每亩施入 5000 kg 充分腐熟的家杂肥或 100 kg 复合肥作基肥。结合作床，每亩用敌克松或地菌净 1.5 kg 拌细土 30 kg 撒施，进行土壤消毒。育苗采用高床，床宽 100~120 cm，长度因地制宜，苗床两侧沟宽 30 cm、深 15 cm，以便排灌和管理。播种前苗床充分耙细整平，拣净杂物。土壤湿度以"手握成团，落地即散"为宜。

E. 播种

播种时间为 3 月中旬，采用条播，条距 35~40 cm，每米播种 20~25 粒，覆土 2~3 cm 并镇压，每亩播种 15~20 kg。

F. 苗期管理

播种后注意抚育，及时间苗。苗高 3~5 cm 时，趁阴雨天气按株距 20~30 cm 选留健壮幼苗一株，其余分床移植或补植。移植后应及时灌溉，结合灌溉施以薄稀、腐熟有机肥，另外，还要经常松土除草，并根据土壤干湿情况及时做好灌溉与排涝等工作，严禁圃地积水。5~7 月苗期追肥视苗木长势而定，前期以氮肥为主，促高生长；后期以磷肥为主，增强木质化程度。最后一次追肥时间不应超过 7 月底，以防止徒长，造成冬季枯梢。

每亩产苗量 5000～8000 株。

（2）川楝的建园定植技术

A. 栽植方法

川楝主根发达，侧根较少，起苗时可以对主根适当修剪，促使侧根生长。栽植最好在晚春芽萌动时进行，过早易枯梢。栽植前挖大穴整地，穴径 80～100 cm，深 60～80 cm，每穴施腐熟的农家肥 10 kg 作基肥。栽植深度以苗木原地径土痕以上 5～10 cm 为宜。栽植时浇足定根水并充分踩实，然后用 1 m×1 m 的塑料薄膜覆盖根部，保温保湿。

B. 主干培养

川楝顶芽多不能正常发育，因而分叉早，主干短，要获得高大通直的主干，可采用剪梢抹芽的方法培育。新芽萌发后，选留 1 个粗壮的新侧枝作为主干进行培养，剪去上部木质化程度较低的主梢，抹去其余新枝。剪梢工具要锋利，切口要平滑，严禁撕伤树皮。以后连续进行 2～3 年，直至达到需要的主干高度为止。每年选留的新主干，应与上年主干呈相对方向（1 年左，1 年右），以利相互矫正主干，使之通直。第 2 年以后，如果顶芽饱满可以萌发，也可通过抹芽方法直接培养主干。

（3）川楝的栽培管理技术

A. 抚育管理

川楝喜温、喜肥，喜温暖湿润气候，每年剪梢抹芽后，应分别松土除草 2 或 3 次，5 月、7 月各追肥 1 次，每亩年施腐熟农家肥 1500～2000 kg、复合肥 50～100 kg，并注意排灌，防止土壤过干或过湿。林内可间种大豆、花生、蔬菜、山毛豆等作物，以耕代抚。

B. 病虫害防治

川楝病虫害相对较少，生产中常见的主要有溃疡病、红蜘蛛和介壳虫等。

溃疡病防治方法：加强抚育管理，改善林分卫生状况提高楝树对病害的抗御能力；发病前（3 月上中旬）可用 65% 代森锰锌粉剂或 50% 甲基托布津粉 0.167%～0.2% 溶液喷雾树体，也可用利刀刮除病斑，以 10% 浓度食用碱水涂抹。

红蜘蛛和介壳虫防治方法：40% 乐果乳剂 0.067%～0.10% 溶液喷雾；用石硫合剂涂刷树干，可防治介壳虫危害。

3.4.2.6　车桑子 [*Dodonaea viscosa*（Linn.）Jacq. Enum.] 栽培技术

（1）车桑子栽培技术

在干热河谷地区，车桑子造林一般采用直播方式，不需要育苗移栽。造林前，需要对造林地进行整地。

A. 造林地整地

适时细致的进行整地，对提高造林成活率，促进幼林生长都有重要作用。最好在造林前 1～2 个季节进行整地，因为干热河谷造林季节选在雨季即 5 月中下旬以后，因此造林时间在冬季至春季即头年 11 月至次年 3 月为好。整地完至造林相隔一段时间，有利于杂草、灌木的枝叶和根系等充分腐烂，增加土壤有机质，同时使土壤经过风化作用，改善土壤理化性状。

B. 造林整地方式

在干热河谷造林整地可用以下方式：①鱼鳞坑整地。适用于陡坡、沟头或沟坡造林。鱼鳞坑为半月形坑穴，外高内低，长径 0.8～1.5 m，短径 0.5～1.0 m，埂高 0.2～0.3 m。坡面上坑与坑排列成三角形，以利蓄水保土。②水平沟或竹节沟整地。适用于土层浅薄的丘陵、沟壑山地。沿等高线布设，品字形或三角形配置。沟长 4～6 m，沟底宽 0.2～0.4 m，沟口宽 0.5～1.0 m，深 0.4～0.6 m。沟种植点设在沟埂内坡的中部。③反坡梯田。适于地形破碎程度小、坡面平整的造林地。田面向内倾斜 3°～15° 反坡；宽 1～3 m，长度不限，每隔一定距离修筑土埂，预防水流汇集；横向比降保持在 1% 以内。④造林方法和季节。在干热河谷，车桑子主要采用直播造林，在雨季来临时，第一次透雨后，土壤水分充足时，将种子播入土壤中，等待充沛雨水的降落，种子和土壤吸水充分达到饱和时，种子开始萌芽生长。

（2）车桑子抚育管理技术

车桑子从播种造林至幼树封行前的这段时间要加强抚育管理，创造优越的环境条件，满足车桑子幼苗对水、光、热、肥、气的要求，使其迅速成长，达到较高的成活率和保存率，并尽快形成灌木林。

A. 除草培土

造林当年 9 月草籽成熟时，进行一次除草工作，结合培土进行。除草松土深度根据杂草根系的分布状况而定，一般 5～10 cm 掌握近苗浅，外围深，做到不伤根、不伤植株。以后每年进行 1 或 2 次除草工作，连续 2～3 年，到车桑子灌木林成型为止。

B. 补植苗木

车桑子直播后，出苗率达不到 85%，就必须要进行补播，在出苗差的地段，在雨后即时播种。

C. 刈割树冠

为了提高车桑子水土保持林效益，可在雨季结束后，对树冠进行刈割，这样可取得薪柴，防止车桑子衰退，促进萌芽更新，增加护坡保水作用。

D. 封禁保护

为了有效地保护幼树，防止人畜破坏，禁止在车桑子幼林地放牧、割草、砍柴、用火，加强护林防火工作。

3.4.2.7　滇刺枣（*Ziziphus mauritiana* Lam.）栽培技术

（1）滇刺枣的育苗技术

滇刺枣通常是用种子育苗，果实成熟后，采集新鲜种子育苗，出苗率高。

A. 选种

在果实成熟期选择果皮褪绿，呈现黄绿色至红色的鲜果。要求果形正常，果实大小均匀，不宜选用干果及落地果。

B. 种子处理

将收集到的鲜果用人工或机械脱皮后堆积发酵 2～3 d 后用清水淘洗，以种壳不黏滑为好。将淘洗好的种子置于阳光下晒 3～4 h 后放在阴凉通风处。晾干后密封于塑料袋中，在室温下储藏一段时间后再播种。种子的储藏时间不宜过长，一般在 3 ~ 5 个月为好。

C. 苗圃地的选择

宜选背风向阳、阳光充足、靠近定植地、水源和交通方便、平整、排水良好、疏松肥沃、土壤 pH 为 5.5 ~ 6.5 的壤土或砂壤土作苗圃地。黏性重、容易板结或土层薄和前作为瓜类、蔬菜的地，不宜作苗圃地。

D. 苗圃地整理

①整地。苗圃地先深翻 230 cm 左右，清除恶性杂草，拣去杂物，太阳暴晒 20 d 左右，再把腐熟的农家肥和钙镁磷肥与土壤混匀后起苗床，改善土壤物理性状。②起苗床。干热区采用高埂低墒苗床，埂高 20 cm、宽 30 ~ 40 cm，床宽 100 ~ 120 cm，长度依地而定。但不宜过长，避免增加浇水难度。

E. 种子处理及播种方法

干热河谷一般在 2 月下旬至 3 月底播种。种子用 60℃ 热水加杀菌剂甲基托布津泡种 12 h 后，捞出种子，用清水洗净后用小锄头在平整好的畦面上开出行距 5 cm，深 3 cm 的浅沟，将处理好的种子均匀地撒于沟内，盖上厚 3 cm 细粪土，再盖上一层稻草，充分淋透水。

F. 移植

一般 10 ~ 15 d 开始发芽，当幼苗长至 10 ~ 12 cm 时移入事先准备好的苗圃培育。移植前将苗床浇透水，注意保护根系，移植时用小棍在苗床上插一小孔，将苗放入孔内回土轻压，株行距为 10 cm × 15 cm。移植深度为幼苗在苗床着生深度，幼苗应随取随栽，浇足定根水。移植后用遮光网遮阴，可大大提高苗木成活率。

G. 苗圃管理

根据旱情浇水，保持苗圃湿润，清除园内杂草。移植 20 d 后即可进行追肥，用清粪水按照 1:10 对水施，随着苗木的长势逐步增加施肥量。滇刺枣苗萌芽能力极强，易形成丛生状树形，当苗长至 20 cm 时，将主干离地面 15 cm 以内的芽及枝条全部抹除。每隔半个月抹一次，主干上选留 2 或 3 条分枝，以利养分集中供应，促进苗木长粗长壮。在干热河谷滇刺枣苗易感白粉病、立枯病，易受蚧壳虫、红蜘蛛危害，应以预防为主，定期喷药。选用秀苗、百菌清、根腐灵、速扑杀等低毒高效药。

H. 苗木出圃

株高 30 ~ 40 cm，茎粗 0.5 cm 以上的无病壮苗可出圃。取苗时避免损伤茎芽及根系，要随取、随运、随栽，避免取苗后长时间风吹日晒。干热河谷在雨季来临初期第一、第二次透雨后（7 月中上旬）连续阴雨天定植可大大提高成活率。

（2）滇刺枣的建园定植技术

滇刺枣怕涝忌渍，在干热河谷地区营建滇刺枣生态林时，在造林地选择时要充分考虑到滇刺枣这一特性。不宜选择地势低洼易积水的地方种植。

A. 种植地的规划、设计

在坡地上种植时，最好选择坡度在 20° 以下的中、下山坡；以等高规划为原则，兼顾公路走向，以坡向为行向，有利于通风透光。冲沟或较破碎地带以鱼鳞坑造林为主。对于坡度较大但相对平整的地段，为了充分拦截雨水，沿等高线的方向修筑隔坡水平沟造林。

B. 预整地

开挖鱼鳞坑及修筑隔坡水平沟：鱼鳞坑大小以 40 cm×40 cm×40 cm 为宜，隔坡水平沟的规格宽度和深度一般为 40~50 cm，隔坡水平沟的间隔距离以当地的径流计算，以确保坡面上的水土不流失为宜。株行距视草被和野生小灌木覆盖情况而定，一般为 2 m×1.5 m 或 2 m×2 m。

开挖要求：表土层堆放上方，心土层堆放两侧及下方。

开挖时间：应在造林前进行，时间宜早不宜迟，提早整地可使土壤充分熟化，有利于提高造林成活率和促进苗木生长。干热河谷地区应在雨季结束后即可开挖，来年雨季即可定植苗木，此时开挖因土壤湿润，可减小劳动强度。3~5 月开挖土体坚硬费力、费时。

备肥回填：塘穴开挖后充分暴晒，促进土体熟化，雨季来临前回填，每塘或每米施土杂肥 50 kg 或 30~40 kg 厩粪、3 kg 磷肥，拌土分层回填，表土回在下层，土杂肥和磷肥回填中下层，有机厩粪回填中上层，回填土不宜过满，留 1/4 坑或沟蓄积雨水，待雨水浸沉后定植。

C. 雨季及时利用定植

干热河谷旱季长达 6~7 个月，雨季集中在 5~10 月，滇刺枣雨养人工林营建必须抢时令，尽量有效利用有限降水充分长苗扎根，争取当年能有较大生长量，使苗木扎根、长高、增粗，茎秆充分木栓化，利于次年度旱保苗。种植时令要抢在雨季进行，最迟不要超过 8 月上旬。定植时，把苗木扶正，将土壤压实压紧，浇透定根水，然后就地割草覆盖整个树盘周围，以树干为中心 1 m²，厚度不少于 20 cm。以减少土壤蒸发。

（3）滇刺枣的栽培管理技术

A. 土壤管理

松土除草：松土和除草常常结合在一起进行。造林当年的 8~10 月和第二、第三年雨季前与雨季结束后各进行一次松土除草。除草的同时对种植穴进行松土、培土。除草松土时注意不要损伤苗木根系。

施肥：施肥可结合除草、松土进行，亦可单独进行。雨季前施追肥以氮肥为主，施用量一般每株 20~40 g；雨季后施肥以复合肥为主，施用量一般每株 0.1~0.5 kg。施肥方法采用环沟施肥法，即沿幼树树冠滴水线在树上方或左右两侧挖一条环形沟，沟宽 20 cm，沟深 30 cm，将肥料均匀施入沟中，覆土填平沟槽。

B. 树体管理

除萌抹芽：滇刺枣萌芽能力旺盛，栽植后多数植株都会从干上萌生许多新芽。为保证植株能获得充足的养分供应，应及时抹除干上的萌芽。

修枝整形：滇刺枣枝稍生长快，挂果多，但也容易老化，每年可以锯干更新，既获取薪柴，又可使来年枝梢健壮，挂果多而大，产量高。每年 2~3 月，果实收获完后，进行主干更新，两年生以上枣树，在 1 m 锯断或剪断。一个月左右，留下的主干又长出多条新梢，选择粗壮，生长位置良好向四周的 2 或 3 个侧枝（一级分枝）作主枝，其余分枝全部抹掉。待一级分枝长至 50~60 cm 后，可将嫩尖剪去以促进二级分枝的生长，同样方法促进三级、四级分枝的生长，但以三级分枝结果最多。枝梢修剪一般在 6 月开始进行，每 1~2 个月进行 1 次，将交叉枝、过密枝、徒长枝、纤细枝、病虫枝、下垂贴地或近地枝剪去。

C. 除草和清园

滇刺枣根系分布较浅，人工除草最好在雨后进行，将树冠内的杂草连根拔起，集中堆沤或晒干后烧灰作肥。在果实收获后，结合主干更新进行清园工作。将锯或剪下的树枝、烂叶、杂草全部清走，以减少果园内病源虫源。

D. 病虫害防治

病害：在干热区滇刺枣主要病害有白粉病、叶黑斑病等。白粉病在低温潮湿条件下最为严重，危害后叶背产生白色粉状物，正面浓淡不均，凹凸不平，以致叶片扭曲、皱缩，白粉病还会危害果实，在果实上产生白粉，导致果实变成麻果。可在新叶抽出时，以75%百菌清可湿性粉剂500～700倍、30%石硫合剂600倍、40%的灭病威800倍或25%粉锈宁可湿性粉剂1200倍液每半月喷洒1次，连喷2或3次，花前1周或花后用波美0.2～0.3度石硫合剂各喷1次，幼果期再用25%粉锈宁800～1000倍连喷2或3次。此外，每年采果后，集中烧毁修剪掉的病枝；及时清除杂草；剪除下部细弱、过密枝条，保持林内通风透光，减少病菌的侵染来源。叶黑斑病症状是叶背产生黑色小斑点，以后逐渐扩大成圆形或不规则形黑斑，最后黄化脱落。可用70%甲基托布津600～800倍液或50%多菌灵800～1000倍液结合防治白粉病，在新叶抽生时喷洒，半月后再喷1或2次。根腐病主要危害根茎，多发生在4～5月，严重时会造成主株死亡。切除病根，并用五氯酚钠、甲基托布津稀释液喷淋，效果较好。

虫害：在干热区滇刺枣主要虫害有介壳虫、螨类红蜘蛛等。介壳虫主要危害枝、叶和果实，会引起落花、落果，严重时造成枝条和树木枯死，并伴随煤烟病发生，传染速度快。摘除被害林、叶、果，并用马柱松乳剂、乐果、敌百虫等稀释液防治效果好。螨类（叶螨）主要危害叶片、花果，2～6月、10～12月为族群密度高峰期，会造成枝叶生长停滞、果实品质下降，用三氯杀螨醇、三氯钉螨碱、克螨特等防治效果好。红蜘蛛危害高峰期主要在新梢生长期，被害叶失绿、变黄而脱落，危害果实使果面产生粗糙的褐色疤痕，对外观、品质影响较大。可用73%克螨特乳油3000倍液、15%扫螨净750～1500倍等杀螨剂交替喷用。

（4）果实的采收

果实在12月～3月陆续成熟，即可分批采收食用。

3.4.2.8　羊蹄甲（*Bauhinia purpurea*）栽培技术

（1）羊蹄甲的育苗技术

播种繁殖。羊蹄甲种子在夏、秋间成熟，采种后即可播种，或将种子干藏到第二年春天播种。可条播于苗圃中，幼苗出齐后应及时分栽，可植于营养袋中，或按20～25 cm的株行距植于肥沃的土壤中，经培育1～2年后，当株高2 m左右时，可出圃供园林应用。

（2）羊蹄甲的建园定植技术

移植宜在早春2～3月进行，小苗需多带宿土，大苗要带土球。羊蹄甲生长健壮，栽培简单，管理粗放。栽植地点要选阳光充足的地方，不择土壤。移栽时若能施些腐熟有机肥作基肥，栽后灌足水，以后天气干旱时注意补充水分，则生长旺盛，花繁叶茂。幼树期要略加修剪整形，树形臻于整齐时便可任其自然生长。

羊蹄甲在北方多盆栽，盆栽者，春、夏宜水分充足，湿度要大，夏季高温时要避免阳光直射。秋、冬应干燥，冬季应入温室越冬，最低温度需保持 5℃。

（3）羊蹄甲的栽培管理技术

羊蹄甲主要用种子繁殖，亦可扦插。播种繁殖在夏、秋间种子采收后随即播种，或将种子干藏至翌年春播，播种深度以见不到种子为度，播深影响出苗。播后浇透水，并经常保持土壤湿润，但不能积水。待苗出齐后可浇少量稀薄液肥，宜淡不宜浓。当株高约 20 cm 左右时分床移植，株行距 20 cm×25 cm，一般株高达 3 m 或胸径 3~4 cm 时便可出圃定植。或按 20~25 cm 的株行距植于肥沃的土壤中，定植成活后 2~3 年即可开花。

3.4.2.9　清香木（*Pistacia weinmannifolia*）栽培技术

（1）清香木的育苗技术

人工培育清香木苗木主要采用种子繁殖，也可采用扦插繁殖。

A. 播种繁殖

采种与调制清香木采种季节集中在 7 月，种子成熟期与散落期非常接近，一到成熟，遇风遇雨即脱落，不易收集，而且种子芳香，易遭鸟兽啄食，因此，应严格掌握采收时机，当种子开始出现成熟征兆时，及时从树上将种子采回，清香木果实是内质果，种子包在多汁的果肉中，易受污染发霉，采回的种子必须立即调制。调制方法：将果实堆沤，捣烂果皮，放水中淘洗，脱粒弃杂后阴干，置通风干燥处储藏。

播种季节春秋皆可，一般秋播发芽率比春播要高。播前，将精选好的种子置于始温度为 20℃左右的温水中浸泡 24 h，种子吸水膨胀，捞出置暖湿条件下催芽。一般每亩用种量 6 kg，采用条播，播后 10~15 d 左右苗木开始出土。

B. 扦插育苗

春秋皆可扦插。在树木休眠期，选取壮年母树 1 年生健壮枝，截成长 10~15 cm、粗 0.3~1.0 cm 的插穗，上切口距芽 1.0~1.5 cm，下截口距芽 0.3~0.5 cm。扦插基质选择通透性好、持水量中等，pH 中性或微酸性的基质为宜。扦插之前，基质可采用高温蒸汽或化学药剂消毒。插穗用生根粉药剂浸渍基部，浸渍时间为 12~24 h。开沟埋植，插穗插入土壤 2/3 左右。插后覆盖塑料薄膜，提高空气湿度，在生根之前，管理精细，一般 45 d 左右开始生根。

（2）清香木的栽培管理技术

清香木幼苗有三怕。一是怕水涝。土壤应尽量保持干燥、疏松，一般不浇或尽量少浇水。二是怕阴。苗期应及时间苗，增加苗木透光度，通风透气。三是怕肥害。清香木对肥料较敏感，幼苗尽量少施肥甚至不施肥，避免因肥力过足，导致苗木烧苗或徒长。

第4章　干热河谷典型植被恢复模式的土壤生态效应

4.1　干热河谷的典型植被恢复模式

4.1.1　典型的种植模式

在金沙江干热河谷区，目前采取的主要植被恢复模式有以下几种。

4.1.1.1　等高（水平沟）种植模式

该种植模式适用于有一定土层、坡面形状不是很复杂、大砾石含量不是很多、容易开沟的坡面。水平沟通常是宽×深为 0.6 m×0.5 m；种植灌木的水平沟宽×深以 (0.4~0.5) m×(0.3~0.4) m 为适宜；种植草本植物的水平沟宽×深以 0.3 m×0.3 m 较适宜。

该模式的效果较好，因此，值得推广。例如，在云南省农业科学院热区生态农业研究所园区的后山银合欢种植区，就是采用这种模式。经过 10 多年治理后，新银合欢长势较好，平均高度为 3~15 m，沟内种树，A 层位黑色，树根明显，植被覆盖度大于 90%。

4.1.1.2　坑隙种植模式

该种植模式适用于土层浅薄、坡面形状很复杂、大砾石含量较多的坡面。坑隙通常是：直径×深为 1.0 m×0.5 m，种植树木的以 (0.6~1.2) m×(0.5~0.8) m 为适宜，种植草本植物的以 0.6 m×0.3 m 较适宜。种植前，往往需要客土施肥。

该种植模式也是一种较好的种植模式，投资相对较少，也容易推广，因此，这种种植模式在河谷区占较大的比例。例如，在云南省农业科学院热区生态农业研究所园区的苴林基地，坑隙种植车桑子、木豆、酸角、小桐子、扭黄茅、孔影草等，种植 2 年，灌木高度为 1 m 以上，植被覆盖度大于 95%，草被长势良好；坑隙种植印棟 6 年后，印棟长势较好，平均高度为 3~7 m，平均植被覆盖度 80% 以上。

4.1.2　干热河谷宜生物种及其特性

适宜于干热河谷的林草种应具备以下特性：①耐旱耐热耐瘠薄、抗逆性强、适生性强；②速生快长、萌芽力强、覆盖或郁闭性快，能在短期内起到水土保持的作用；③自我繁殖和更新能力强；④具有结瘤固氮和改土功能；⑤有一定的利用价值和经济效益。根据这些要求，目前从 36 个引进种和当地种中，选出适宜于干热河谷区进行植被恢复的 25 个林草种（杨忠等，1999）（表 4-1）。

表 4-1 干热河谷宜生的物种及其特性

物种	抗旱耐瘠性和适种范围	萌芽力和速生性	改土性能	经济价值	育苗定植方法
桉树（*Eucalyptus* spp.）	适应性强，耐热耐旱耐瘠薄，适种于砾石层坡地、河谷侵蚀沟及农田四周	速生，根系发达。三年树高达 5～7 m，冠幅 1.5 m×1.8 m	改土性能较差	可用作木材，柠檬桉叶还可提取香油	7～9 月采种，容器苗，3 m×3 m 定植，水平沟宽 0.5 m 深 0.6 m
相思（*Acacia* spp.）	适应性强，耐旱耐瘠，优良先锋树种，适种于砾石层坡地、河谷侵蚀沟及农田四周	前 15 年生产缓慢，萌生力强，三年树高达 2～3 m，冠幅 1.3 m×1.3 m	树根能结瘤固氮，改土性能好，是多种树的伴生种	可用作木材，树皮含韧质 23%～25%，花含芳香油	9～12 月采种，容器苗，2 m×4 m 定植，水平沟宽 0.5 m 深 0.6 m
刺槐［*Robinia pseudoacia* (L.)］	根系发达，耐旱耐瘠，适种于砾石层坡地、河谷侵蚀沟及农田四周	速生，萌芽力强。三年树高达 2～3 m，冠幅 1.3 m×1.3 m	树根能结瘤固氮，改土性能较好	可用作木材、薪材和绿肥	8～9 月采种，容器育苗，2 m×3 m 定植，水平沟宽深各为 0.5 m
银合欢	适生性广，耐旱耐瘠，优良先锋树种，适种于多种坡地类型	速生，萌芽力强。三年树高达 4～5 m，冠幅 2 m×2 m	树根能结瘤固氮，年固纯氮 750 kg/hm²	树叶可用作饲料、薪材和绿肥，树干可作造纸原料	11～4 月采种，容器育苗，2 m×3 m 定植
山合欢（*Albizzia kalkora* Roxb）	适生性广，耐旱耐瘠，适种于砾石层坡地及农田四周	速生，萌芽力强。三年树高达 5～6 m，冠幅 2 m×2 m	树根能结瘤固氮，有改土功能	树叶可用作饲料、薪材和绿肥，树干可作木材	10～2 月采种，容器育苗，3 m×4 m 定植
金合欢（*Acacia farnesiana*）	适生性广，耐旱耐瘠，适种于多种坡地类型	较速生，萌芽力较强。三年树高达 2～3 m，冠幅 2 m×2 m	树根能结瘤固氮，有较好改土功能	可作防护篱，花可做饮料	8～12 月采种，容器育苗，1 m×2 m 定植
山毛豆（*Tephrosia Candida* DC.）	耐热耐旱耐瘠薄性强，优良先锋树种，适种于大部分坡地类型	速生，萌芽力较强。三年树高达 2～3 m，冠幅 1.8 m×1.6 m	三年枯枝落叶层可达 20 cm，树根能结瘤固氮，有很好的改土功能	种子可食用，茎叶可药用，饲薪紫胶虫优良寄主	12～3 月采种，1.5 m×2 m 直播
木豆［*Cajiannus Cajian* (L.) Millsp］	耐热耐旱耐瘠薄性强，优良先锋树种，适种于大部分坡地类型	速生，萌芽力较强。三年树高达 2～3 m，冠幅 1.5 m×1.5 m	三年枯枝落叶层可达 20 cm，树根能结瘤固氮，有很好的改土功能	可用作优良饲料、薪材、造纸原料和绿肥	9～12 月采种，容器育苗，1 m×2 m 定植

物种	抗旱耐瘠性和适种范围	萌芽力和速生性	改土性能	经济价值	育苗定植方法
大翼豆 (*Macroptilium Atropurpureum*)	耐热耐旱耐瘠薄性强,叶背有毛可调整方向避光,肉质根,适种于大部分坡地类型	速生,覆盖力强。三年藤长达10 m,当年即可全部覆盖地表	三年枯枝落叶层可达 20 cm,树根能结瘤固氮,有很好的改土功能	可用作优良牧草和饲料	9~12 月采种,容器育苗,1 m×0.3 m 种子直播
车桑子 [*Dodonaea viscosa* (L.)]	耐瘠抗旱性极强,适种于大部分坡地类型	较速生,萌芽力强。可作混交林中层植物	—	可用薪材和造纸原料	12~4 月采种,容器育苗,1 m×0.3 m 直播
余甘子 (*phyllanthus emblica* L.)	耐瘠抗旱性极强,适种于大部分坡地类型	萌芽力强,3~4年即可郁闭,3年树高达 2 m,冠幅 1.5 m×1.5 m	—	可用作薪材和造纸原料,果实可做饮料和果脯	10~12 月采种,容器育苗,2 m×1 m 定植
香根草 (*Vetiveria zizanioiaes*)	耐瘠抗旱性极强,适种于所有坡地类型	速生,根系发达,固土能力强	等高种植,保土能力强	可用作牧草,根系可提取香料	分蘖繁殖,0.5 m×1 m 定植
龙舌兰 (*Agave angustifolia*)	耐瘠抗旱性极强,适种于所有坡地类型	速生,分蘖力强	—	防护篱,可用来加工缆绳,叶可提取化工原料	分蘖繁殖,0.5 m×1 m 定植
滇刺枣 (*Ziziphus mauritiana* Lam.)	耐瘠抗旱性极强,多刺,叶背毛,适种于大部分坡地类型	速生,萌芽力强,3 年树高达1.5 m,冠幅1 m×1 m	—	防护篱,可作毛叶枣砧木	1~4 月采种,容器育苗,2 m×1 m 定植
龙须草 [*Eulaliopsis binata* (retz) C. E. Hubb]	叶纤细,富含纤维,耐瘠抗旱性强,适种于大部分坡地类型	速生,覆盖力强,1 年高20 cm左右,叶幅30 cm×30 cm	—	优良造纸原料,可做绳索	9~12 月采种,容器育苗,1 m×0.3 m 定植
山黄麻 (*Trema Laevigata*)	耐瘠抗旱性强,适种于砾石层坡地类型	速生,3 年树高达 3 m,冠幅1.3 m×1.3 m	—	主要用作木材	10~2 月采种,容器育苗,2 m×2 m 定植

4.1.3 典型坡地的恢复模式

尽管该区不同的母质/母岩发育形成相同的土壤——燥红土,但母质/母岩特性却对植被生长有明显的影响，其主要原因是土层浅薄化、石质/粗骨化使土坡受岩性特征深刻制约，导致不同土壤－母质－母岩系统表现出显著的渗透性差异。元谋干热河谷气候严酷，集中表现在降水少、蒸发强烈，但气候仅仅是相对重要的因素，而非绝对重要的因素，在该区自然供水条件下，土壤系统水分特性才是影响植物生长的绝对重要因素（张建辉，2002）。

干热河谷的植被恢复应针对不同岩土组成生境的水分条件，主要依靠优势生活型植物种类，进行乔灌草不同生活型植物类型的合理配置，建立起植被与生境水分条件的群落生态关系，方能达到成功的目的。如元谋干热河谷，根据地面岩土组成，其坡地可划分为4种类型（杨忠等，1999）（表4-2）。

表4-2　元谋干热河谷坡地类型及其植被恢复模式

坡地类型	泥岩低山坡地	片岩低山坡地	砾石层低山坡地	砂砾层低山坡地
基本特征	元谋组泥岩风化物组成，黏粒含量高，黏重板结，孔隙度大而孔径小，降雨径流大，极干瘠薄，分布广，占60%	坡度 > 10°，下伏风化片岩，土层薄，孔隙孔径较大，水分状况一般，分布于东西山中上部，占25%	坡度小，下伏1 m以上砾石层，孔隙孔径较大，水分状况最好，分布于龙川江Ⅱ～Ⅴ级阶地，占10%	砂沟组半成岩砂砾层组成，富含砂砾，孔隙孔径较大，水分状况一般，分布占5%
典型地段	元谋盆地底部、公路梁子一带	元谋东西山中上部	元谋小横山、岭庄一线	虎跳滩土林一带
人工植被类型	以草本为主，草灌混交，灌木30%以下	疏树草灌混交，灌木50%～70%	乔灌草混交，比例1:1:1，乔木30%以下	疏树草灌混交，灌木50%～70%
适生物种	银合欢、木豆、山毛豆、车桑子、余甘子、滇刺枣、金合欢、龙舌兰、香根草、大翼豆、新诺顿豆、龙须草等	同泥岩低山坡地	桉树、相思、刺魁、合欢、山黄麻、银合欢、木豆、山毛豆、车桑子、余甘子、滇刺枣、金合欢等；龙舌兰、香根草、大翼豆、新诺顿豆、香根草等	同泥岩低山坡地
种植模式	1行大灌木1行小灌木4至6行草本	1行大灌木1行小灌木2至4行草本	1行乔木1至2行灌木3至5行草木	同片岩低山坡地
种植规格（行距×株距）	灌木：8 m×3 m；小灌木和草本：（1～2）m×0.3 m	大灌木：4 m×2 m；小灌木和草本：1 m×0.3 m	乔木：（4～6）m×3 m；灌木：（3～5）m×2 m；草本：1m×0.3m	大灌木：（2～4）m×2m；小灌木和草本：1 m×0.3 m

4.1.4　试验研究设置的植被恢复模式

在干热河谷元谋苴林基地（云南省农业科学院热区生态农业研究所基地，位于元谋苴林镇）设置了 5 种植被恢复模式。

1）坡改梯经济林模式：在退化较轻的坡地，经坡改梯后种植经济林（龙眼），株行距 5 m × 7 m。林下种植孔颖草。该模式在 2005 年完成，之后常年进行果树的常规管理，并辅助人工灌溉。（简称 1# 观测场）。

2）冲沟坑隙种植生态林模式：在退化严重的冲沟内，坡度 > 20°，植被盖度 < 10%，按 3 m × 3 m 开坑隙，坑半径 0.5 m，坑内种植金合欢，林下和林间自然生长杂草，主要草种有扭黄茅、田箐等。该模式在 2005 年完成，之后靠天然降雨维持至今。（简称 2# 观测场）。

3）坡地坑隙种植生态林模式：在退化严重的劣坡地，即坡度 > 10°，植被盖度 < 25%，按 5 m × 5 m 开坑隙，坑半径 0.5 m，坑内客土后，种植凤凰木或羊蹄甲或酸角，种植后坑深约 0.2 m，林下和林间自然生长杂草，主要草种有扭黄茅、大叶千斤拔等。该模式在 2005 年完成，之后靠天然降雨维持至今。（简称 3# 观测场）。

4）坡地等高种植生态林恢复模式：种植模式为等高垄沟模式，沟宽 0.5 m、沟深 0.6 m，以小桐子（株距 5 m）和扭黄茅为主的恢复模式，植被覆盖度大于 90% 以上。该模式在 2005 年完成，之后靠天然降雨维持至今。

5）坑隙种植印楝模式：通过带状水平台整地的积水造林技术，提高林地水分保蓄能力和利用效率，印楝栽植坑规格为 0.6 m × 0.6 m，栽植密度为 4 m × 4 m。印楝长势较好，平均高度为 3 ~ 7 m，平均植被覆盖度 80% 以上。该模式在 2000 年完成，之后靠天然降雨维持至今。

在干热河谷元谋元马基地（云南省农业科学院热区生态农业研究所基地，位于元谋元马镇）设置了种植银合欢的恢复模式：

在坡度较小的地块采取坑隙模式，坑隙规格 0.3 m × 0.3 m；在坡度 > 5° 的地块，采取等高垄沟模式，沟宽 0.4 m、沟深 0.3 m、沟间距 2 m。这 2 种模式都于 1995 年实施，之后靠天然降雨维持至今。经过 10 多年后，由于其速生性特强，使其他物种在生长竞争中被淘汰或被胁迫，而它本身不断自繁更新，使系统形成以银合欢为主的乔、灌、草层群落。银合欢长势较好，平均高度为 3 ~ 15 m，坑内种树，A 层位黑色，树根明显。

4.2 土壤主要生态效应特征

4.2.1 土壤物理性质的响应

几种植被恢复模式，其坑内外间的土壤颗粒组成（图 4-1）和微团聚体（图 4-2）组成差异都不明显，除等高种植小桐子的细砂坑内外有显著（$P = 0.028$）差异，其他都不显著（表 4-3）。

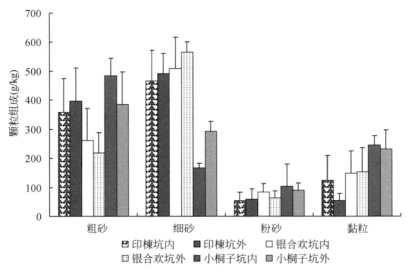

图 4-1　不同恢复模式坑内外的土壤颗粒组成

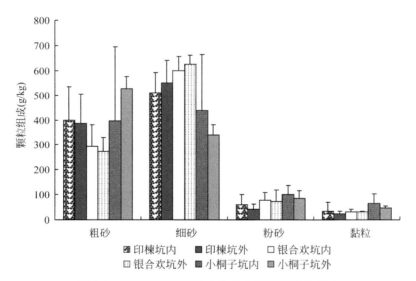

图 4-2　不同恢复模式坑内外的土壤微团聚体组成

表 4-3　不同恢复模式土壤颗粒组成和微团聚体组成坑内外差异显著性 *P* 值

粒级	印楝	银合欢	小桐子
粗砂	0.570	0.401	0.091
细砂	0.797	0.417	0.028
粉砂	0.760	0.516	0.765
黏粒	0.198	0.278	0.810
粗微团	0.657	0.169	0.469
细微团	0.267	0.362	0.526

粒级	印楝	银合欢	小桐子
粉微团	0.192	0.399	0.147
黏微团	0.410	0.858	0.478

　　植被恢复后，与最初的光板地比较，土壤颗粒组成发生了较明显的变化（图 4-3）。等高种植小桐子其粗砂显著（$P = 0.014$）高于光板地，可能是客土造成的，其他粒级组成与光板地差异不显著（表 4-4）。坑隙种植印楝和酸角等后，其土壤细砂显著（$P < 0.02$）高于光板地，而黏粒含量则显著（$P < 0.005$）减少。由于土壤颗粒组成受土壤条件的影响很明显且空间变异大，而光板地的采样点较少，因此，还不能说明植被恢复是否使土壤颗粒组成发生了显著变化。

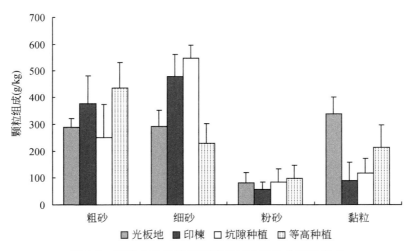

图 4-3　苴林 3 种植被恢复模式与光板地的颗粒组成

表 4-4　不同恢复模式土壤颗粒组成和微团聚体组成与光板地的差异显著性 P 值

粒级	印楝	酸角	小桐子
粗砂	0.107	0.603	0.014
细砂	0.010	0.004	0.245
粉砂	0.339	0.969	0.638
黏粒	0.003	0.007	0.080
粗微团	0.723	0.407	0.676
细微团	0.273	0.361	0.272
粉微团	0.536	0.738	0.281
黏微团	0.538	0.768	0.565

　　土壤微团聚体组成的差异（图 4-4）不如颗粒组成的明显，这 3 种植被恢复模式与光板地都没有显著差异（表 4-4）。说明，植被恢复对改良土壤颗粒组成，特别是团聚体组

成，进程较缓慢。

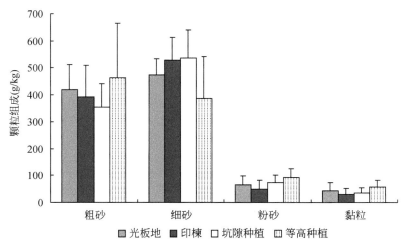

图 4-4　苴林 3 种植被恢复模式与光板地的微团聚体组成

团聚体状况可近似表示土壤颗粒成分团聚的程度，结构系数可以反映土壤侵蚀和土壤退化的阶段特征。从表 4-5 可以看出不同恢复模式的土壤结构系数的差异。等高垄沟种植模式的小桐子结构系数明显高于坑隙种植的印楝地和酸角地。但是，几种种植模式的结构系数都没有光板地的高，说明，植被恢复在短期内对土壤结构的改善作用还不明显，也可能是土壤颗粒组成随土壤条件的变化而变异较大，使得植被恢复区与光板地间可比性差。

表 4-5　土壤微团聚体性质分析

恢复模式	位置	黏微团聚体含量（g/kg）	黏粒含量（g/kg）	结构系数
印楝	坑内	34.5	123.9	0.72
	坑外	22.8	53.7	0.58
酸角	—	36.2	116.2	0.69
小桐子	坑内	65.1	245.7	0.74
	坑外	47.5	230.9	0.79
光板地	—	42.8	339.1	0.87

4.2.2　土壤有机质和化学特性的响应

后山种植银合欢恢复后，坑内植树的土壤有机质含量（OM）和 CEC 较未植树的和坑外的明显多，坑内有树的土壤有机质含量（$P = 0.012$）和 CEC（$P = 0.004$）显著多于坑外（图 4-5），分别高出 83.4% 和 36.8%。这些结果说明：银合欢植株周围土壤有机质和 CEC 较高，等高的坑内也能保持一定的土壤有机质。

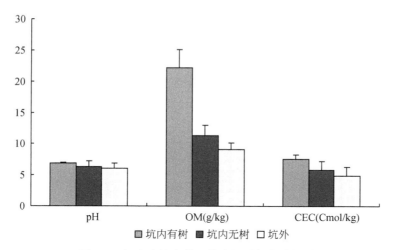

图 4-5　银合欢坑内外土壤有机质与化学性质

　　银合欢采取等高种植的模式，其土壤有机质含量较平板种植的多（图 4-6），尽管差异不显著（$P=0.698$），说明等高种植模式更有利于土壤有机质的提高。

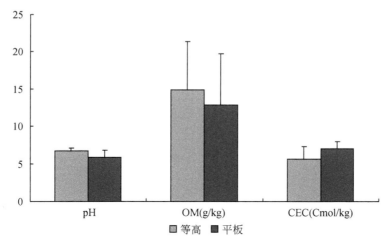

图 4-6　银合欢等高与平板种植的土壤有机质与化学性质

　　苴林基地内（图 4-7），无论采取何种模式种植植被后，土壤 pH 较光板地都显著（$P<0.005$）升高，坑隙种植印棟、生态林和等高种植小桐子分别高出 46.8%、44.3% 和 28.9%。但是，与 pH 相反，土壤 CEC 较光板地（除等高种植模式外）都明显降低，特别是种植印棟后，CEC 较光板地减少 62.2%（$P=0.012$），这与一般的常规规律相反，即 pH 升高则 CEC 增加。原因有待深入研究。

　　种植植被后，土壤有机质有所增加，特别是等高种植小桐子后，土壤有机质显著（$P=0.007$）多于光板地，增加 100.0%，再次说明等高种植更利于保持和提高土壤有机质含量；但种植印棟的没有增加，可能是印棟区域原本土壤有机质较少的缘故。

　　另外，苴林基地这几种模式坑内与坑外各指标差异不明显。

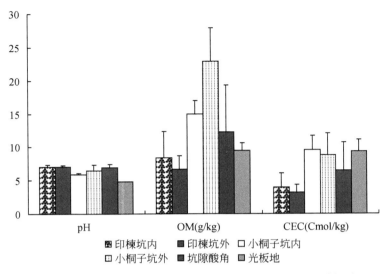

图 4-7　苴林基地不同植被种植模式的土壤有机质与化学性质

4.2.3　土壤养分特性响应

后山银合欢治理区，植株坑内，特别是坑内植树的，其全氮、全磷、全钾含量较坑外多（图4-8），特别是全氮、全磷显著高于坑外，分别高出74.4%（$P=0.040$）和23.6%（$P=0.045$）。从有效氮、有效磷、有效钾（图4-9）来看，也是坑内多于坑外，特别是有效氮和有效钾分别高出63.5%（$P=0.012$）和53.8%（$P=0.048$）。说明等高种植银合欢，其坑内能保持较多的养分。

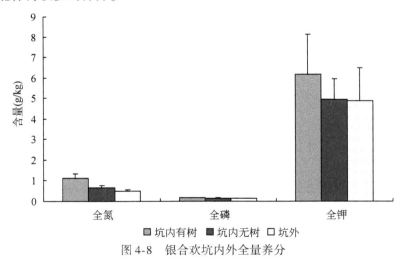

图 4-8　银合欢坑内外全量养分

从银合欢不同种植方式即等高垄坑和平板坑隙来看，其土壤全氮、全磷、全钾含量（图4-10）差异不明显（$P>0.05$）。有效养分情况不同（图4-11），有效氮等高种植明显高出平板种植30.3%（$P=0.370$），但有效钾明显低20.6%（$P=0.281$）。统计分析则表明：银合欢的种植方式对土壤养分的影响不显著。

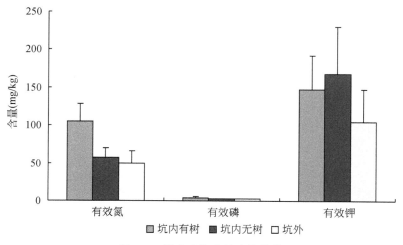

图 4-9　银合欢坑内外有效养分

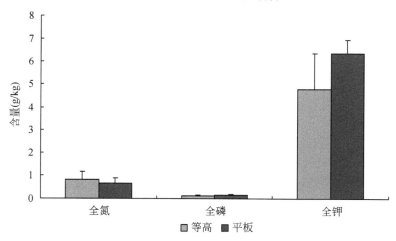

图 4-10　银合欢等高与平板种植的全量养分

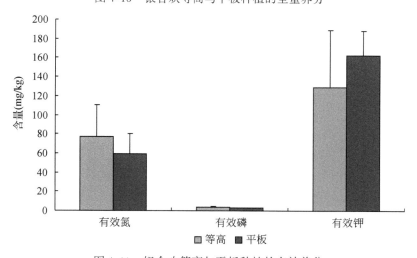

图 4-11　银合欢等高与平板种植的有效养分

　　苴林 3 种模式植被恢复后，其土壤全氮、全磷、全钾含量没有比光板地明显增加（图 4-12），坑隙种植酸角等，土壤全钾显著（ $P = 0.016$ ）低 38.2%，说明，植被恢复后，原来土壤中的钾素被不断消耗。印棟的全氮、全磷、全钾都显著（ $P < 0.006$ ）低于光板地，可能是印棟区域原来本底全量养分就少的缘故。

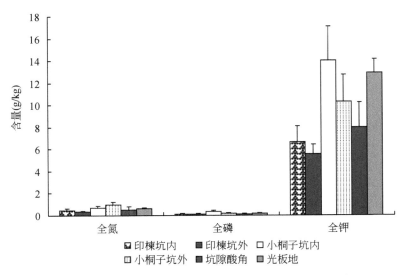

图 4-12　苴林 3 种植被恢复模式与光板地的全量养分比较

　　植被恢复后，其土壤有效氮、有效磷、有效钾含量与光板地比较，与全氮、全磷、全钾有所不同，总的趋势是种植植被后土壤有效养分较光板地有所提高，特别是有效磷和有效钾提高明显（图 4-13）。坑隙种植酸角等，土壤有效氮显著（ $P = 0.010$ ）低 40.8%；等高种植小桐子后，土壤有效钾显著（ $P = 0.002$ ）提高 66.4%，土壤有效磷提高 200% 以上（但差异

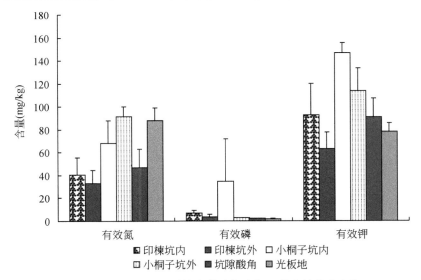

图 4-13　苴林 3 种植被恢复模式与光板地的有效养分比较

检验不显著）；坑隙种植印楝后，土壤有效磷显著（$P = 0.010$）提高约 150%。说明种植植被后，根系的生物化学作用，使得土壤有效养分逐渐增加，但由于植物生长的需要，如果不补充养分，土壤养分总量（图 4-12）甚至有效量也有减少趋势。

不同模式间，土壤养分含量也有一定差异。等高种植小桐子的全磷、全钾（图 4-12）和有效氮（图 4-13）分别显著高出坑隙种植酸角的 304.5%（$P = 0.050$）、438.8%（$P = 0.041$）和 401.3%（$P = 0.018$）；同时，等高种植小桐子后，土壤全氮、全磷、全钾和有效氮较印楝种植区的土壤也显著提高。

本研究同时表明，土壤阳离子交换量 CEC（图 4-14）和土壤全氮（图 4-15）与土壤有机质有密切的相关性，即有机质越多则土壤 CEC 和土壤全氮越高。土壤有效氮与土壤全氮含量间也极显著相关（图 4-16）。这与通常理论是相符的。

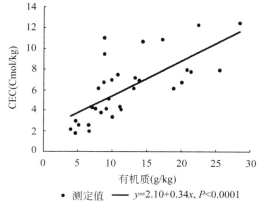

● 测定值　── $y=2.10+0.34x$, $P<0.0001$

图 4-14　土壤有机质含量（OM）与
阳离子交换量（CEC）之间的关系

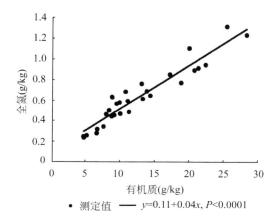

● 测定值　── $y=0.11+0.04x$, $P<0.0001$

图 4-15　土壤全氮与有机质间的关系

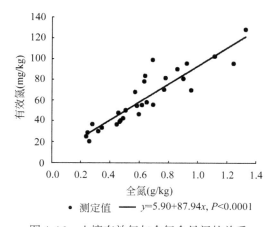

● 测定值　── $y=5.90+87.94x$, $P<0.0001$

图 4-16　土壤有效氮与全氮含量间的关系

综合上述分析，不同治理模式对土壤理化性能的改善，以等高深沟垄的银合欢和等高种植小桐子的恢复模式的效果较好。因此，在该区进行生态恢复时，该模式值得推广。

4.2.4 土壤水分效应

4.2.4.1 不同恢复模式下土壤水分含量的空间变异规律

（1）坡地生态林模式

3#径流场（坡地生态林与其对照即光板地）在雨季（2008 年 8 月 3 日 ~ 9 月 20 日）连续监测的结果（表4-6）表明，生态林小区各土层的含水量都比光板地的含水量多，平均高出 37.6%，前者最大含水量为 32.17%，后者为 27.87%，前者较后者多 15.4%。统计分析表明，生态林小区各土层的含水量都显著高于其对照（表4-7）。

表4-6　3#观测场治理小区与对照小区各土层含水量比较

土层深（cm）	均值（%）		最大值（%）		最小值（%）	
	治理小区	对照	治理小区	对照	治理小区	对照
0 ~ 20	18.88	15.27	29.37	22.43	10.43	9.40
20 ~ 40	20.20	14.24	30.97	22.83	2.21	2.80
40 ~ 60	22.86	9.55	31.30	21.00	7.83	0.37
60 ~ 80	23.99	14.43	32.00	21.00	14.07	0.47
80 ~ 100	24.47	18.98	32.17	27.87	4.12	13.20
100 ~ 120	23.91	17.99	28.87	26.83	21.67	13.40
120 ~ 140	20.81	16.45	24.83	25.00	13.27	11.00
140 ~ 160	16.48	15.72	20.03	23.97	9.13	11.33
160 ~ 180	17.78	15.02	20.87	21.67	14.33	12.60
均值	21.04	15.29	27.82	23.62	10.78	8.29

表4-7　3#观测场治理小区与对照小区各土层含水量差异性比较

土层深（cm）	成对差分					t	df	Sig.
	均值	标准差	均值的标准误	差分的95%置信区间				
				下限	上限			
0 ~ 20	3.607 02	4.189 24	0.352 80	4.304 52	2.909 52	10.224	140	0.000
20 ~ 40	5.957 66	6.713 00	0.565 34	7.075 36	4.839 96	10.538	140	0.000
40 ~ 60	12.797 36	6.776 37	0.572 71	13.929 70	11.665 01	22.345	139	0.000
60 ~ 80	9.108 16	5.419 77	0.456 43	10.010 54	8.205 78	19.955	140	0.000
80 ~ 100	5.489 65	6.645 84	0.559 68	6.596 16	4.383 13	9.809	140	0.000
100 ~ 120	5.924 82	3.227 37	0.271 79	6.462 17	5.387 47	21.799	140	0.000
120 ~ 140	4.354 40	4.557 40	0.383 80	5.113 19	3.595 50	11.345	140	0.000
140 ~ 160	0.766 38	3.589 98	0.302 33	1.364 11	0.168 66	2.535	140	0.012
160 ~ 180	2.753 90	2.189 01	0.184 35	3.118 37	2.389 44	-14.939	140	0.000

同时，尽管治理小区与对照土壤水分含量在剖面中分布有相似规律，即在土层 100 cm 左右的含水量最高（图 4-17），但二者也有明显差异：治理小区在土层 0～100 cm 内的含水量明显较对照高，在 100 cm 以下，差异变小，对照小区在 40～60 cm 内的含水量十分低。

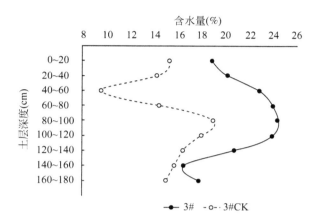

图 4-17　3#观测场治理小区与对照小区土壤含水量在剖面中的分布情况

不同坡位间，治理小区都大于其对照的土壤含水量（图 4-18），坡上、坡中、坡下分别高出 28.9%、24.7% 和 60.7%；治理小区土壤含水量沿坡下端逐渐增加，且坡下的含水量显著高于坡中和坡上，其他坡位间无显著差异；而对照小区则是坡中含水量最高，坡两端的低，且坡中显著高于坡下，其他坡位间无显著差异（表 4-8）。这些结果说明了，植被恢复后，土壤在雨季能吸收较多的降水，土壤内部有较多的水分而遵循达西运动规律，导致坡下部含水量较高，而没有植被恢复的小区，吸收的降水较少而投入水含量低，土壤水主要取决于土壤的性质，与土壤水运动的关系不明显。

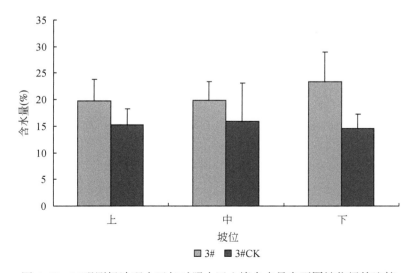

图 4-18　3#观测场治理小区与对照小区土壤含水量在不同坡位间的比较

表 4-8　3#观测场治理小区与对照小区不同坡位间含水量差异性比较结果

坡位		显著性（P 值）	
		3#	3#CK
坡上	坡中	0.451	0.033
	坡下	0.000	0.037
坡中	坡上	0.451	0.033
	坡下	0.000	0.000
坡下	坡上	0.000	0.037
	坡中	0.000	0.000

（2）坡改梯经济林模式

1#观测场（坡改梯经济林与其对照）在雨季（2008 年 8 月 3 日~9 月 20 日）的连续监测结果（表 4-9）表明，经济林小区各土层的含水量都比对照小区的高，平均高出 8.3%，最高含水量前者为 28.97%，后者为 26.13%，前者较后者多 10.9%。统计分析表明，除 60~100 cm 土层外，经济林小区其他土层的含水量都显著高于其对照（表 4-10）。

表 4-9　1#观测场治理小区与对照小区各土层含水量比较

土层深（cm）	均值（%）		最大值（%）		最小值（%）	
	治理小区	对照	治理小区	对照	治理小区	对照
0~20	14.94	16.60	28.97	26.13	4.83	9.40
20~40	18.11	16.37	27.77	25.40	7.83	10.67
40~60	16.71	13.88	25.80	23.03	10.37	8.70
60~80	13.73	13.67	24.13	21.10	8.47	9.60
80~100	12.70	12.48	16.53	22.50	8.33	9.87
100~120	14.61	13.06	17.70	20.90	12.87	9.60
120~140	14.83	10.17	18.07	13.37	12.47	5.30
140~160	15.44	12.24	19.17	15.77	12.90	9.33
160~180	14.09	16.40	20.10	21.90	8.53	9.77
均值	15.02	13.87	22.03	21.12	9.62	9.14

表 4-10　1#观测场治理小区与对照小区各土层含水量差异性比较

土层深（cm）	成对差分					t	df	Sig.
	均值	标准差	均值的标准误	差分的95% 置信区间				
				下限	上限			
0~20	−1.65	3.34	0.28	−2.21	−1.09	−5.86	140	0.000
20~40	1.75	2.86	0.24	1.27	2.22	7.24	140	0.000
40~60	2.86	2.31	0.20	2.47	3.24	14.64	139	0.000
60~80	0.06	3.00	0.25	−0.44	0.56	0.23	140	0.815
80~100	0.22	2.20	0.18	−0.14	0.59	1.19	140	0.236
100~120	1.54	1.38	0.12	1.32	1.78	13.30	140	0.000
120~140	4.66	2.39	0.20	4.27	5.06	23.19	140	0.000
140~160	3.20	1.22	0.10	3.00	3.40	31.16	140	0.000
160~180	−2.36	1.94	0.16	−2.68	−2.03	−14.33	139	0.000

同时，治理小区与对照土壤水分含量在剖面中分布仍有相似规律，即在土层 0~100 cm内，土壤含水量呈减少趋势，100 cm 以下又呈增加趋势，在 100 cm 左右，二者的差异很小（图 4-19）。2009 年对照小区内也种植了牧草，使得这二者在土壤水分含量和水土流失方面的差异都不是很明显。

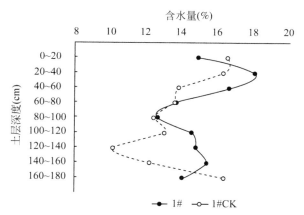

图 4-19　1#观测场治理小区与对照小区土壤含水量在剖面中的分布情况

不同坡位间，治理小区的土壤含水量都高于其对照的土壤含水量（图 4-20），分别高出 10.2%、3.2% 和 10.6%；治理小区与其对照相比，土壤含水量都是坡两端显著高于坡中（表 4-11），不同于坡地即 3#观测场的分布模式（图 4-18）。

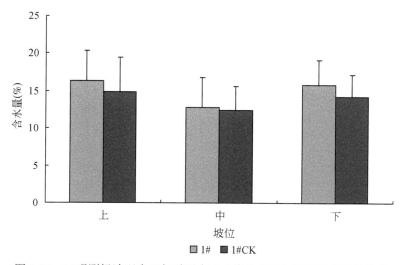

图 4-20　1#观测场治理小区与对照小区土壤含水量在不同坡位间的比较

表 4-11　1#观测场治理小区与对照小区不同坡位间含水量差异性比较结果

坡位		显著性（P 值）	
		1#	1#CK
坡上	坡中	0.000	0.000
	坡下	0.032	0.025

坡位		显著性（P 值）	
		1#	1#CK
坡中	坡上	0.000	0.000
	坡下	0.000	0.000
坡下	坡上	0.032	0.025
	坡中	0.000	0.000

同时，值得一提的是坡改梯观测场的含水量明显低于坡地即1#场的含水量，无论是平均含水量还是最大含水量。这是1#观测场植被密度大而耗水多的原因，还是土壤性质差异的原因，还有待进一步研究。

4.2.4.2　不同治理模式下土壤水分含量的时间变异规律

（1）生态林模式

在观测期间即雨季，生态林小区与其对照的土壤含水量都呈逐步减少的趋势（图4-21）。在 0 ~ 100 cm 土层深内，无论哪个坡位，二者基本呈平行减少的趋势，且土壤含水量差异值基本保持稳定。但是，在100 ~ 180 cm 土层深内，二者的动态趋势有明显差异：生态林小区土壤水分含量减少速率较其对照小，二者差值呈逐步增大的趋势，在坡上和坡中部特别明显，说明在夏季治理小区在土壤深层相对光板地是储水的过程，在干热河谷区这种植被恢复模式在夏季没有使土壤旱化，而是湿化和储水过程，可以在旱季提供植被生长需要的水分。

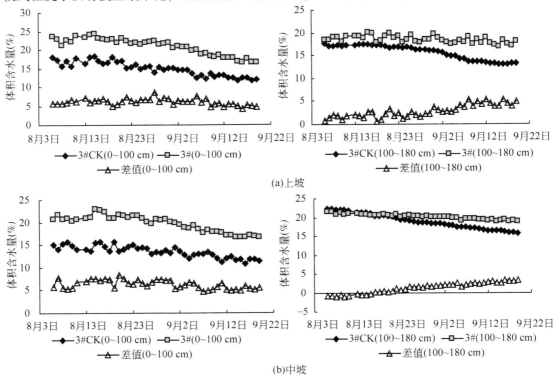

图 4-21　3#观测场治理小区与对照小区不同坡位和土层间土壤含水量变化动态（2009 年）

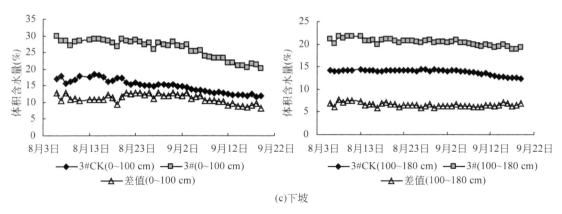

(c)下坡

图 4-21   3#观测场治理小区与对照小区不同坡位和土层间土壤含水量变化动态（2009 年）（续）

统计结果表明，3#观测场土壤水分差值，上坡 0～100 cm 的与时间没有明显关系，但 100～180 cm 的与时间有极显著的线性关系（$R^2 = 0.7092$；$P < 0.0001$）；中坡 0～100 cm 的与时间有显著的线性关系（$R^2 = 0.3235$；$P < 0.0002$），100～180 cm 的与时间也有极显著的线性关系（$R^2 = 0.9092$；$P < 0.0001$）。下坡水分差值上下两层与时间都没有明显关系。

（2）坡改梯经济林模式

坡改梯经济林小区与其对照的土壤含水量也呈逐步减少趋势，但在 0～100 cm 土层深内减少的速率较生态林的快（图 4-22）。在 0～100 cm 土层深内，无论哪个坡位经济林小区土壤含水量的减少均较其对照快，二者差值逐步变小，而且含水量差异不是很明显。在 100～180 cm 土层深内，二者基本呈平行状态变化，含水量差异较 0～100 cm 内的差异明显，而且差值保持稳定。同样说明，在夏季经济林治理小区在土壤深层，较其对照（没有种果树）还是有储水的过程（尽管没有生态林的明显），在干热河谷区这种经济林植被恢复模式在夏季也没有使土壤旱化，而是湿化和储水过程，可以在旱季提供一定植被生长需要的水分。

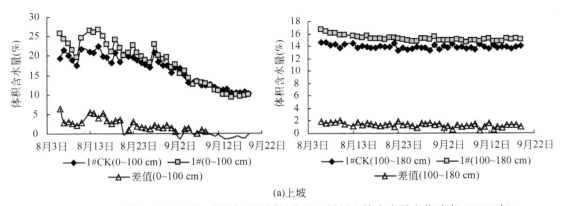

(a)上坡

图 4-22   1#观测场治理小区与对照小区不同坡位和土层间土壤含水量变化动态（2009 年）

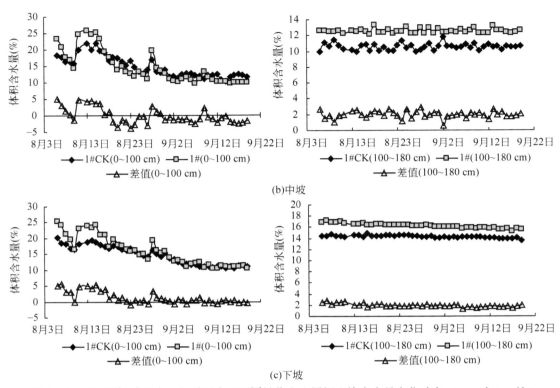

图 4-22　1#观测场治理小区与对照小区不同坡位和土层间土壤含水量变化动态（2009 年）（续）

统计结果表明，1#观测场土壤水分差值，上坡 0 ~ 100 cm 和 100 ~ 180 cm 的含水量与时间都有显著的相关关系（$R^2 = 0.6739$，$P < 0.0001$ 和 $R^2 = 0.3896$，$P < 0.0001$）；中坡 0 ~ 100 cm 的含水量与时间有显著的相关关系（$R^2 = 0.3878$，$P < 0.0001$），而 100 ~ 180 cm 的含水量与时间没有明显的相关关系；下坡 0 ~ 100 cm 和 100 ~ 180 cm 的含水量与时间也都有显著的相关关系（$R^2 = 0.4945$，$P < 0.0001$ 和 $R^2 = 0.5474$，$P < 0.0001$）。

4.2.4.3　降水对不同治理模式的土壤水分含量的影响规律

不同治理模式不同位置 0 ~ 100 cm 土壤储水量与降水柱形图的关系如图 4-23 所示。

1#观测场的土壤储水量在降水出现后的滞后一段时间呈上升趋势出现峰值，土壤储水量的变幅，特别是 1#经济林小区较 3#小区大，经济林小区土壤储水量的变化曲峰较日降水的滞后时间长；3#生态林小区土壤储水量在降水后稍滞后出现上升趋势出现峰值，日变化较 3#CK（对照）稳定。

比较 1#和 3#观测场的植被覆盖度，1#小区的最高。特别是经济林小区内种植的柱花草，不仅生物量大，而且有较多的枯落物，降水对土壤的影响在其经过植被和枯落物后出现较大的滞后现象；1#观测场的地形是梯田，能有效地减少地表径流的产生，增加了雨季的土壤水分，促进其植被的生长，而这种褶皱的地形又增加了地表面积，植被的生长面积大，地形增加入渗，增加植被，植被的蒸腾作用又消耗较多的土壤水分，这种相互作用使得 1#观测场 0 ~ 100 cm 土层水分储存量变幅较大。3#观测场位于阳面沟蚀集流区坡面，光

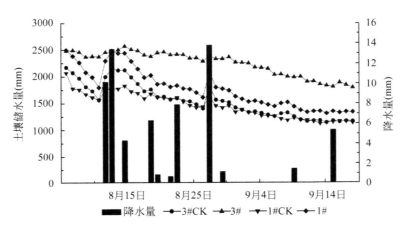

图 4-23　不同治理模式不同部位 0～100 cm 土层土壤储水量变化与降水量（2009 年）

板地（3#CK）土壤储水量小而且变化快，由于没有植被的保护，降水侵蚀比较严重，地表出现板结，阻碍了降水的入渗，同时蒸发也只是发生在表层，但是土壤的膨胀性使得在土壤含水量达到一定水平时地表出现裂痕，反而加剧了土壤的蒸发。而 3#生态林小区同时也出现了土壤储水曲线滞后上升的现象，与 1#小区相比，滞后时间短，这与地形和植被的差异有关。

综合各观测小区不同部位 9 个层次的土壤体积含水量变幅（最大值 – 最小值）（图 4-24），可以看到 0～100 cm 土壤体积含水量变幅比较大，而 100～180 cm 土壤体积含水量的变幅在一个层次，变幅比较小，故采用土壤 0～100 cm 土壤的含水量变化与降水拟合。

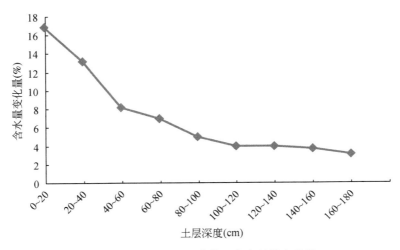

图 4-24　不同层次土壤体积含水量的变化量

由图 4-25 可以看出，降水曲线与土壤含水量变化曲线的曲峰有很好的对应关系，降水引起土壤含水量增加。0～100 cm 土层含水量日变化与降水量的散点图，回归曲线为 $y = -2.670x^2 + 146.2x - 359.9$（$R^2 = 0.573$，$P < 0.05$）。统计分析表明土壤含水量的变化与降水量间有密切相关性。

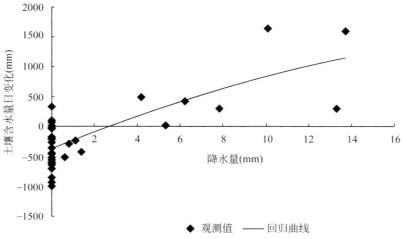

图 4-25　0~100 cm 土壤含水量变化与降水量关系

4.2.5　水土保持效应

4.2.5.1　土壤入渗率特征

对不同治理模式和条件下的土壤入渗率的测定结果表明，经过治理的土壤入渗率基本上要比未治理的大。还需要进行后续观测来确定经过治理土壤入渗率的变化情况。

（1）生态林治理模式

生态林治理模式下分别在两个小区内选取坡上、坡中、坡下 3 个点测定了土壤入渗率（图 4-26）。测定结果表明坡上、坡中、坡下经过治理的小区（3#）明显大于对照（3#CK）。

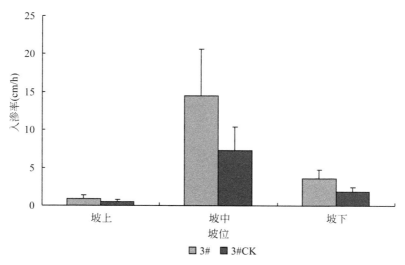

图 4-26　生态林治理模式下的土壤入渗率

（2）经济林治理模式

经济林小区为 3 级台地，在两个小区内选取中台测定了入渗率（图 4-27）。此外还选取了小区外的下部 1 点。测定结果表明，经济林小区 (1#) 的入渗率大于对照小区 (1# CK) 的入渗率。与小区外比较，两小区的入渗率都比小区外的入渗率大。

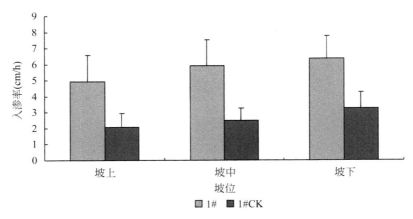

图 4-27　经济林治理模式下的土壤入渗率

(3) 坡地鱼鳞坑生态治理模式

鱼鳞坑生态林治理模式下分别在坡顶和坡脚测定了坑内、坑外的入渗率 (图 4-28)。测定结果表明，鱼鳞坑内的入渗速率要明显大于坑外。

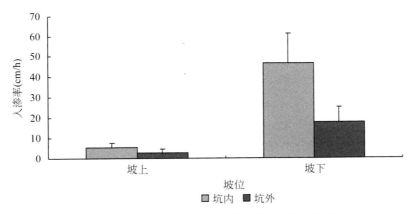

图 4-28　生态林鱼鳞坑治理模式下的土壤入渗率

4.2.5.2　不同治理模式的水土流失特征

通过建立 3 种典型治理模式——坡改梯种植经济林 (芒果)、冲沟生态林和坡地生态林的水土流失观测小区 (分别为 1#～3#径流观测场)，2007 年的初步结果如图 4-29 所示，结果表明，无论是采取经济林还是生态林进行治理，其水土流失量都有较其未治理小区的低，特别是坡度比较大的 3#观测场，治理小区的水土流失明显较裸地的低。说明该区采取的生态恢复措施具有一定的水土保持效果。

需要说明的是，由于 2007 年 5 月才修建好观测小区，并且小区内的处理在 8 月才全

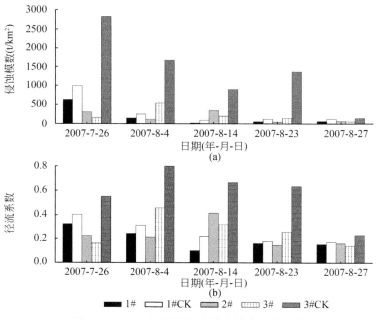

图 4-29   2007 年不同治理模式的水土流失量

部完成，因此，这几次的观测数据统计性规律不是很好。2008 年的观测结果（图 4-30）同样表明，治理的小区较对照有明显的水土保持效果。

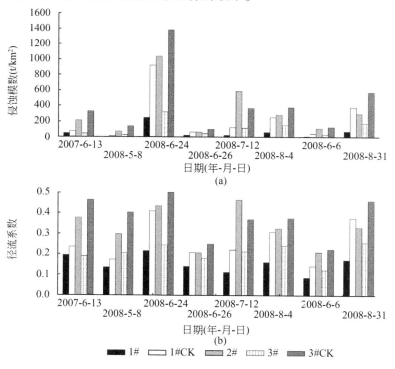

图 4-30   2008 年不同治理模式的水土流失量

通过比较这 2 年的平均值（图 4-31），治理小区的水土流失较对照明显减少。1#观测场的坡改梯种植龙眼小区较裸地减少水土流失分别为 57.4% 和 34.5%；3#观测场的种植生态林小区较其对照减少水土流失分别为 79.8% 和 49.7%。统计分析表明，这二者的水土流失减少量是极显著的。

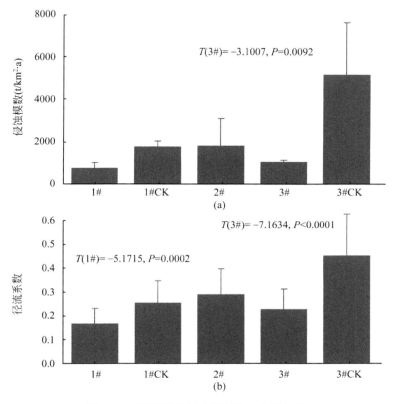

图 4-31　不同治理模式的年均水土流失量

4.2.6　土壤酶活性响应

土壤中活的有机体，生活在土壤中的微生物、动物和植物等总称为土壤生物。土壤生物参与岩石的风化和原始土壤的形成，对土壤的发生和发育、土壤肥力的形成和演变，以及高等植物营养供应状况有重要作用。土壤酶主要来自土壤微生物和高等植物，也来自土壤动物和进入土壤的有机物质。土壤中的一切生化过程，包括各类植物物质的水解与转化、腐殖物质的合成与分解以及某些无机物的氧化与还原，都在土壤酶的参与下进行和完成。土壤酶在土壤物质循环和能量转化过程中起着重要作用，土壤酶活性反映了土壤营养循环过程的速率，可作为土壤生物功能多样性的指标，也是反映土壤生产力和微生物活性潜力的指标，能够较早反映土壤利用和生物变化（Bending et al.，2002，2004；Sicardi et al.，2004）。

4.2.6.1 不同恢复模式的土壤酶活性响应特征

（1）苴林基地

苴林基地的不同植被恢复模式下土壤蔗糖酶活性如图 4-32 所示。3 种植被恢复模式土壤蔗糖酶活性均高于 CK（光板地）。3 种恢复模式蔗糖酶活性较 CK 的增幅，由高到低依次为坑隙种植酸角，较 CK 增加 762%，等高种植小桐子，较 CK 增加 365%，坑隙种植印棟，较 CK 增加 249%。研究表明，元谋苴林基地三种植被恢复都可以显著增加土壤蔗糖酶活性，这与前人的研究结果一致。戴全厚等（2008）也发现不同的植被恢复模式可以显著增加土壤蔗糖酶活性；宋娟丽等（2009）也研究表明土壤蔗糖酶活性对于植被恢复有较快的响应能力；周礼恺（1987）认为蔗糖酶活性更多地取决于有机质的类型。因此，用蔗糖酶活性表征土壤肥力时也应考虑不同植被对土壤酶活性的影响。

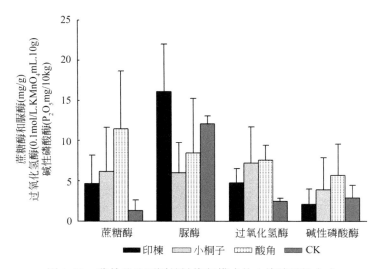

图 4-32 苴林基地不同植被恢复模式的土壤酶活性大小

苴林基地不同恢复模式下土壤脲酶活性，与 CK 相比，坑隙种植印棟恢复模式的脲酶活性明显增加 33.33%，而等高种植小桐子和坑隙种植酸角与 CK 相比有不同程度的降低。印棟模式的脲酶增加与前人的研究结果相似。安韶山等（2005）研究认为大多数植被恢复模式可以提高土壤脲酶活性，促进氮素转化为可供植物利用的有效态养分，提高氮素利用效率和加速土壤氮素循环，土壤质量得到显著改善。但是，小桐子和酸角的脲酶活性有所降低，表明不同恢复模式由于物种及管理方式不同，对脲酶改善作用不同（戴全厚等，2008），结果还有待于进一步探讨。

这 3 种恢复模式对土壤过氧化氢酶活性改善作用较明显，与 CK 相比，过氧化氢酶活性提高幅度分别为：坑隙种植酸角（203%）＞等高种植小桐子（190%）＞坑隙种植印棟（90.23%）。这与前人的研究结果一致，姜华等（2008）云南退化山地草甸土壤微生物和酶活性的影响研究发现，各植被恢复措施的土壤过氧化氢酶活性都有所提高。结果说明，通过植被恢复可以有效地缓解生物氧化作用对土壤和生物体的破坏能力，促进有机质的物质转化。

不同植被恢复模式对土壤碱性磷酸酶活性影响。与 CK 相比，坑隙种植酸角和等高种植小桐子的碱性磷酸酶活性分别增加了 94% 和 34%，而坑隙种植印楝与 CK 相比有所降低，表明不同植被恢复模式由于物种及管理方式不同，对碱性磷酸酶活性改善效果不同。宋娟丽等（2009）对弃耕地植被恢复过程中土壤酶活性与理化特性演变趋势研究中发现，土壤碱性磷酸酶活性与植被恢复呈正向效应；黄懿梅等（2007）在研究黄土丘陵区植被恢复过程中土壤酶活性的响应与演变中发现，碱性磷酸酶活性对植被恢复有一定的响应。

（2）元马基地模式

在元马基地，等高垄沟模式和平板模式下（图 4-33）的蔗糖酶活性具有显著差异性（$P = 0.031$）。等高垄沟模式的蔗糖酶活性比平板种植模式明显提高了 120%。

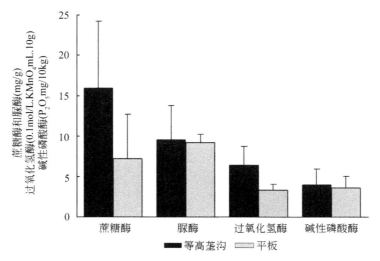

图 4-33　元马基地不同模式下土壤的酶活性特征

等高垄沟模式的脲酶活性较平板种植模式提高了 3.6%。表明等高垄沟模式下脲酶和蔗糖酶都有较好的活性。

等高垄沟模式的过氧化氢酶活性比平板种植模式明显提高了 93%。说明等高模式对于过氧化氢酶活性提高具有很大的作用。

等高垄沟模式的碱性磷酸酶活性比平板种植模式明显提高了 10.9%。说明等高模式对于碱性磷酸酶活性提高具有较大的作用。

相关研究也表明在干热河谷区坡地改造为等高垄沟模式，促进了恢复区的生态系统循环，起到了很好的保土保水作用，对于退化生态系统的生态恢复和治理起到重大的推动作用（纪中华等，2006）。等高垄沟模式有较好的保土保肥能力（刘刚才等，1999；孙辉等，2002），垄沟内根际养分的有效性增强，微生物改善营养状况，促进有机碳循环，对蔗糖酶活性提高具有很大的作用。

4.2.6.2　不同恢复模式根际范围对土壤酶活性的影响特征

（1）苴林基地

将坑隙种植印楝和等高种植小桐子恢复模式的坑内外蔗糖酶酶活性进行 T 检验，发现蔗糖酶和脲酶活性在坑隙种植印棟（$P = 0.158$）和等高种植小桐子（$P = 0.693$）的坑内坑外间都不具有显著差异性（图4-34）。坑隙种植印棟坑内的土壤蔗糖活性是坑外的2.5倍，脲酶活性是坑外的1.35倍，过氧化氢酶活性是坑外的1.39倍，磷酸酶活性是坑外的1.76倍。原因是印棟根系大量的脱落物和分泌物进入根际土壤，坑内的土壤营养物质较坑外丰富，根际土壤不仅为微生物提供良好的栖息环境，也明显增强了土壤蔗糖酶和脲酶的活性。由于印棟恢复年限的增加，凋落物的积累为坑内根际土壤脲酶提供了源源不断的底物，有效归还了印棟生长所必需的养分，促进了土壤中营养物质的循环、代谢并提高了速效养分，从而增强了坑内土壤酶活性。

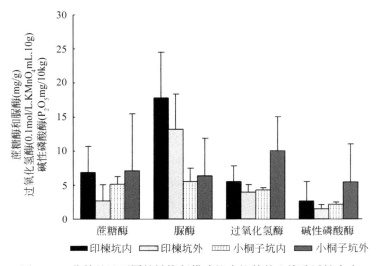

图4-34　苴林基地不同植被恢复模式坑内坑外的土壤酶活性大小

等高种植小桐子的蔗糖酶和脲酶活性是坑外大于坑内，蔗糖酶活性坑外是坑内的2.33倍，磷酸酶活性坑外是坑内的2.33倍。这与小桐子的生境有很大关系。由于种植年限较短，所以坑内的根系分泌物有限，而坑外的扭黄茅等草本覆盖率高达95%以上，坑外的非根际土壤具有较好的生物活性，土壤蔗糖酶主要来自植物的根，也来自微生物和土壤动物，受植被种类的影响很大（胡斌等，2002），因此，等高种植小桐子的蔗糖酶活性为坑外大于坑内。小桐子和酸角恢复年限较短，植株高度仅1~2m，坑内根际土壤分泌能力有限，坑外草本的植被覆盖率高达95%，这显著地影响了坑外土壤脲酶活性，所以，表现为坑外的土壤酶活性大于坑内的活性。这些结果表明，一方面，不同的植被类型、种植模式对土壤酶的影响作用范围有较大的差异；另一方面，也是坑内外的生境条件不一致造成的。相关研究也表明，不同品种根际土壤酶活性的变化不一样（张亮，2008）。

（2）元马基地

新银合欢坑内外蔗糖酶活性比较如图4-35所示，根际附近的酶活性高于非根际的酶活性。新银合欢坑内的蔗糖酶活性明显高于坑外，坑内种树和坑内无树分别比坑外增长55%和15%；在坑内种树的过氧化氢酶活性分别大于坑内无树29.7%和坑外21.6%；在坑内种树的碱性磷酸酶活性比坑内无树和坑外的磷酸酶活性增加了5.1%和15.8%。说明新银合欢根和根际范围对土壤酶活性的影响较大，这与微生物根际效应相似。根际环境条件对根际微生物的组成和活性有明显的影响（张福锁和曹一平，1992）。坑内新银合欢恢复年限较长，枯枝落叶层较厚，根际土壤有机质含量高，根系大量的分泌物为根际微生物环境提供了营养物质和能源物质，使得根际土壤蔗糖酶活性增强。新银合欢的根际是土壤生物活性较强的区域，所以坑内种植新银合欢后，其土壤酶活性明显高于坑内未种树和坑外的酶活性。这与已有的研究结果相似，一般是根际土土壤酶活性均大于非根际土（陈竑竣，1994；孟亚利等，2005；孙敬克等，2007），李媛媛等（2007）在黔中石灰岩区不同植被类型的研究中发现，根际和非根际的过氧化氢酶活性差异明显，根际大于非根际。

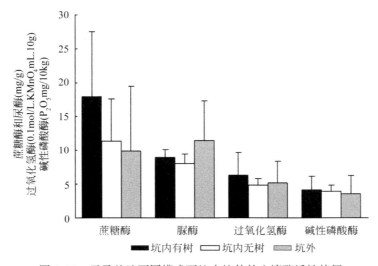

图4-35　元马基地不同模式下坑内坑外的土壤酶活性特征

新银合欢坑内的根际土壤碱性磷酸酶活性较坑外明显增加，这对增强根际有机磷的矿化速率、缓解由于磷扩散缓慢导致磷过分亏缺起到了重要作用（杨玉盛等，1998）。同时，根际的土壤磷酸酶可加速有机磷的脱磷速度，对土壤磷素的有效性具有重要作用，更有利于坑内新银合欢的生长。

但是，新银合欢坑外的脲酶活性明显高于坑内，与上述几种酶活性的分布趋势相反（图4-35）。原因可能与新银合欢的生境条件有关，它具有速生、早实、结实量大和自然脱落种子易发芽等特点，故林下自然更新良好，生长繁茂，能快速形成密集的异龄复层林，且生物量大，根瘤菌具有固氮能力而属自肥力较强的树种（胡琼梅，2002）。相关研究表明，土壤中的硫胺态氮，包括尿素氮肥只有在脲酶的催化下才能水解（关松荫等，1986）。因此，银合欢坑外的复层林改善了微生物环境，提高了土壤脲酶活性，土壤中的氮素利用率增高，土壤肥力提高，反过来又促进了植被的生长发育。

综上所述，不同植被恢复模式对酶活性的影响有很大差异；土壤酶活性对于各种植被恢复措施反应敏感（北京林学院，1962）；土壤酶活性与地表植被（恢复模式）间具有密切的相关性，土壤酶活性对植被根际状况有明显的依赖性（于群英，2001）；同时，不同种植模式和植被类型，对土壤酶活性空间格局的影响不同（张福锁和曹一平，1992）。

4.2.6.3 土壤酶活性与土壤肥力的相关分析

土壤酶活性强弱是表征土壤熟化程度高低和肥力水平的一项重要指标。土壤有机物质是土壤中酶促底物的主要给源，是土壤固相中最复杂的系统，也是土壤肥力的主要物质基础。

蔗糖酶能催化多种低聚糖的水解，在土壤碳循环中起着重要的作用。它比其他酶类更能明显地反映土壤肥力水平和生物学活性强度以及各种农业措施对土壤熟化的影响（周礼恺，1987）。通过 Pearson 相关分析表明（表4-12），植被恢复后蔗糖酶活性与有机质、全氮和速效氮呈极显著的正相关关系（$P < 0.01$），相关系数依次为有机质（$R = 0.615$）>全氮（$R = 0.597$）>速效氮（$R = 0.533$）；蔗糖酶活性与阳离子交换量呈显著相关关系（$P < 0.05$），相关系数为0.511；与 pH 和其他土壤养分相关性不明显。这与众多的研究结果基本一致（王海英等，2008），由此推测随着植被恢复，植被物种增加，凋落物中的碳氮比（C/N）增加，可能会增加异养型微生物的组成和活性。土壤中蔗糖酶活性可以表示土壤有机质以及氮素的转化及循环能力。随着土壤熟化程度的提高，蔗糖酶（转化酶）的活性亦增强，常用于评价土壤熟化程度和肥力水平。

表4-12　酶活性与肥力之间相关性

土壤酶	相关性	pH	有机质	全氮	全磷	全钾	速效氮	速效磷	速效钾	阳离子交换量
蔗糖酶活性	相关系数	0.363	0.615**	0.597**	-0.064	0.272	0.533**	-0.173	-0.316	0.511*
	显著水平	0.081	0.001	0.002	0.765	0.198	0.007	0.418	0.133	0.011
脲酶活性	相关系数	0.451*	-0.472*	-0.442*	-0.444*	-0.488*	-0.497*	-0.125	-0.426*	-0.455*
	显著水平	0.027	0.020	0.030	0.030	0.016	0.013	0.561	0.038	0.025
过氧化氢酶活性	相关系数	0.330	0.536**	0.604**	-0.071	0.022	0.563**	-0.133	0.107	0.446*
	显著水平	0.116	0.007	0.002	0.743	0.919	0.004	0.536	0.619	0.029
碱性磷酸酶活性	相关系数	0.444*	0.475*	0.482*	0.000	0.228	0.377	-0.139	-0.149	0.529**
	显著水平	0.030	0.019	0.017	1.000	0.284	0.069	0.516	0.488	0.008

* 表示显著水平为0.05，** 表示显著水平为0.01

脲酶是土壤中主要的水解酶类之一，对尿素在土壤中的水解及作物对尿素氮的利用有重大的影响。从表4-12可以看出，脲酶活性与土壤 pH 呈显著正相关关系（$P = 0.027$），相关系数为0.451，表明脲酶的活性在最适的 pH 中显示最大；与土壤有机质含量、全氮、全磷、全钾、速效氮、速效钾、阳离子交换量之间存在显著负相关关系（$P < 0.05$），与速效磷负相关性不明显。但是大多数研究表明脲酶与土壤有机质含量呈显著正相关关系（兰雪等，2009），该区的脲酶活性变化规律有待于进一步探索。坑隙种植印楝模式能提高脲酶活性，其他模式的脲酶都有不同程度的降低，显示了脲酶活性在某些土壤中取决于植物类型。

过氧化氢酶的作用是破坏对生物体有毒的过氧化氢气体的生成，其活性的高低表征了土壤解毒能力的强弱（和文祥，1997）。统计表明（表4-12），过氧化氢酶与有机质、全氮和速效氮呈极显著正相关关系（$P < 0.01$），相关系数依次为全氮（$R = 0.604$）>速效氮（$R = 0.563$） > 有机质（$R = 0.536$）；与阳离子交换量显著相关（$P < 0.05$），相关系数为 0.446；与 pH 和其他养分间相关关系不明显。这与毕江涛等（2008）的研究结果一致。说明植被恢复后过氧化氢酶的活性得到了不同程度的提高，过氧化氢酶活性与土壤有机质转化速度密切相关，深入地研究其活性具有重要意义。

碱性磷酸酶活性与阳离子交换量呈极显著相关关系（$P < 0.01$），相关系数为 0.529；与 pH、有机质和全氮显著相关（$P < 0.05$），相关系数依次为全氮（$R = 0.482$） > 有机质（$R = 0.475$） > pH（$R = 0.444$）。已有研究表明，磷酸酶活性与土壤有机质含量呈明显正相关（刘雨等，2007）。表明植被恢复后土壤磷酸酶的活性增大，增强了有机化合物的水解，提高了土壤全氮含量。但是磷酸酶的活性与土壤中磷素不相关，其活性的提高对于植物吸收磷酸意义不大。但是一般情况下，土壤磷酸酶活性的高低决定了土壤有效磷的水平（薛立和陈红跃，2004）。

通过以上相关分析，我们得出植被恢复模式下酶活性与土壤肥力之间的关系密切，特别是有机质、全氮与土壤蔗糖酶、过氧化氢酶和碱性磷酸酶的相关性较好。土壤酶活性的高低与土壤有机质含量密切相关，因为土壤有机质对土壤酶的合成与稳定起很大的作用。土壤酶可代表土壤中植物可利用的养分含量的变化情况，是表示土壤质量变化的敏感性指标，用土壤酶活性来评价植被恢复实施的效果是可行的。

第5章 干热河谷典型植被恢复模式的群落结构特征

5.1 干热河谷银合欢人工林群落结构特征

植被群落结构可以表现为多层次、多等级的空间立体结构,其特征主要包括群落的层次结构、水平的嵌镶性与异质性、层次间的相互作用等(Tilman,1999)。植物群落的空间结构是群落动态演替过程的基础,自然演替过程形成的群落结构往往具有一定的适应意义(王震洪等,2006)。而群落的水平结构是指组成和个体在空间上的分布格局,植物在环境梯度和异质性小生境中表现出不同的空间分布特征,在群落水平表现为不同的镶嵌和小群聚,取决于种群在水平空间上的配置状况。亚稳态理论认为水平方向群落结构的异质性主要源于诸如林窗过程等局部干扰,并成为弱竞争力物种(主要为阳性植物)生存的重要机制(Choia et al,2007)。植物种群空间分布格局是种群与环境长期适应和选择的结果,植物种群的空间格局不仅因种而异,而且同一个种在不同发育阶段、不同生境条件下也有明显差异,对群落的结构特征的研究有助于认识群落的演替规律(温远光等,1998;Choia et al.,2007;康华靖等,2007)。

5.1.1 干热河谷银合欢人工林群落结构分析

表5-1列举了银合欢人工林设立的8个样地的基本情况,8个样地的基本环境特征相差不大,从表5-1中可以看出8个样地的海拔均值为1139.38 m,坡度为30.9°,土壤类型

表5-1 银合欢林样地基本特征

样地号	海拔(m)	坡度(°)	坡向	土壤类型	郁闭度	面积(m²)
1	1 154	15.2	东南	燥红土	0.73	10 000
2	1 149	44.1	西南	燥红土	0.84	10 000
3	1 148	33.5	东北	燥红土	0.67	10 000
4	1 140	44.5	北	燥红土	0.80	10 000
5	1 148	35.3	南	燥红土	0.62	10 000
6	1 152	26.0	西北	燥红土	0.57	10 000
7	1 125	25.2	东北	燥红土	0.70	10 000
8	1 099	23.2	西	燥红土	0.87	10 000
均值	1 139.38	30.9	—	—	0.75	10 000

为燥红土，为典型的金沙江干热河谷严重生态退化区。在该区域从 1995 年开始采用银合欢作为先锋树种进行生态恢复，林内郁闭度已达 0.75，从 8 个样地的比较来看，该区域不同的坡度、坡向及海拔较之治理前（光板地）林分达到了较为理想的郁闭效果，银合欢生长良好，迅速覆盖地表，充分体现了银合欢的耐贫瘠性和速生性。

5.1.2　种类组成和优势种类

根据统计，银合欢人工林的植物共有 6 科 7 属 12 种，乔木层、灌木层和草本层都以银合欢为主，银合欢形成了立体结构，乔木层伴生的植物偶有桉树，亚乔木层伴生的植物偶有坡柳和山合欢，灌木层主要物种为银合欢的幼苗，伴生物种有扭黄茅、孔颖草，但数量比较少。银合欢的重要值达到了 76.06%，桉树的重要值为 3.12%，其他各物种的重要值不到 2%，银合欢为该群落的优势种。

5.1.3　优势种群的高度级结构

银合欢林木层可分为 3 层，由上至下分别为乔木层（第 I 层）、灌木层（第 II 层）和草本层（第 III 层），优势树种为银合欢。从图 5-1 和图 5-2 可以看出，群落的个体高度集中在 3m 以下，林相比整齐度不高，结构简单，层次结构较为明显，群落中第 I 层高度级为 11m 以上，高度顶级点为 16.7m，分布频率为 10.76%，第 II 层高度级为 5.1m，分布频率为 24.22%，第 III 层高度级为 5m 以下，分布频率为 65.02%。银合欢在群落不同的空间层次上表现出不同的特征，第 I 层分布密度为 12.15 株/100m²，第 II 层分布密度为 27.34 株/100m²，第 III 层分布密度为 73.42 株/100m²，种群高度级与种群密度具有明显的相关关系。强烈的种间竞争、分化和环境筛选的关系使种群分布密度和分布频率由第 III

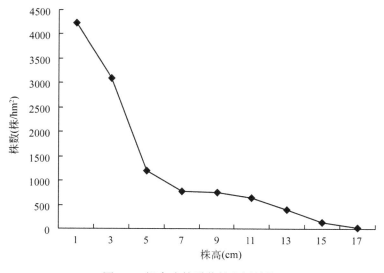

图 5-1　银合欢林群落的空间结构

层、第Ⅱ层向第Ⅰ层逐层递减，第Ⅱ层向第Ⅰ层递减速度最快，第Ⅲ层向第Ⅱ层递减速度逐渐减缓。总体上看，银合欢种群结构属于基部宽而顶部狭窄的金字塔形结构，表现为有丰富的幼苗储备，随着群落演替的进行，银合欢群落的高度级结构呈现规律性的动态变化。

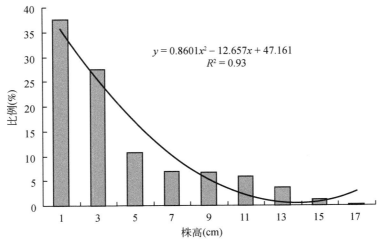

$$y = 0.8601x^2 - 12.657x + 47.161$$
$$R^2 = 0.93$$

图 5-2　银合欢林高度级频度分布

5.1.4　种群结构和存活曲线

将 8 个样地银合欢种群的数量统计分级，从径级结构可看出（图 5-3，图 5-4），银合欢种群呈基部宽、较为规则的"倒 J 形"种群结构，从种群的存活曲线可以看出，在幼苗的发育过程中出现了死亡高峰期，径级为 1～3cm 的生长过程中，种群密度从 6632 株/hm²

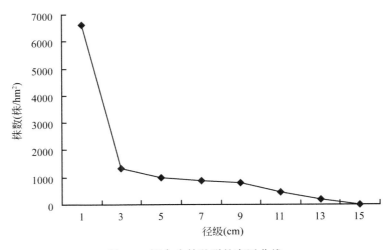

图 5-3　银合欢林种群的存活曲线

急剧下降到 1339 株/hm²，幼苗死亡率为 78.85%。径级为 3～5cm、5～7cm、7～9cm、9～11cm、11～13cm 和 13～15cm 的生长过程中，死亡率分别为 26.13%、11.53%、7.20%、43.97%、60.88% 和 93.82%。在生长过程中，由于银合欢种群处于激烈的竞争状态，种群数量呈下降趋势。说明银合欢的幼苗较为丰富，在生长发育初期死亡率较高，中期存活率有所上升，到后期存活率又有所下降。可见银合欢种群表现出来的是间歇型的种群结构类型，种群结构显现出来的特征表明该群落仍处于稳定的发展阶段。在生长发育早期的银合欢种群生长形成了郁闭的林冠，林内光照和水分条件相对较差，使林冠下的低龄级个体生长受抑，死亡率增加，因而尽管银合欢种群拥有丰富的幼苗库，却难以向中高龄阶段发展（张忠华等，2007）。当种群个体进入林冠上层时，由于光照条件的改善，竞争地位的增强，死亡率减少并维持在一个低水平阶段，以后由于个体逐渐到达生理年龄，种群死亡率又会上升。

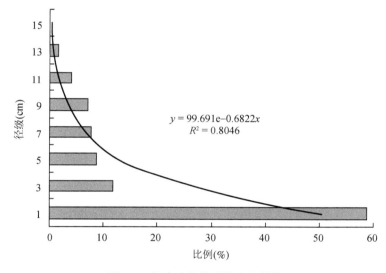

图 5-4　银合欢林种群的大小结构

5.1.5　种群空间分布格局

从表 5-2 可以看出，8 块样地的银合欢种群空间分布格局均为集群分布（样地 3 除外），因为种群进一步扩展和占据空间，增强了种内竞争，有利于群落对环境的适应性，使种群具备更强的种间竞争能力。负二项式的参数 K 值，能作为衡量集群程度的指标，对研究植物种的集群分布较为有效，从聚集强度（K 值）看，8 个样地总体达到了 29.62，最高为 8012.76，聚集强度较高。从表 5-3 可以看出，银合欢种群在不同径级阶段分布格局有差异，银合欢种群在幼苗、幼树、小树、中树和大树阶段均有分布，在幼苗、幼树和小树阶段为集群分布，在中树和大树阶段为随机分布。银合欢种群在幼苗、幼树和小树阶段 $K>8$，$m^*/x>1$，说明银合欢种群为集群分布，银合欢种群在中树和大树阶段 $K<8$，$m^*/x<1$，说明银合欢种群为随机分布，平均拥挤度（m^*）、聚集强度（K）和聚块性指

标（m^*/x）随着立木等级的增大而减小，种群由集群分布向随机分布方向发展。一般情况下（环境均一，生存条件良好），以母株为中心的繁殖方式使低龄树呈现聚集分布，随着年龄的增加，树木对光因子和营养条件等的需求加大及自疏、他疏等作用，种群会趋于随机分布。银合欢种群空间分布格局，取决于种群的生物学特性和环境条件及其相互作用，是由种群特性、种内关系和环境条件综合作用所决定的（王克勤等，2004）。银合欢种群更新较好，形成规模的聚集斑块。从银合欢种群的聚集程度来看，林下更新良好。银合欢为阳性树种，但在幼苗期具有一定的耐阴性，能在林冠下生长发育，随着个体增大，光照、营养需求量增加，种内个体竞争加剧，死亡率增高，只有少数个体进入林冠层。随着更新的开始，银合欢与邻近个体开始进行竞争，这种密度制约因子将造成部分林木的死亡，由于种内竞争对其种群进行内部调节，使聚集强度随年龄增大有所下降，在中树和大树阶段形成集群分布，种群空间格局随年龄增长聚集强度下降是种群自我调节的机理之一（李德志和臧润国，2004）。

表 5-2　银合欢林种群空间分布格局

样地号	方差 (s^2)	平均数 (x)	均方比 (s^2/x)	t 值	分布格局 (λ)	平均拥挤度 (m^*)	聚集强度 (K)	聚块性指标 (m^*/x)
1	10 958.26	898.32	12.20	20.94	集群分布	909.52	80.22	1.02
2	852.39	674.74	1.26	0.49	集群分布	675.00	2 562.76	1.01
3	315.83	981.52	0.32	1.27	随机分布	980.84	1 447.19	1.00
4	13 092.43	694.04	18.86	33.41	集群分布	711.90	38.85	1.03
5	6 020.28	819.80	7.34	11.86	集群分布	826.14	129.23	1.01
6	9 618.88	683.56	14.07	24.44	集群分布	696.63	52.29	1.02
7	2 520.78	555.60	4.54	6.61	集群分布	559.14	157.08	1.01
8	891.93	810.04	1.10	0.19	集群分布	810.14	8 012.76	1.00
总体	20 211.51	759.08	26.63	47.92	集群分布	784.71	29.62	1.03

表 5-3　银合欢林种群各等级分布格局

立木等级	方差 (s^2)	平均数 (x)	均方比 (s^2/x)	t 值	分布格局 (λ)	平均拥挤度 (m^*)	聚集强度 (K)	聚块性指标 (m^*/x)
I（幼苗）	7 830.23	493.97	15.85	27.77	集群分布	508.82	33.26	1.02
II（幼树）	3 462.64	223.07	15.52	27.16	集群分布	237.59	15.36	1.01
III（小树）	89.97	28.53	3.15	4.03	集群分布	30.68	13.25	1.08
IV（中树）	1.59	5.30	0.30	1.31	随机分布	4.60	7.57	0.87
V（大树）	0.89	1.08	0.83	0.32	随机分布	0.90	6.23	0.84

5.1.6　优势种群的径级与树高关系

林分树高与胸径存在一定的关系（张忠华等，2007）。一般来说，林木胸径越大，林木也越高。为了全面反映林分树高的结构规律及树高随胸径的变化规律，本节将林木株数按树高、胸径两个因子分组归纳列成树高与胸径关系，以横坐标表示径级，纵坐标表示树高，绘制各径级平均高与直径的散点图，并计算拟合方程，表达树高依直径变化的方程很多，本节选用幂函数方程进行拟合，拟合效果较好，它很好地反映了树高随直径的增加而增加的变化规律。由图 5-5 可以看出，树高随直径的增大而增大，树高与胸径之间存在显著（$P = 0.05$）的正相关关系，相关方程为 $y = 3.3544x^{0.6211}$。在径级小于 2 cm 时，随着径级的增大，树高的增加较快，径级大于 2 cm 时，随着径级的增大，树高的增加由较快趋为平缓，这是因为银合欢幼苗密度大，种内竞争激烈，使幼苗迅速向上生长，而在幼树阶段，竞争相对减弱，树高的增长也随径级的增加趋于平缓。在每个径级范围内，林木的株数按树高的分布也近似于正态分布，即同一径级内最大和最小高度的株数少，而中等高度的株数最多，从林分总体看，株数最多的树高接近于林分的平均高。说明银合欢林树高与直径、材积的相关性紧密，而且树高生长受林分密度的影响较小，在很大程度上取决于立地条件的优劣。

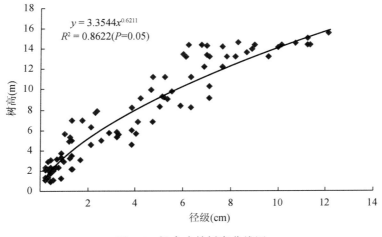

$$y = 3.3544x^{0.6211}$$
$$R^2 = 0.8622(P=0.05)$$

图 5-5   银合欢林树高曲线图

银合欢群落在空间的环境差异使种群分布密度和频率发生明显的梯度变化，植物在环境梯度和异质性小生境中表现出不同的空间分布特征，在群落水平表现为不同的镶嵌和小群聚，取决于种群在水平空间上的配置状况（Luons et al.，2004）。亚稳态理论认为水平方向群落结构的异质性主要源于诸如林窗过程等局部干扰（Rockton et al.，1999），并成为弱竞争力物种生存的重要机制（张婷等，2007）。

银合欢林在生长发育早期种群生长形成了郁闭的林冠，林内光照和水分条件的相对较差，使林冠下的低龄级个体生长受抑，死亡率增加，因而尽管银合欢种群拥有丰富的幼苗库，却难以向中高龄阶段发展。当种群个体进入林冠上层时，由于光照条件的改善，竞争地位的增强，死亡率减少并维持在一个低水平阶段，以后由于个体逐渐到达生理年龄，种群死亡率又会上升，黄云鹏对格氏栲群落的林木组成及其空间分布格局得出了类似结果（黄云鹏，2009）。

植物种群空间分布格局是种群与环境长期适应和选择的结果，植物种群的空间格局不仅因种而异，而且同一个种在不同发育阶段、不同生境条件下也有明显差异（康华靖等，2007），对群落的结构特征的研究有助认识群落的演替规律。种群不同径级分布格局的这种动态变化反映了种群在生长发育过程中的一种生态策略和适应机制。这与蔡飞和宁永昌（1997）以及 Swift 等（2004）对青冈群落结构的研究结果相一致。

5.2 干热河谷银合欢人工林物种多样性

早在 1943 年 Wlliams 就提出物种多样性的概念，物种多样性包括两方面的含义，一是指一定区域内物种的总和，主要从分类学、系统学和生物地理学角度对一个区域内物种的状况进行研究，也称区域物种多样性；二是指生态学方面物种分布的均匀程度，常常是从群落组织水平上进行研究，也称为生态多样性或群落多样性。Tilman（1999）对生物多样性变化给生态系统带来的生态后果的一般规律作了探讨。群落物种多样性越高，群落越稳定，各物种数量分配机制比较合理，对外来种侵入的敏感性降低，即稳定性增强（杨振寅等，2008）；树木物种多样性随纬度梯度存在着明显的变化。植物物种多样性主要从植食性昆虫搜寻寄主植物，植物营养的差异对植食性昆虫取食和发育的影响以及种类组成不同的植物群落中植食性昆虫天敌数量的变化 3 个方面影响害虫的发生（杨振寅等，2008）。陈礼清和张健（2003）通过对四川盆地周山地巨桉栽培区内巨桉人工林物种多样性的研究，分析了巨桉人工林植物群落物种多样性的基本特征，初步揭示了巨桉人工林植物群落物种多样性的内在规律。生态系统的平衡稳定依赖于物种多样性，没有丰富的物种多样性生态系统恢复及其功能发挥将成为无源之水（周择福等，2005）。加大阔叶树的比例，有利于提高其林下生物多样性指数（章异平等，2005）。在干热河谷植被恢复中，应充分利用乡土植物种类与外来种的配合使用，以保持较高的物种多样性，较好地维持立地土壤（杨振寅等，2007）。物种多样性是当前群落生态学研究中十分重要的内容和热点之一，物种多样性越来越受到全球科学家的关注，物种多样性研究十分活跃，从地带性植物群落物种多样性到群落间物种多样性的比较研究；从物种多样性与环境因子的关系到物种多样性梯度变化规律的研究；从不同演替阶段群落物种多样性分析到物种多样性的动态规律研究；从生态系统物种多样性到物种多样性与生态系统功能相互关系的研究等都呈现出了全面发展的良好局面（马姜明等，2006）。深入探讨物种多样性的基本概念、科学本质、产生原因、研究方法及研究进展等，是整个生物多样性研究领域中的关键一环，对生物多样性的研究和保护都具有极其重要的意义（章异平等，2005；马姜明等，2006）。

5.2.1 物种丰富度

生态学家提出增加物种丰富度会提高生态系统功能的多样性，从而导致生态系统稳定性的提高（Tilman，1999）。样地 1~8 为银合欢人工林，样地 9 为自然恢复区作为对照区（CK）。物种多样性指数变化曲线可以得出乔木层、灌木层与草本层关系，从 S 指数变化规律（图 5-6）可以看出，草本层物种丰富度最高，乔木层最低，草本层＞灌木层＞乔木层，从灌木层到草本层的增加不明显，而从乔木层到灌木层 S 指数的增加明显。各层的 S

指数随着样方不同，变化趋势有一定的波动，对照区的灌木层和草本层明显大于银合欢林。可以看出，从灌木层向乔木生长的过程中对银合欢林物种丰富度的减少的影响最大。这是由于该区森林群落灌木层种间重要值差异较大，优势种明显，草本层重要值差异较小，且物种分布也较灌木层均匀，表现出群落草本层物种多样性高。

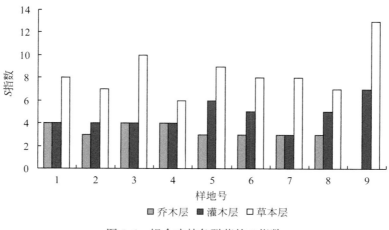

图 5-6　银合欢林各群落的 S 指数

5.2.2　物种多样性指标

物种多样性指数是用简单的数值表示群落内种类多样性的程度，用来判断群落或生态系统的稳定性指标。从图 5-7 和图 5-8 中可以看出，辛普森指数（Sp）与香农–威纳指数（SW）指数变化趋势大致相同，草本层 > 灌木层 > 乔木层，乔木层的 Sp 指数和 SW 指数分别为 0.288 和 0.521，灌木层的 Sp 指数和 SW 指数分别为 0.316 和 0.625，草本层的 Sp 指数和 SW 指数分别为 0.823 和 1.918。乔木层较灌木层的 Sp 和 SW 指数变化不明显，而

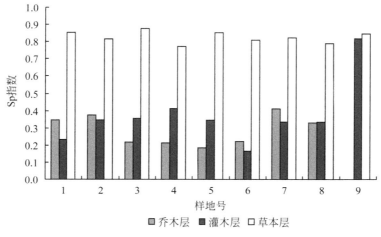

图 5-7　银合欢林各群落的 Sp 指数

草本层较灌木层有了比较显著的提高，说明草本层对群落多样性的贡献最大。可以得知在草本层和灌木层阶段，银合欢与其他物种之间的竞争最为强烈，物种的大量死亡和消失发展在这个阶段。在乔木层物种间的竞争逐渐减小，而银合欢的种内竞争加剧。在自然恢复区由于没有乔木的存在，灌木层 Sp 和 SW 指数分别为 0.819 和 1.8389，草本层的 Sp 指数和 SW 指数分别为 0.848 和 2.239，较之银合欢林各层的 Sp 和 SW 指数都有较大的提高。这是由于在自然恢复区的银合欢与其他物种间竞争没有银合欢林内强烈，由于银合欢林内存在大量的幼苗，在灌木层和草本层银合欢和其他物种的竞争结果是使其他物种逐渐死亡，银合欢迅速占据生态位，所以在乔木层阶段，银合欢的种群优势更为明显，其他物种很难进入，竞争由种间竞争逐渐变为种内竞争。

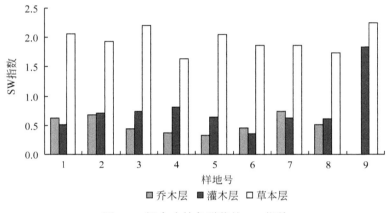

图 5-8　银合欢林各群落的 SW 指数

5.2.3　物种均匀度

均匀度变化曲线可以得出乔木层、灌木层与草本层的关系，Jsp 和 Pielon 均匀度指数变化趋势大致相同（图 5-9，图 5-10），草本层 > 灌木层 > 乔木层，个别样地有所波动。乔

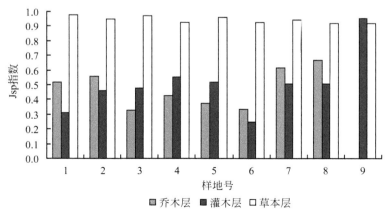

图 5-9　银合欢林各群落的 Jsp 指数

木层、灌木层和草本层的 Jsp 指数分别为 0.477、0.446 和 0.946，乔木层、灌木层和草本层的 Pielon 指数分别为 0.555、0.503 和 0.934。在自然恢复区灌木层和草本层的 Jsp 指数分别为 0.955 和 0.918，Pielon 指数分别为 0.944 和 0.873。总体上来讲，灌木层和乔木层相差不大，草本层的均匀度指数最高，较之灌木层和乔木层有了极大提高。可以反映出银合欢群落物种组成的垂直差异变化趋势较为明显，物种多样性高的，相应的均匀度也高，反之，则低。均匀度指数反映出群落的结构与组织化水平，即乔木层物种之间重要值差异较大，优势种表现明显，灌草层则相反，优势成分不明显。这种趋势的形成除了以上分析过的种群竞争因素外，与银合欢群落本身的特点有关，银合欢群落有较高的枝下高，灌木层和草本层有较大的林下空间，这使得有更充足的阳光照射到草本层，从而使草本层物种多样性提高，乔木层受到人为干扰，物种多样性降低，最终导致草本层物种多样性增加。

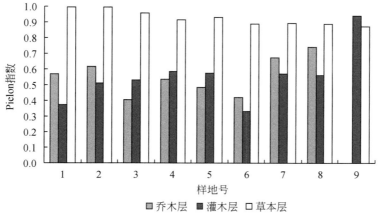

图 5-10　银合欢林各群落的 Pielon 指数

5.2.4　物种多样性指数差异分析

对 8 个样地的银合欢群落不同层次间的 5 种物种多样性指数进行差异检验（表 5-4），灌木层和草本层之间均匀度指数不存在显著差异，而乔木层和灌木层之间 5 种指数有极显著差异（df = 16，$t_{0.01}$ = 8.53，$t_{0.05}$ = 4.49）。从表 5-5 可以看出，银合欢林的物种多样性指数在群落梯度上有一定的差异。不管是乔木层、灌木层还是草本层，除 S 指数外其他 4 种物种多样性指数最大值和最小值的差距都不大，各指数的变异系数都较小。具体来说，5 种指数在群落梯度上的变异程度大小为草本层 > 灌木层 > 乔木层，S 指数的变异程度大小为草本层 > 灌木层 > 乔木层。这是因为银合欢林乔木层的丰富度较低，给草本层提供了良好的发育条件，使草本层具有较高的均匀度，所以草本层的 Sp、SW、Jsp 和 Pielon 较灌木层和乔木层高。

表 5-4　银合欢林不同层次间物种多样性差异检验

层次	t 值				
	S	Sp	SW	Jsp	Pielon
乔灌	3.60**	2.48**	3.43**	0.71**	0.40**
乔草	38.93	172.62	218.86	44.16	34.48
灌草	22.23	53.59	57.64	59.43	38.97

注：df = 16，** 为差异极显著，* 为差异显著，$t_{0.01} = 8.53$，$t_{0.05} = 4.49$

表 5-5　银合欢群落不同层次间物种多样性群落间变异

指数	乔木层		灌木层		草本层	
	M	CV	M	CV	M	CV
S	3.67	0.33	4.67	0.41	8.44	0.69
Sp	0.26	0.04	0.37	0.06	0.83	0.01
SW	0.52	0.05	0.62	0.05	1.91	0.07
Jsp	0.48	0.05	0.45	0.04	0.95	0.01
Pielon	0.56	0.04	0.50	0.04	0.93	0.02

注：M 为群落平均值，CV 为变异系数

5.2.5　群落总体多样性

群落总体多样性是群落各物种多样性指数的综合量，可以表示群落总的多样性高低。如图 5-11 所示，银合欢林的 S、Sp、SW、Jsp 和 Pielon 指数的平均值分别为 5.208、

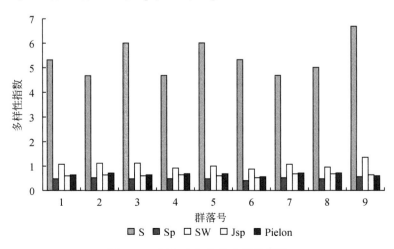

图 5-11　银合欢林物种多样性指数

0.476、1.021、0.623 和 0.664，自然恢复区的 S、Sp、SW、Jsp 和 Pielon 指数的平均值分别为 6.67、0.56、1.36、0.62 和 0.61。自然恢复区虽然没有较大的乔木，但物种多样性指标较之银合欢林有较大提高。说明银合欢林相单一、结构较为简单、林分郁闭度大，具有较低的物种多样性，林下大量出现银合欢的天然更新幼苗，而且银合欢林较高的郁闭度抑制了幼龄个体的生长，进入成熟期后能够进行自我更新。可适当进行人工抚育，使之成为群落结构呈现多元化、多样性较高、较为稳定的人工林群落。

通过对银合欢林物种多样性研究表明，在各层次物种多样性都偏低，显示了在群落演替初期由于优势种群的多样性水平高，使群落总体多样性水平低。银合欢与其他物种间竞争没有银合欢林内强烈，由于存在大量的幼苗，在灌木层和草本层银合欢和其他物种的竞争使其他物种逐渐死亡，银合欢迅速占据生态位，所以在乔木层阶段，银合欢的种群优势更为明显，其他物种很难进入，竞争由种间竞争逐渐变为种内竞争。

随着林龄的增加，林木密度有减小的趋势，这种因为种内竞争而引起的自疏现象也为物种多样性的增加创造了条件，所以在进行人工林营建的时候，应适当地控制银合欢的初植密度，与适生能力强的乡土物种适当混交，避免种内竞争过大，以提高人工林的物种多样性。

在样地调查中，发现阴坡生长状况好于阳坡，虽然银合欢为喜光树种，但是在干热河谷干热的环境条件下，种群的树种对环境的要求还是较为明显。不同生境对群落物种多样性的响应还需进一步研究。

5.3　干热河谷银合欢人工林生物量特征

生物量是研究森林第一性生产力的基础，也是评价森林生态系统结构与功能的重要指标。最早的森林生物量研究范例为 Ebermeyer（1876）发表的德国几种主要森林的枝叶凋落量和木材重量（陈礼清和张健，2003；周择福等，2005）。我国对森林生物量的研究起步较晚，对森林生物量大量研究开始于 20 世纪 70 年代后期（刘方炎和朱华，2005；于立忠等，2006；唐志尧等，2004；赵一鹤等，2008）。90 年代，国内外对许多树种的生物量进行了研究（温光远等，2005），并且逐渐扩大研究的范围，对群落和各种生态系统的生物量研究日趋增多，同一树种的生物量研究更加深入，出现了同一树种不同地理种源生物量差异的研究、同一树种不同发育阶段生物量差异的研究、同一树种不同自然地带生物量变异的研究等方面。因此，研究森林生物量无论在生产上，还是在理论研究上都有着十分重要的意义。

5.3.1　乔木层生物量及其分配比例

生物量是指植物净生产量的积累量，某一时刻的生物量就是此时此刻以前生态系统所累积下来的活的有机质总量，是生态系统获取能量能力的主要体现，对生态系统结构的形成以及生态系统的功能具有十分重要的影响。根据对银合欢林 8 个样地的乔木层生物量研究（表5-6），乔木植被生物量为 41.58 ~ 70.71 t/hm^2，8 个样地平均为 49.08 t/hm^2。其中，6 号样地的乔木层植被生物量最大为 70.71 t/hm²，7 号样地最小为 41.58 t/hm²，其他几个样地相差不大。而对于不同器官的生物量来看，各群落的乔木层普遍表现为干 > 根 > 枝 > 叶，而且各部分生物量均随林龄增大而升高。从生物量分配比例来看（图 5-12），干、枝、叶和根部分别为 46.97 t/hm²、19.57 t/hm²、9.94 t/hm² 和 23.52 t/hm²，表现为干 > 根 > 枝 > 叶。可以看出，银合欢林根部生物量大于枝部生物量，这是由干热河谷的独特的环境特点和生境决定的。由于干热河谷干旱缺水、光照强，高大乔木很难生长，水分是正常生长的主要限制因子。较好的光照条件，有利于植物的光合作用，银合欢为了规避水分限制因子的影响，根据最适分配理论，银合欢将分配更多的生物量以供给可以增加对限制性资源利用的器官或功能部，所以银合欢减少了枝部和叶部的生物量分配，分配了更多的生物量供给根部，以便吸收更多的水分来维持植被的正常生长。

表 5-6　银合欢林各群落乔木层器官生物量

样地	干（t/hm²）	枝（t/hm²）	叶（t/hm²）	根（t/hm²）	合计（t/hm²）
1	22.25 ± 2.25a	9.79 ± 0.98a	3.97 ± 0.25a	8.63 ± 0.54a	44.64 ± 4.02
2	23.17 ± 2.36a	9.90 ± 1.02a	4.29 ± 0.14a	9.64 ± 0.61a	47.00 ± 4.13
3	28.76 ± 4.52a	6.95 ± 0.36a	6.08 ± 0.31a	12.50 ± 0.59a	54.30 ± 5.78
4	21.45 ± 3.69a	8.38 ± 0.54a	3.42 ± 0.15a	9.14 ± 0.78a	42.39 ± 5.16
5	20.55 ± 4.32a	11.24 ± 0.68b	4.63 ± 0.14a	10.63 ± 0.65a	47.05 ± 5.79
6	30.73 ± 2.19a	8.29 ± 0.35a	7.40 ± 0.20a	24.29 ± 2.14a	70.71 ± 4.88
7	15.53 ± 2.30a	9.84 ± 0.34a	4.96 ± 0.21b	11.26 ± 1.02a	41.58 ± 3.87
8	21.82 ± 3.22a	9.78 ± 0.48a	4.51 ± 0.14a	8.88 ± 0.82a	44.98 ± 4.66
均值	23.03 ± 3.11	9.27 ± 0.59	4.91 ± 0.19	11.87 ± 0.89	49.08 ± 4.78

注：表中数据均为平均值 ± 标准误，不同字母表示样地间差异显著（$P < 0.05$）

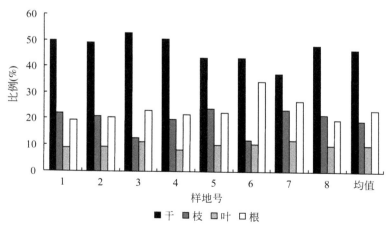

图 5-12　银合欢林各群落乔木层器官生物量分配比例

5.3.2 乔木层生物量模型及生物量与林分因子相关性分析

林木生物量模型的方程很多,有线形模型、非线形模型、多项式模型。线性模型和非线性模型,根据自变量的多少,又可分为一元和多元模型。非线性模型应用最为广泛,其中相对生长模型最具有代表性,是所有模型中应用最为普遍的一类模型。在以往的单木生物量模型的研究中,国内外研究者普遍采用的研究方法是,按林木各分量分别进行选型,模型确定后根据各分量的实际观测数据分别拟合各自方程中的参数,在生物量模型中,不宜采用过多的自变量,使得模型过于复杂,造成变量间的相互抵触。为了使构建的生物量更为科学,本节以胸径和树高为自变量,建立了应用最为广泛的指数生物量回归模型,并对不同器官的生物量与林分因子之间的关系进行了相关性分析。各器官的生物量模型如表 5-7 所示,在 $P = 0.05$ 和 $P = 0.01$ 水平上均表现出相关极显著。

表 5-7　银合欢林乔木生物量模型

器官	模型	t 值	$P = 0.05$	$P = 0.01$
干	$W = 0.4754$（D^2H）$^{0.5938}$	0.111		
枝	$W = 0.6121$（D^2H）$^{0.4165}$	0.104	3.500 464	6.177 62
叶	$W = 0.0506$（D^2H）$^{0.6995}$	0.103		
根	$W = 0.0478$（D^2H）$^{0.8391}$	0.108		

乔木层植物作为有机生命体,其各部分器官的生物量大小与林分因子是相互联系的。对银合欢林的乔木层干、枝、叶、根等主要器官生物量与林分密度、胸径、树高等林分因子进行相关性分析表明(表5-8),银合欢林乔木植被主要器官生物量之间、林分因子之间以及主要器官生物量与林分因子之间均存在一定的相关性。除密度与叶生物量之间、胸径与叶生物量之间的相关性较低,为显著水平外($P < 0.05$),其他主要器官生物量之间、林分因子之间以及主要器官生物量与林分因子之间的相关性均达到极显著水平($P < 0.01$),其中,密度与树干生物量之间、密度与胸径之间、胸径与树干生物量之间的相关性水平较高,均超过了 0.975。

表 5-8　银合欢林乔木层林分因子与生物量相关分析

项目	密度	胸径	树高	干	枝	叶	根
密度	1.000						
胸径	0.983 **	1.000					
树高	0.953 **	0.951 **	1.000				
干	0.995 **	0.977 **	0.971 **	1.000			
枝	0.972 **	0.927 **	0.907 **	0.976 **	1.000		
叶	0.788 *	0.753 *	0.867 **	0.843 **	0.849 **	1.000	
根	0.929 **	0.932 **	0.888 **	0.945 **	0.942 **	0.849 **	1.000

* 表示相关显著($P < 0.05$),** 表示相关极显著($P < 0.01$)

5.3.3 林下植被生物量在不同层次中的分配特征

林下植被是森林林下灌木、草本和藤本植物等的统称，是森林生态系统的重要组成部分。森林生态系统中林下植被的分布和生长特征受到林分乔木层特征的限制，而林下植被也通过生命活动不断地改变着林下微环境，从而对整个森林生态系统的稳定、演替发展和生物多样性起着重要作用。林下植被生物量的分布差异和大小与不同森林类型特征相关，也与森林林分的不同发育阶段的特点紧密联系，不同森林类型的生长发育过程存在一定的差异，而这种差异会导致林内环境的变化，从而影响到林内光照条件、水分条件以及土壤某些性质，最终促使林下植被产生分异。银合欢林下植被的生物量在森林发育的不同阶段的灌木层和草本层存在着较大差异（表5-9）。从林下植被各组分的分配看，各林地林下灌木层生物量均远高于草本层生物量，各样地间灌木层生物量最大为16.09t/hm²，最小为9.97t/hm²，平均为12.99 t/hm²，各样地间草本层生物量最大为3.12t/hm²，最小为1.16t/hm²，平均为1.93t/hm²，灌木层生物量平均为草本层的6.73倍，各样地间林下植被总生物量相差不大，最大为19.21 t/hm²，最小为12.32 t/hm²，平均为14.92 t/hm²。从林下植被生物量的组成来看（图5-13），银合欢林下植被生物量主要储存在灌木层中，灌木层生物量都能占到林下植被总生物量的87.05%，草本层仅占林下植被总生物量的13.95%。这是因为银合欢林有丰富的幼苗，占据了林下植被的灌木层和草本层，在草本层由于激烈的竞争，其生物量减少，当草本层向灌木层生长的过程中，这种种间竞争渐渐减小，灌木层的生物量随之增加。

表5-9　银合欢林各群落林下植被层生物量

样地	灌木层（t/hm²）	草本层（t/hm²）	合计（t/hm²）
1	12.18±2.17a	1.68±0.48a	13.86±2.65a
2	15.13±3.25a	1.16±0.36a	16.29±3.61a
3	11.29±1.26a	2.04±0.54a	13.33±1.80a
4	10.19±1.01a	2.45±0.64a	12.64±1.65a
5	15.78±2.64a	1.22±0.32a	17.00±2.96a
6	9.97±0.91a	2.35±0.41a	12.32±1.32a
7	16.09±2.10a	3.12±0.44a	19.21±2.54a
8	13.3±1.98a	1.44±0.29a	14.74±2.27a
均值	12.99±1.92	1.93±0.44	14.92±2.35

注：表中数据均为平均值±标准误，不同字母表示样地间差异显著（$P<0.05$）

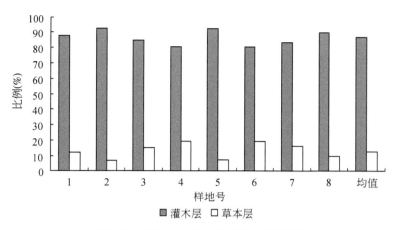

图 5-13　银合欢林下生物量的分配比例

5.3.4　总体生物量在不同层次中的分配特征

　　从银合欢林总体生物量在不同层次的分布特征来看（图 5-14），乔木层、灌木层和草本层之间差距较大，乔木层生物量占总生物量的 76.28%、灌木层占 20.67%、草本层占 3.05%，银合欢林生物量主要集中在乔木层。乔木层生物量对林下植被的生物量的影响不大（图 5-15），总体上随着乔木层生物量的增加有减小的趋势。乔木层生物量对灌木层和草本层的生物量的影响也不大（图 5-16，图 5-17）。森林林下植被生物量的分布和大小与不同森林类型特征相关，同时在很大程度上受到森林不同发育阶段特征的影响。对于不同森林类型和森林的不同发育阶段，林分密度和郁闭度的差异，导致林内光照条件、水分条件和土壤条件等林内微环境的改变，从而影响到林下植被的生长发育。银合欢林在密度上由草本层、灌木层向乔木层逐层递减，在这个过程中林内的光照和水分条件差异较大，上层的光照、水分等条件明显好于下层，乔木层根系对水分和养分的吸收比灌木层和草本层

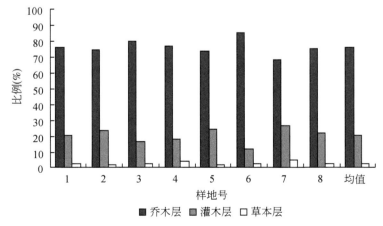

图 5-14　银合欢林生物量不同层次分配比例

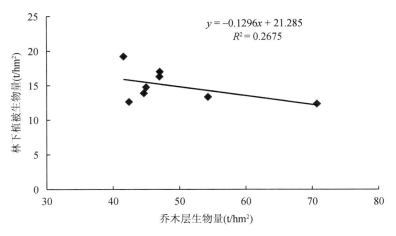

图 5-15　林下植被生物量与乔木生物量的回归关系

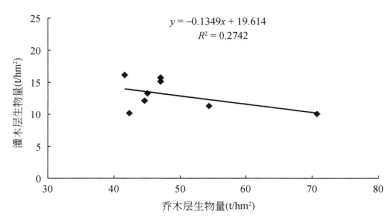

图 5-16　灌木层生物量与乔木生物量的回归关系

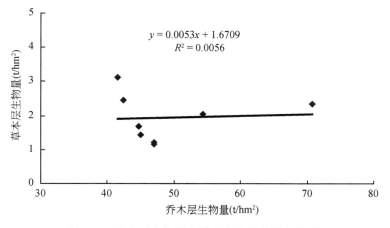

图 5-17　草本层生物量与乔木生物量的回归关系

更为充沛，导致植被生物量都集中分布在乔木层中。又因为林内的种间竞争逐渐减小，所以生物量从草本层、灌木层向乔木层逐层增加。因此，对植被生物量的影响主要是通过改变林分郁闭度和林分密度来控制林内的光照条件、水分条件等，进而改变植被的生长状况，最终影响到各植被层生物量的积累。

生物量的分布差异和大小与不同森林类型特征相关，也与森林林分的不同发育阶段的特点紧密联系，不同森林类型的生长发育过程存在一定的差异，而这种差异会导致林内环境的变化，从而影响到林内光照条件、水分条件以及土壤某些性质，最终促使林下植被产生分异。

银合欢林生物量分配极不平均，根部生物量大于枝部生物量，这是干热河谷独特的环境特点和生境决定的，由于干热河谷干旱缺水，光照强，高大乔木很难生长，水分是正常生长的主要限制因子，较好的光照条件，有利于植物的光合作用，银合欢为了规避水分限制因子的影响，根据最适分配理论，银合欢将分配更多的生物量以供给可以增加对限制性资源利用的器官或功能部，所以银合欢减少了枝部和叶部的生物量分配，分配了更多的生物量供给根部，以便吸收更多的水分来维持植被的正常生长。

第6章 干热河谷典型植被恢复模式的群落功能特征

植被状况影响地表径流是实现森林水文功能的关键环节，地表径流是洪水流量的主要成分和地表水蚀的主要原动力之一，也是造成水土流失和土壤侵蚀的一个重要原因。目前国内外关于森林植被水土保持功能的研究很多，主要侧重于森林的调节径流、减少泥沙流量、森林对土壤物理性状的改良作用，以及对森林水土保持功能的评价。

森林保持水土的功能，也直接保护了土壤结构和土壤肥力（郝文芳等，2005），天然落叶松云冷杉林不同土层的土壤养分状况及间伐强度对其有一定的影响，随着土壤深度的增加，土壤养分质量分数降低（王海燕等，2009）。退耕还林林草复合模式有效土壤养分含量与植物生长密切相关，决定了土壤短期内对植物的养分供给状况。总之林地改良土壤的效应是明显的，林下植被的存在，增加了土层中主要营养元素及有机质含量，促进了林地养分的有效化。同时，林下植被对林地还有改良作用，主要是通过其根系的活动，枯落物的分解，直接增加了土壤中有机养分和无机养分的含量。森林的存在能明显地影响其所在区域的小气候环境，在促进林木生长的同时还改善了生态环境，而且还为工农业生产提供了可靠的保障。开展森林小气候特征研究是揭示森林与环境的相互关系的必要途径（李岚岚等，2007），对正确评价森林的作用和价值具有理论参考和现实意义。

6.1 干热河谷银合欢人工林土壤水分特性

土壤水分是林木生长和发育的必要的环境因素之一，各种林木利用水分绝大多数都是通过根系吸收土壤水分。由于土壤水分供给的有效性，使之成为林木生长和生存的制约因素。土壤中所含的水量不仅受土壤特性的制约，而且受降雨、入渗、蒸发、蒸腾和其他水分运动的影响。所以，土壤含水量随空间、时间不断地发生变化（高峰等，2007；程东娟等，2006；姜娜等，2007；梁伟等，2006；朝鲁蒙等，2007；杨弘等，2006；郭忠升和邵明安，2006）。

6.1.1 土壤的机械组成

土壤中各粒级所占的重量百分比称为土壤的机械组成，或称土壤的颗粒组成。土壤机械组成状况是影响土壤通气透水性和土壤抗蚀特性的重要因素，直接影响着土壤的水、热、气、养分等状况和植物生长发育，加速或延缓土壤的形成过程。土壤质地、结构决定了土壤蓄水能力的强弱，进而决定了土壤水分供给的有效性。从表6-1中可以看出，银合欢林地与光板地（CK）之间的土壤机械组成发生了较明显的变化，银合欢林土壤各层次的 0.25 ~ 0.05 mm 粒级含量最高，在 0 ~ 20 cm、20 ~ 40 cm、40 ~ 60 cm 和 60 ~ 80 cm 处分别占 47.92%、46.69%、45.00% 和 39.48%，而光板地在各层次所占比例则明显减小，分别为 26.62%、26.01%、24.05% 和 22.99%。随着土层深度的增加，2.0 ~ 1.0 mm、1.0 ~ 0.5 mm、0.05 ~ 0.02 mm、0.02 ~ 0.002 mm 和 <0.002 mm 粒级逐渐增加，0.5 ~ 0.25 mm 和 0.25 ~ 0.05 mm 粒级逐渐增加。说明银合欢林地改善了土壤结构，增加了土壤孔隙度，银合欢林内大量枯落物分解产生有机物质，对土壤微团聚体的形成有积极的作用，并有利于增强固持土壤的能力。

表 6-1　银合欢林地土壤的机械组成

样点	土层深度（cm）	各粒级含量（%）						
		2.0 ~ 1.0 mm	1.0 ~ 0.5 mm	0.5 ~ 0.25 mm	0.25 ~ 0.05 mm	0.05 ~ 0.02 mm	0.02 ~ 0.002 mm	<0.002 mm
银合欢林	0 ~ 20	1.67 ± 0.26a	1.71 ± 0.10a	25.24 ± 1.18a	47.92 ± 0.93a	5.92 ± 0.18a	6.93 ± 0.04a	10.61 ± 0.86a
	20 ~ 40	3.07 ± 0.10b	2.89 ± 0.19b	25.19 ± 2.31a	46.69 ± 0.79a	5.39 ± 0.29ab	6.62 ± 0.27a	10.16 ± 0.52a
	40 ~ 60	7.32 ± 0.11c	5.15 ± 0.09c	23.27 ± 1.13a	45.00 ± 1.51a	5.01 ± 0.31bc	5.46 ± 0.34b	8.80 ± 0.43ab
	60 ~ 80	13.02 ± 0.73ab	9.65 ± 0.77c	20.19 ± 1.34a	39.48 ± 0.93b	4.33 ± 0.18c	5.18 ± 0.26b	8.15 ± 0.45b
CK	0 ~ 20	7.79 ± 0.27a	11.43 ± 0.83a	33.49 ± 1.08a	26.62 ± 2.19a	7.33 ± 0.72a	8.60 ± 0.83a	4.75 ± 1.02a
	20 ~ 40	8.68 ± 0.76b	14.00 ± 0.27a	32.12 ± 0.98a	26.01 ± 2.20a	6.94 ± 0.06a	8.12 ± 0.37a	4.13 ± 0.86ab
	40 ~ 60	13.74 ± 1.27c	16.98 ± 1.01ab	30.21 ± 1.34b	24.05 ± 0.41ab	5.36 ± 0.29b	6.23 ± 0.07b	3.45 ± 0.49b
	60 ~ 80	20.98 ± 0.74c	16.49 ± 1.76b	26.33 ± 1.21b	22.99 ± 0.49b	5.13 ± 0.53b	5.95 ± 0.24b	2.13 ± 0.07b

注：表中数据均为平均值 ± 标准误，不同字母表示土层间差异显著（$P < 0.05$），下同

6.1.2　土壤物理性质

土壤的物理性状指土层厚度、土壤容重及土壤的孔隙度等指标，是反映土壤结构的重要指标，同时也是评价植被恢复效果与改良土壤作用的参考依据。土壤物理性状直接影响到土壤的持水性能、保水能力、通气性能及渗透性等。物理性状优良的土壤对于减少地表径流、涵养水源、保持水土具有重要的作用（唐亚莉等，2006）。在成土母质和水热条件基本相似的情况下，植被状况的差异可使土壤水分、物理性质发生一定的变化，各植被类型因树种组成不同而对林地土壤物理性能的影响表现出一定的差异。习惯上将土壤孔隙分为两级即毛管孔隙（包括非活性孔隙）和非毛管孔隙（侯大山等，2007）。保持在非活性孔隙中的水分被土壤强烈吸附，植物很难吸收利用，这类孔隙与土粒大小和分散程度密切相关；毛管孔隙具有毛管作用，水分可靠毛管力向多方向移动，但透气能力较低；非毛管孔隙毛管作用明显减弱，保持储存水分能力逐渐消失，但它是水分与空气的主要通道，经常为空气占据，故又称空气孔隙或大孔隙（张继义等，2005）。大孔隙的多少直接影响着土壤透气和渗水能力。故在此着重分析土壤总孔隙度和非毛管孔隙度（吴发启等，2005）。从表 6-2 可以看出，银合欢林 0 ~ 20cm、20 ~ 40cm、40 ~ 60cm 和 60 ~ 80cm 处的毛管孔隙度平均为 30.53%、29.22%、30.46% 和 27.45%，光板地为 26.24%、28.03%、26.93%

和24.53%，银合欢林分别比光板地高4.29%、1.19%、3.53%和2.92%。银合欢林非毛管孔隙度平分别比光板地高2.12%、4.85%、2.88%和3.49%，总孔隙度也有所增加。银合欢林土壤孔隙度随土层深度的增加而减小，可见林木根系分布集中的土壤上层保水通气能力明显高于根系分布较少的土壤下层。

表6-2 银合欢林地土壤的物理性质

样点	土层深度 （cm）	容重 （g/cm³）	毛管孔隙度 （%）	非毛管孔隙度 （%）	总孔隙度 （%）
银合欢林	0~20	1.60±0.03a	30.53±1.58a	9.09±0.64a	39.62±2.22a
	20~40	1.66±0.01a	29.22±0.73a	8.14±0.05a	37.36±0.78a
	40~60	1.68±0.01a	30.46±0.70a	6.14±0.23a	36.60±0.93a
	60~80	1.71±0.01b	27.45±0.38a	8.02±0.05b	35.47±0.43a
CK	0~20	1.77±0.02a	26.24±1.68a	6.97±1.04a	33.21±1.72
	20~40	1.82±0.01ab	28.03±1.91a	3.29±0.52a	31.32±2.43a
	40~60	1.85±0.01bc	26.93±0.06a	3.26±0.54ab	30.19±0.60a
	60~80	1.88±0.01c	24.53±2.70a	4.53±1.21b	29.06±3.91a

6.1.3 降水分配的季节动态及时空分布

对于基本依赖于自然降水的干热河谷区，在植被恢复过程中水分的限制性很大，充分发挥每一毫米降水的作用是非常重要的。自然降水渗入土壤，随后变成土壤水，对林木生长而言，土壤水是直接的供水源。图6-1为降水量的季节变化及时空分布，可以看出，该区域的降水旱季和雨季的差异明显，降水相对集中在雨季的5~10月，这几个月的降水量占全年总降水量的90%以上，特别是6~9月的降水总量占全年降水量的74.44%，且常以大雨或暴雨的形式进行，其中大部分降雨在坡面上产生超渗产流，并以地表径流的形式

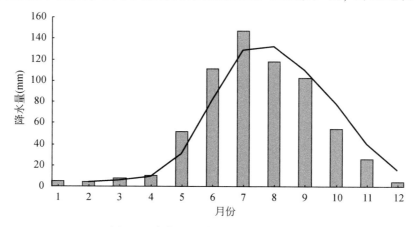

图6-1 降水量的季节变化及时空分布

损失掉，小部分则渗入坡面土壤中。在旱季降水量为 57.8 mm，仅为全年降水量的 9.01%，这部分降水一般不会形成地表径流，绝大部分渗入坡面土壤中，由于蒸发量大，很快通过蒸发返回大气，被称为无效降水。

6.1.4　土壤含水量季节动态及与降水量的关系

从图 6-2 可以看出，银合欢林各个土壤层次的土壤含水量的年际变化规律基本一致，从 5 月开始，土壤含水量突然增加，在 8 月达到最大值，然后开始下降，从 11 月到第二年的 4 月土壤含水量最低但变化比较平稳。在不同层次之间，雨季随着土壤层次的增加，土壤含水量逐步增加，在雨季 20～40 cm 处的土壤含水量大于 0～20 cm 处，80～100 cm 处土壤含水量季节变化较其他层次缓和。土壤含水量与降水量有着密切的相关关系（图 6-2，表 6-3），土壤含水量与降水量的变化基本一致，在雨季有明显的滞后效应，降水量在 7 月达到峰值，土壤含水量在 8 月达到最大值，在各个土壤层次之间出现极显著相关关系（$P < 0.05$）。土壤水分消耗期一般出现在旱季、雨季交替期，此时期气温回升导致土壤蒸发加快，树木叶片开始生长且叶面积迅速扩大，蒸腾速率上升导致蒸腾量增加，基本无降水或降水很少，该时期蒸散消耗大于补给，土壤水分逐渐减少，处于无补给的消耗状态。土壤水分补充时期一般在雨季，此时期林木生长达最旺盛的阶段，土壤蒸发和林木蒸腾都很强烈，但降水量大，降水时渗入土壤的水分大于林地蒸散消耗，渗入土壤中的水分依靠重力势和基质势向深层运动，储存于土壤中，导致土壤含水量升高，在雨季中期出现一年中土壤含水量的峰值。土壤水分消退期一般在雨季旱季交替期，这期间仍有一部分降水，但是雨量较少，而林木仍有较旺盛的蒸腾和生长，加之秋季天气以晴朗为主，林地蒸发比较强，所以渗入土壤中的水分往往不能弥补林地水分消耗，使土壤含水量不断减少。

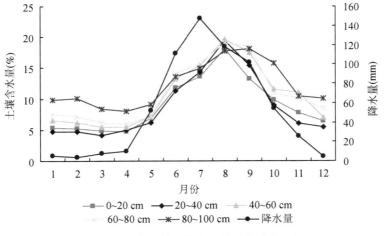

图 6-2　银合欢林土壤含水量季节动态变化

表 6-3　银合欢林土壤含水量与降水量相关分析

土壤层次（cm）	20	40	60	80	100
相关系数	0.911**	0.906**	0.887**	0.890**	0.809**

*表示相关显著（$p < 0.05$），**表示相关极显著（$p < 0.01$）

6.1.5　旱季、雨季土壤水分垂直变化

通过对银合欢林和光板地（CK）旱季和雨季各层次的土壤含水量进行分析（图 6-3），发现土壤水分的垂直动态有着不同的特点。土壤含水量的最低值出现在持续干旱的季节，在旱季银合欢林土壤含水量在 0 ~ 80 cm 处低于光板地，银合欢林随着土壤层次的增加土壤含水量增加，但在 20 ~ 40 cm 处土壤含水量小于 0 ~ 20 cm 处。光板地随着土壤层次的增加土壤含水量增加，但在 60 ~ 80 cm 处土壤含水量逐渐减小。在雨季银合欢林土壤含水量随着土壤层次的增加而增加，变化不明显。在光板地随着土壤层次的增加土壤含水量变化明显，0 ~ 60 cm 处随着土壤层次的增加而增加，在 60 ~ 100 cm 处随着土壤层次的增加而减小。在旱季银合欢林的土壤含水量 20 ~ 40 cm 处最低，为 4.78%，80 ~ 100 cm 处最高，为 9.88%。在雨季银合欢林 0 ~ 20 cm 处最低为 13.32%，80 ~ 100 cm 处最高为 16.01%，光板地 0 ~ 20 cm 处最低为 9.72%，60 ~ 80 cm 处最高为 17.12%。这是因为在旱季银合欢林的林下存在着大量的幼苗，而幼苗的根系主要集中在 20 ~ 40 cm 处，为了维持正常生长，主要吸收该层次的水分。在旱季，银合欢林的植被盖度低，降雨的入渗较光板地差，大部分形成地表径流，加之蒸发量大，土壤含水量在不同季节变化较大。在雨季来临前，光板地地表持续的高蒸发量使土壤水分得不到补充而出现最低值，随着降水量的增加土壤含水量迅速增加，雨后随着蒸发量的增加又迅速降低，所以随着土壤层次的增加光板地土壤含水量较银合欢林的土壤含水量变化明显。

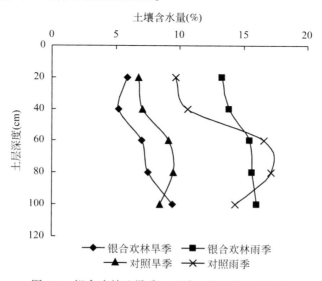

图 6-3　银合欢林地旱季、雨季土壤水分垂直变化

6.2　干热河谷银合欢人工林水土保持效益

植被状况影响地表径流是实现森林水文功能的关键环节，地表径流是洪水流量的主要成分和地表水蚀的主要原动力之一，也是造成水土流失和土壤侵蚀的一个重要因。水土流失的主要危害之一就是破坏土地，通过沟蚀，破坏土地完整性，吞蚀可利用的土地；通过面蚀，降低土壤肥力，严重影响农业生产。目前国内外关于森林植被水土保持功能的研究很多，主要侧重于森林的调节径流、减少泥沙流量、森林对土壤物理性状的改良作用，以及对森林水土保持功能的评价。美国的 Miller 在密苏里农业试验站建立了径流试验小区，开始首次对引起土壤侵蚀各因子定量化进行综合性工作（陈三雄等，2007）。林地的水土保持功能方面主要集中在植被水土保持功能的对比研究、植被保持水土的机理研究和植被水土保持功能的评价研究等几个方面。

6.2.1　径流量月变化

由图 6-4 可知，银合欢林全年地表径流模数总量为 1.58 万 m³/km²，但分配极不平均，径流量主要集中在 6~9 月，这 4 个月的地表径流模数为 1.31 万 m³/km²，占年径流量的 82.80%，其中 7 月、8 月最高，分别为 0.41 万 m³/km² 和 0.39 万 m³/km²，占年径流量的 25.67% 和 24.88%。10 月至第二年 5 月的地表径流模数仅为 0.27 万 m³/km²，占年径流量的 17.20%，其中 1 月、2 月、3 月和 12 月的地表径流模数为 0。CK 的全年地表径流模数总量为 10.81 万 m³/km²，分配也极不平均，径流量主要集中在 6~9 月，这 4 个月的地表径流模数为 9.42 万 m³/km²，占年径流量的 87.10%，其中 7 月、8 月最高，分别为 2.94 万 m³/km² 和 2.98 万 m³/km²，这 2 个月就占年径流量的 54.79%。这一现象与降水主要集中在雨季（5~10 月）有关，集中降水使得土壤具有较高的含水量，降水入渗少，从而产生地表径流。可以看出，银合欢林较 CK 的径流量明显减少，CK 的径流量为银合欢林的

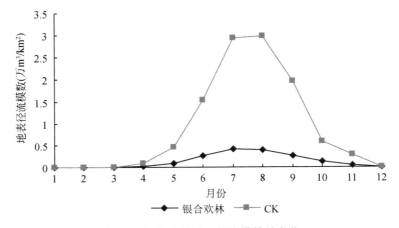

图 6-4　银合欢林地表径流模数月变化

6.84 倍，消减率为 85.38%。因为在降水过程中，当降水供给强度大于土壤入渗强度时，其超过的水量就转变为地表径流，在有银合欢林覆盖的坡地，降水首先遇到的是乔木层的截留，而后又经灌草层和枯落物层的再次截留，降水量与势能大为减少，降水经过几次分配后无法入渗的降水才由于重力作用而产生地表径流，所以使得银合欢林的径流量大大减少。

6.2.2　降水量与径流量关系

地表径流量与降水、植被、坡长和坡度等多种因子相关，其中降水是最主要的影响因子。从图 6-5 可以看出，银合欢林和 CK 的径流量和降水量之间呈线性正相关（$p < 0.01$，银合欢林的相关系数 $R^2 = 0.9602^{**}$，CK 的相关系数 $R^2 = 0.9155^{**}$），即在一定范围内，降水量越大产生径流越多，反之亦然。CK 的径流系数明显高于银合欢林，即银合欢林的地表径流量随着降水量的增加而增加，但增加的幅度远小于 CK。这是由植被盖度差异导致地表径流量差异，植被可以降低雨滴动能和减缓地表径流流速，银合欢林的林冠截留、树干茎流、枯落物截留和土壤入渗等可降低径流流速、缓冲降水动能、增加土壤入渗，从而降低了径流系数。

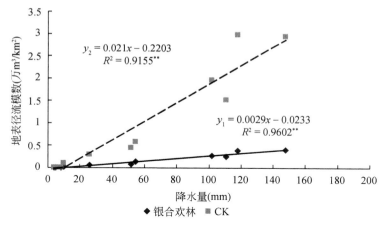

图 6-5　银合欢林降水量与地表径流模数关系

6.2.3　土壤侵蚀模数月变化

土壤侵蚀是土壤在降水、径流等外营力作用下发生的剥蚀、搬运和堆积的过程。由图 6-6 可知，银合欢林全年土壤侵蚀模数总量为 462 t/km²，但分配极不平均，主要集中在 6～9 月，这 4 个月的土壤侵蚀模数为 406.33 t/km²，占土壤侵蚀模数总量的 87.95%，10 月至第二年 5 月的土壤侵蚀模数仅为 55.67 t/km²，占年径流量的 12.05%，其中 1 月、2 月、3 月和 12 月的地表径流模数为 0。CK 的全年土壤侵蚀模数总量为 8768 t/km²，分配也极不平均，这一现象与降水主要集中在雨季（5～10 月）有关，集中降水使得土壤具有较高的含水量，降水入渗少，从而产生地表径流，地表径流的增加使土壤侵蚀模数也相应增加。可以看出，银合欢林较 CK 的土壤侵蚀模数明显减少，CK 的径流量为银合欢林的18.99 倍，消减率为 94.73%，土壤侵蚀基本得到遏制。

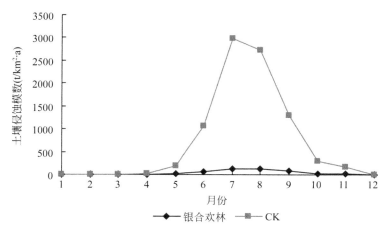

图 6-6　银合欢林土壤侵蚀模数月变化

6.2.4　降水量与土壤侵蚀模数关系

降水量是引起土壤侵蚀的关键因子之一，降水量不同，对地表造成的土壤侵蚀不同。由图 6-7 可知，银合欢林和 CK 降水量与土壤侵蚀量之间存在着极显著的直线相关关系（p < 0.01，银合欢林的相关系数 $R^2 = 0.9202^{**}$，CK 的相关系数 $R^2 = 0.8353^{**}$），随着降水量的增加土壤侵蚀模数增加，但是增加的幅度为银合欢林远远小于 CK。随着降水量的增加银合欢林的土壤侵蚀增加幅度较小，当降水量达到一定时，土壤侵蚀模数达到了一个比较稳定的水平。这是因为银合欢林植被生长恢复较好，增加了坡面的草被覆盖，一旦产生

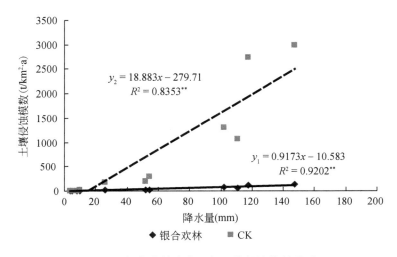

图 6-7　银合欢林降水量与土壤侵蚀模数关系

降水，很难在坡面上形成坡面流，更多的降水以垂直入渗的形式向坡面深层运动，降低了降水对地表的侵蚀作用，坡面的土层也很难发生分离剥蚀，不易形成水土流失。而 CK 的草被覆盖层极少，在降水过程中，雨滴击溅坡面，使坡面土壤首先发生溅蚀，破坏的土壤碎屑物又堵塞坡面表层土壤空隙，使降水很难下渗到坡面深层，容易产生地表径流，发生坡面水土流失。

6.2.5 径流量与土壤侵蚀模数关系

坡面水土流失过程是坡面土壤被降水侵蚀发生土壤剥蚀分离运动的过程，在这个过程中，土壤侵蚀模数与径流量联系紧密。通过对径流小区的径流和泥沙数据进行分析，发现二者之间的相关性很好，具体情况如图 6-8 和图 6-9 所示，径流量和土壤侵蚀模数的线性关系表明随地表径流量的增加，产沙量也明显增加。但是 CK 的土壤侵蚀模数随径流量增长的幅度要明显高于银合欢林。由于银合欢地表的植被和枯落物的作用，使地表的粗糙程度远低于 CK，地表糙度可增加潜在冲刷，加剧侵蚀。由于植被因素降低了降水动能，降低了对土壤的滴溅作用，增加了土壤入渗，丰富的枯落物使地表覆盖层较厚，地表径流带走的土壤大大减少。因此，减少土壤侵蚀的措施，如增加植被覆盖度、保持林地较高枯落物量都将使土壤侵蚀量明显减少。

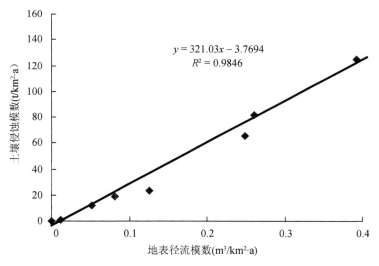

图 6-8 银合欢林地表径流与土壤侵蚀关系

植被的水土保持效应，体现在植被的截留作用、降低雨滴速率、增加入渗、减少地表径流和改良土壤结构、提高土壤的抗冲和抗蚀性等方面。银合欢林的植被对土壤侵蚀的影响是占主导地位的，植被覆盖的存在可以保护土壤团聚体免遭降水的破坏，减弱雨滴击溅侵蚀，避免土壤大孔隙的堵塞，防止地表结皮的形成，减少地表径流造成的水土流失（张保华等，2006）。

银合欢林较 CK 的径流量明显减少，CK 的径流量为银合欢林的 6.84 倍，消减率为

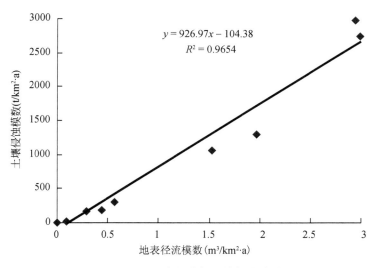

图 6-9　CK 地表径流与土壤侵蚀关系

85.38%，较黄土丘陵区人工沙棘林的水土保持作用更为明显（陈云明等，2005）。因为在降水过程中，当降水供给强度大于土壤入渗强度时，其超过的水量就转变为地表径流（陈三雄等，2007），在银合欢林覆盖的坡地，降水首先遇到的是乔木层的截留，而后又经灌草层和枯落物层的再次截留，降水量与势能大为减少，降水经过几次分配后无法入渗的降水由于重力作用产生地表径流，所以是银合欢林的径流量大大减少。

银合欢林的地表枯落物可以有效地消减降水对地表的冲力，增加土壤入渗，增强土壤的抗蚀能力及土壤的抗冲性，银合欢的根系是植物对地表以下土壤进行固定的主要部分，发达而致密的根系不但能够有效地固持地下土壤，还能改善土壤理化性状、增加有机质含量、提高土壤肥力，进而达到保土、保水的效果。

6.3　干热河谷银合欢人工林土壤改良效益

土壤养分是植被生存与发展的重要物质基础，土壤养分状况的好坏直接影响着林木生长速度及可持续性，而林木生长又反过来影响土壤的养分状况，二者相互促进，互为动力。养分元素循环与平衡直接影响生产力的高低，并关系到生态系统的稳定和持续（尹娜等，2008）。现代学者把土壤养分定义为在内外因素（光照、温度与土壤物理条件等）都适合特定植物生长时，土壤以适当的量和平衡的比例向这种植物供应养分的能力，常用氮、磷、钾和有机质等养分含量的多少来衡量土壤养分的高低（王海燕等，2009）。

表 6-4 为 0～100 cm 土层整个银合欢林地和 CK 的土壤养分各指标的平均状况，可以看出，银合欢林土壤养分状况有了明显改善，有机质、全氮、水解氮、全磷、有效磷、全钾和速效钾较 CK 都有了明显提高，从 0～100 cm 土层深度各养分因子的变异系数（CV）来看，银合欢林大于 CK，其中银合欢林的速效钾的变异系数最大。因此，总体来说，银合欢林的土壤养分改良效益明显。各养分元素含量随着土层深度的增加而增加，因为林地土壤中除氮素外，其他林木必需养分究其根源来自土壤母质。林木通过根系吸收深层土壤

和母质风化释放出的养分并积累于林木体内，林木地上部分的组织或器官凋落到地面和地下部分根系死亡直接留存于土壤之中，植物体内的养分便可通过这一途径回归土壤并集中于土壤上层，久而久之，便使土壤上层富集较丰富的植物可利用养分。

表 6-4　银合欢林土壤有机质及主要养分元素含量

样点	土层深度（cm）	pH	有机质（g/kg）	全氮（g/kg）	全磷（g/kg）	全钾（g/kg）	水解氮（mg/kg）	有效磷（mg/kg）	速效钾（mg/kg）
银合欢林	0～20	7.13	24.31	0.61	0.28	17.39	39.23	3.03	196.41
	20～40	7.06	17.28	0.57	0.17	11.28	26.12	2.12	186.54
	40～60	6.86	14.36	0.46	0.16	10.23	25.11	1.70	146.35
	60～80	6.58	7.49	0.35	0.13	10.68	18.14	1.29	89.48
	80～100	6.19	4.35	0.32	0.09	8.73	17.16	1.16	65.15
CV	0	0.17	3.55	0.06	0.03	1.49	3.95	0.34	25.97
CK	0～20	7.72	11.52	0.39	0.18	14.87	18.15	2.91	79.36
	20～40	7.23	8.45	0.35	0.16	10.25	14.54	1.87	69.48
	40～60	7.01	8.11	0.29	0.12	9.98	12.12	1.65	63.51
	60～80	6.58	7.50	0.21	0.09	9.55	13.05	1.12	65.19
	80～100	6.33	4.15	0.20	0.08	8.74	12.88	1.03	59.14
CV	0	0.24	1.18	0.04	0.02	1.08	1.07	0.34	3.43

6.3.1　土壤中的有机质

土壤有机质是土壤固相的一个重要组成部分，它与土壤矿质部分共同作为林木营养的来源，它的存在还改变或影响着土壤一系列的物理、化学性质。它对于提高土壤肥力具有重要的作用。有机质水平是表征和衡量土壤肥力状况的重要指标，在森林土壤中，枯落物是土壤有机物的主要来源，也是每年补充有机质的主要方式。另外，动物、微生物的残体也是土壤有机质的来源。这些动植残体进入土壤后，在微生物的作用下有两个转化方向：矿质化和腐殖质化，即由大分子的有机化合物分解成简单的无机物，或利用中间产物形成腐殖质。从图 6-10 可以看出，银合欢林和 CK 的土壤有机质都随着土壤层次的增加而减少，银合欢林的土壤有机质明显高于 CK，除了在 60～80 cm 和 80～100 cm 处相当外，在 0～20 cm、20～40 cm、40～60 cm 处的土层中，银合欢林土壤有机质比 CK 分别高 52.61%、51.09% 和 43.52%，说明土壤有机质的差异主要存在于 0～60 cm 的土层中。这种差异随着土层深度的增加而减小，因为银合欢林土壤有机质的形成主要在 0～60 cm 的土层中，银合欢林下枯落物增加以及土壤透气和渗水能力变好，微生物活动增加，利于土壤有机质的积累。

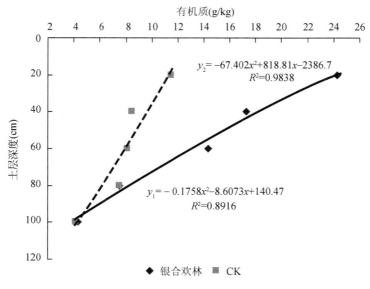

图 6-10　银合欢林不同土层的土壤有机质变化

6.3.2　土壤 pH

　　土壤酸度是土壤重要的化学性质之一，它对土壤中养分存在的形态和有效性，对土壤的理化性质、微生物活动以及植物生长发育都具有重要的影响，并且各种植物对土壤的酸度都有特定的要求。土壤酸度的形成是母质、生物和气候共同作用的结果。自然条件下土壤的酸碱度主要受土壤盐基状况所支配，它在形成过程中是由母质、生物、气候、地质、水文等因素的综合作用而产生的重要属性，它是土壤肥力的重要影响因子之一。土壤 pH 的变化直接影响着土壤中营养元素的存在状态和有效性，而且还能影响土壤离子交换、运动、迁移和转化及土壤微生物的活性等。土壤 pH 虽不能表明土壤中某种养分的数量，但它的大小可控制和影响土壤中微生物区系的改变，从而左右着绝大多数营养元素转化方向、转化过程、形成及有效性。从图 6-11 可以看出，银合欢林的 pH 为 6.19~7.13，CK 的 pH 为 6.32~7.72。银合欢林和 CK 的 pH 都随着土壤层次的增加而减小，在 0~60 cm 处二者的 pH 相差较大，在 60~100 cm 处相差较小。在 0~20 cm、20~40 cm、40~60 cm 处的土层中，银合欢林土壤 pH 比 CK 分别低 8.28%、2.41% 和 2.19%。银合欢林和 CK 随着土壤深度的增加土壤 pH 的差别减小。说明银合欢林地土壤容重下降，土壤孔隙度增加，对盐分的淋洗加剧，pH 也随之降低，而 pH 的下降，有利于土壤微生物的活动，这对林地养分的增加和林木生长十分有利。

6.3.3　土壤中的氮

　　氮素是植物必需元素之一，也是土壤养分中最重要的元素之一。森林土壤氮素在不施肥的条件下主要来源于林中间落物的分解，一些固氮树种、固氮微生物，以及降水中的化

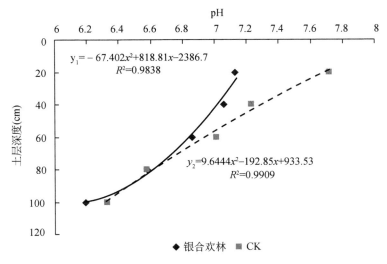

图 6-11　银合欢林不同土层的土壤 pH 变化

合态氮。全氮量是土壤氮素养分的储备指标，在一定程度上说明土壤氮的供应能力，较高的含氮量标志着较高的氮素供应水平。图 6-12 为银合欢林和 CK 不同土层深度土壤全氮含量的变化情况，可以看出，银合欢林土壤全氮含量平均为 0.46 g/kg，CK 为 0.29 g/kg，银合欢林比 CK 高 0.17 g/kg。不同土层深度全氮含量的变化规律非常一致，即上层土壤的全氮含量明显高于下层土壤，银合欢林和 CK 的变化趋于一致，并呈现出显著的相关性，银合欢林和 CK 的相关系数分别为 $R^2 = 0.9633$ 和 $R^2 = 0.9838$。在 $0 \sim 20$ cm 处银合欢和 CK 土壤全氮含量最高分别为 0.6 g/kg 和 0.39 g/kg，在 $80 \sim 100$ cm 处最低分别为 0.32 g/kg 和 0.20 g/kg。因为银合欢为豆科植物，能与根瘤菌结瘤形成共生体，在自然环境中，在常温、常压下，将大气中的氮气转化成氨，直接提供给植物作氮素营养。

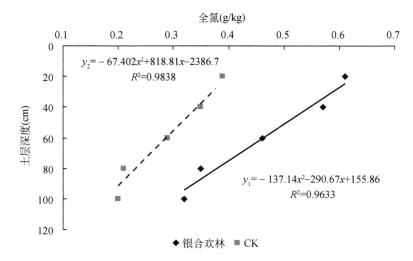

图 6-12　银合欢林不同土层的土壤全氮变化

土壤水解氮亦称土壤有效性氮，包括无机的矿物态氮和部分有机质中易分解的比较简单的有机态氮，它是氨态氮、硝态氮、氨基酸、酰胺和易水解的蛋白质氮的总和。水解氮是易淋失和被植物吸收利用的，能较好反映近期内土壤氮素供应状况，主要取决于土壤的熟化程度，其含量与土壤有机质、全氮含量有关。土壤熟化程度高，有机质含量则高，有效性氮含量亦高；反之，则低。从图 6-13 可以看出，银合欢林土壤水解氮含量为 17.16 ~ 39.23 mg/kg，平均为 25.15 mg/kg，CK 土壤水解氮含量为 12.88 ~ 18.15 mg/kg，平均为 14.15 mg/kg，银合欢林土壤水解氮比 CK 高 43.75%。随着土壤层次的增加，银合欢林和 CK 的水解氮都呈现下降的趋势，并具有显著性相关关系。可见银合欢林对于提高土壤短期内的供氮能力有很好的作用。

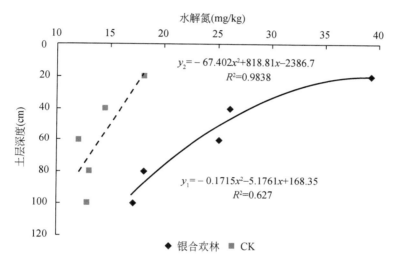

$$y_2 = -67.402x^2 + 818.81x - 2386.7$$
$$R^2 = 0.9838$$

$$y_1 = -0.1715x^2 - 5.1761x + 168.35$$
$$R^2 = 0.627$$

◆ 银合欢林 ■ CK

图 6-13 银合欢林不同土层的土壤水解氮变化

6.3.4 土壤中的磷

磷素是生命活动必需的营养元素之一，是植物主要化合物，如核酸蛋白、磷脂、三磷酸腺苷（ATP）和多种酶的组成成分，并参与植物体内的 3 大代谢：碳水化合物的代谢、蛋白质的代谢和脂肪的代谢，能促进糖、淀粉、纤维素、脂肪、蛋白质的合成，在代谢中起着极为重要的作用。磷还能促进植物根系生长和营养生长，提高植物的抗逆性和适应能力，在植物的生命活动中也起着极为重要的作用。土壤中磷的原始来源是成土母岩，经过风化作用释放出磷。土壤全磷包括有机态磷和无机态磷，大部分磷在土壤中是以有机态形式存在的，尤其是森林土壤，不施或很少施入无机磷肥。由图 6-14 可以看出，银合欢林全磷含量为 0.09 ~ 0.28 mg/kg，平均为 0.17 mg/kg，CK 全磷含量为 0.08 ~ 0.18 mg/kg，平均为 0.13 mg/kg，银合欢林比 CK 高 0.05 mg/kg，相差不是很明显。不同土层深度全磷含量的变化规律非常一致，即上层土壤的全磷含量明显高于下层土壤，银合欢林和 CK 的变化趋于一致，并呈现出显著的相关性，银合欢林和 CK 的相关系数分别为 $R^2 = 0.9736$ 和 $R^2 = 0.9838$，因为银合欢林并没有长期施肥从而造成磷的积累不够。

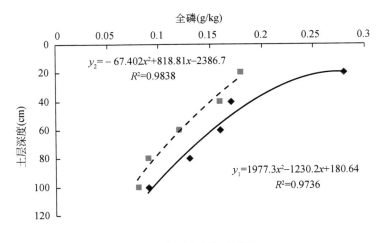

图 6-14　银合欢林不同土层的土壤全磷变化

　　土壤中能被植物吸收利用的磷称为有效磷，包括全部水溶性磷、土壤胶体表面的弱吸附态或易交换态的磷和一部分微溶性的固相磷酸盐化合物。土壤有效磷只占全磷量的极小部分，而土壤中的有效磷量与全磷量有时相关性并不大，所以土壤全磷量不能作为一般土壤磷素供应水平的确切指标。实践证明，有效磷的含量是衡量土壤磷素供应状况的良好指标，它在诊断土壤肥力方面具有较大的意义。从图 6-15 中可以看出，银合欢林地有效磷含量均值为 1.86 mg/kg，高于 CK 的 1.72 mg/kg，银合欢林有效磷含量为 1.16～3.03 mg/kg，CK 有效磷含量为 1.03～2.91 mg/kg，二者相差不是很明显。不同土层深度有效磷含量的变化规律非常一致，即上层土壤的有效磷含量明显高于下层土壤，银合欢林和 CK 的变化趋于一致，并呈现出显著的相关性，银合欢林和 CK 的相关系数分别为 $R^2 = 0.9660$ 和 $R^2 = 0.9838$，由于银合欢根系的固氮作用消耗了一定数量的磷，所以银合欢林土壤有效磷含量与 CK 相差不大。

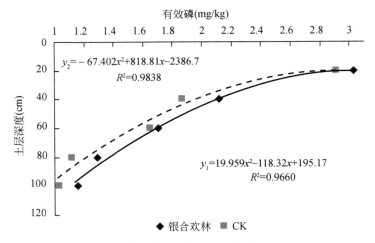

图 6-15　银合欢林不同土层的土壤有效磷变化

6.3.5 土壤中的钾

钾是植物必需的营养元素之一。高等植物组织含钾量（以 K_2O 表示）为 0.5% ~ 5%，平均为 1% 左右。钾能加速植物对 CO_2 的同化过程，能促进碳水化合物的转移、蛋白质的合成和细胞的分裂。在这些过程中，钾具有调节或催化的作用。钾素能增强植物的抗病力，并能缓和由于氮肥过多引起的有害作用。土壤全钾量反映了土壤钾素的潜在供应能力，包括矿物钾、非交换性钾、交换性钾和水溶性钾，土壤全钾反映土壤钾的总储量。图 6-16 为不同土层深度的土壤全钾变化情况，可以看出，银合欢林全钾含量为 8.73 ~ 17.39 mg/kg，平均为 11.66 mg/kg，CK 全钾含量为 8.74 ~ 14.87 mg/kg，平均为 10.68 mg/kg，银合欢林比 CK 高 0.98 mg/kg，相差不是很明显，特别是在 40 ~ 100 cm。对于在不同土层深度全钾含量的变化规律非常一致，银合欢林和 CK 的变化趋于一致，即随着土壤层次的增加土壤全钾含量缓慢地减少，并呈现出显著的相关性，银合欢林和 CK 的相关系数分别为 $R^2 = 0.9568$ 和 $R^2 = 0.9838$，表明银合欢的生长对土壤全钾含量的影响并不明显。

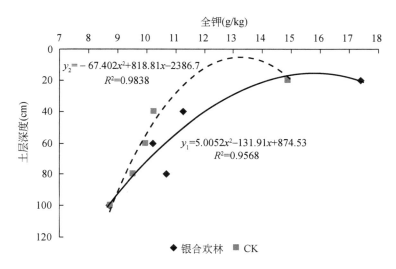

图 6-16　银合欢林不同土层的土壤全钾变化

土壤速效钾是土壤钾素的现实供应指标，土壤的速效钾包括土壤溶液中的钾和吸附在土壤胶体表面的交换性钾，两者都易被植物吸收利用。从不同土层深度的土壤速效钾变化情况（图 6-17），可以看出，银合欢林速效钾含量为 65.15 ~ 196.41 mg/kg，平均为 136.79 mg/kg，变化幅度较大，CK 速效钾含量为 59.14 ~ 79.36 mg/kg，平均为 67.34 mg/kg，变化幅度较小。银合欢林比 CK 高 69.45 mg/kg，相差较大，特别是在 0 ~ 80 cm。不同土层深度速效钾含量的变化规律非常一致，银合欢林和 CK 的变化趋于一致，即随着土壤层次的增加土壤速效钾含量减少，但随着土壤层次的增加银合欢林土壤速效钾含量减少的幅度明显大于 CK。二者都呈现出显著的相关性，银合欢林和 CK 的相关系数分

别为 $R^2 = 0.8888$ 和 $R^2 = 0.9838$。表明银合欢的生长对土壤速效钾含量的影响非常明显，银合欢林木枯枝落叶层的淋溶作用和银合欢根系产生的有机酸分解了一些难溶性钾盐，增加了土壤钾的含量。

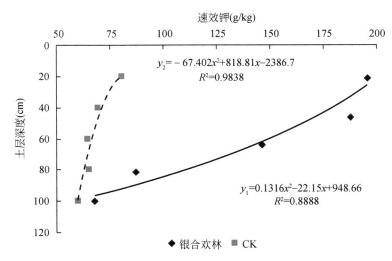

图 6-17　银合欢林不同土层的土壤速效钾变化

　　土壤养分是植被生存与发展的重要物质基础，土壤养分状况的好坏直接影响着林木生长速度及可持续性，而林木生长又反过来影响土壤的养分状况，二者相互促进，互为动力。养分元素循环与平衡直接影响生产力的高低，并关系到生态系统的稳定和持续（陈利顶等，2001）。

　　银合欢林地具有较好的土壤改良效应，降低了土壤 pH，使土壤有机质、氮、磷有所提高，王海燕等（2009）对近天然落叶松云冷杉林土壤养分特征研究也得出类似结论。

　　土壤养分的影响随着土壤层次的增加而降低，因为植被从土壤中吸取的矿质养分一大部分以枯落物的形式归还土壤（王震洪等，2001），因此对同一森林类型土壤而言，表层土壤养分含量比下层土壤养分含量要高，这种养分递减是因为表层土壤有较强的聚集养分的作用层，主要还是由于枯落物集中在土壤表层，枯落物分解产生的有机酸也会使表层土壤的 pH 降低。

6.4　干热河谷银合欢人工林对降水的截留效应

　　森林不但以其覆盖层保护着土壤免受侵蚀，同时林冠层和枯落物对降水的截留减少了大气降水到达地面的数量和速度（闫文德等，2005），银合欢林对降水截留的大小顺序为土壤截留＞林冠截留＞枯落物截留＞树干茎流，因为在干热河谷植被生态系统中，土壤层是储存水分的主体，林地土壤受到林冠层、枯落物层、根系层以及林内其他生物群落的影响，物理性状都有一定改善。植被根系的不断更新，不但给土壤补充了丰富的有机质，同时根系腐烂所形成的孔洞有利于提高土壤通透性和蓄水能力。

6.4.1　林冠层对降水的截流

林冠层截流是森林对降水截流的第一个层次，是对森林生态系统水分调节作用的起点。从林冠层的截流量和截流率来看（图 6-18，图 6-19），银合欢林冠层对降水的截流量随着降水的增大而增大，截留率则随着降水的增大而减小，而且还有一定的相关性。除去降水强度的影响，林冠层最大截流量为 8.10mm，平均截流量为 4.53mm，最大截流率为 56.10%，平均截流率为 32.63%，当降水量大于 20mm 时截流率随着降水量的增大而迅速下降，林冠截流是该区域林分对降水截流的主要环节，对减少林内地表径流起着关键作用。该区域林分郁闭度较高，林冠之间相互交错，形成了有效的林冠截流面，对水分的截留作用较为明显，本节对其进行了回归分析，拟合效果较好，结果呈现显著相关性，其回归方程为 $y = 132.69x^{-0.554}$，$R^2 = 0.8279$，$n = 12$。

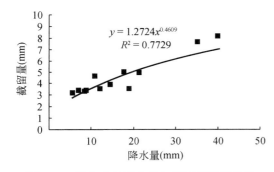

图 6-18　银合欢林降水量与林冠截留量关系

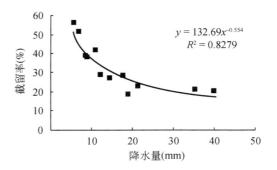

图 6-19　银合欢林降水量与林冠截留率关系

6.4.2　树干茎流

从图 6-20 和图 6-21 可知，银合欢林平均茎流量为 0.30 mm，平均径流率为 1.41%，树干茎流量与降水强度也表现出线性关系。银合欢林在雨量级为 0~5 mm 时基本无树干茎流产生，以后随着雨量级的增加而逐渐增加，而且在低于 10 mm 的雨量级时，树干茎流量

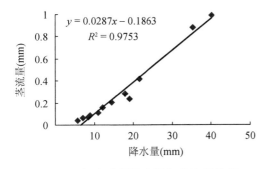

图 6-20　银合欢林降水量与茎流量关系

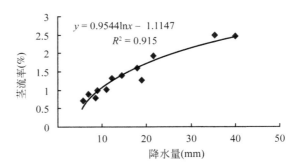

图 6-21　银合欢林降水量与茎流率关系

和茎流率增加得都比较缓慢，而降水超过 10 cm 时树干茎流量和茎流率增加趋势比较明显，当降水量达到 30 mm 时树干茎流率的增加趋势又有所减缓，但茎流量和茎流率总的变化趋势是随降水量的增大而增大。降水量很小时不产生树干茎流，这主要是因为在一次降雨过程中，只有当树体表面充分湿润并有持续降水时才产生干流，即存在一个产生干流的临界值。如果在一次降水之前很短的时间内有降水，树体表面尚未充分干燥而仍然保留相当的水分，则在本次降水中只需要很少的降水量就能形成树干茎流。

6.4.3 枯落物层对降水的截流

6.4.3.1 枯落物凋落量月动态变化

林分的树种组成、林木的生长状况、季节的变化等因素都会影响林地内的水热条件，而这些因素将影响枯落物的输入量、分解程度，从而影响林内枯落物的凋落量。银合欢枯落物全年的凋落总量为 7.03 t/hm²，月平均凋落量为 0.589 t/hm²，枯落物层的厚度为 2.1～4.5 cm。从图 6-22 可以看出，月凋落量最大出现在 12 月为 1.47 t/hm²，最小出现在 4 月为 0.21 t/hm²，变化范围为 0.21～1.47 t/hm²，各月的凋落量分配极不平均，其中 11 月、12 月、1 月 3 个月的凋落总量为 3.43 t/hm²，占全年凋落量的 48.79%，尤其是 12 月凋落量占全年凋落量的 20.48%，而最小月 4 月凋落量为 0.21 t/hm²，只占全年凋落量的 2.99%。这说明银合欢枯落物凋落量在旱季明显要大于雨季，即雨量充沛的生长季节银合欢的凋落量明显减少。这也是植株生理上的反应，因为雨季雨量充沛，植株含水量增大（图 6-23），林木生长迅速，枯落物的凋落量减少；旱季雨量极少，植株内组织和器官之间水分重新分配，一般幼叶水势较低，从老叶中夺取水分，使老叶早衰或脱落，所以造成旱季枯落物增多。

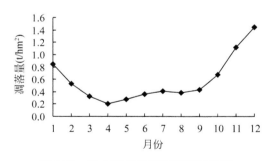

图 6-22　银合欢林枯落物凋落量动态

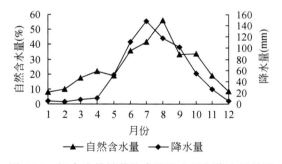

图 6-23　银合欢林枯落物自然含水量与降水量关系

6.4.3.2 银合欢林内枯落物持水特性

枯落物自然含水量反映了枯落物在自然状态下的持水能力，它能反映出该季节林内的水分状况。从表 6-5 可以看出，银合欢林内枯落物自然含水量月平均为 25.27%，最大值出现在 8 月为 56.19%，最小值出现在 1 月为 7.80%。从图 6-23 中可以看出，银合欢林内枯落物自然含水量的月变化曲线呈单峰型，最大月（8 月）出现在雨季，最小月（1 月）

出现在旱季，其变化趋势与该区域降水量变化趋势相似，表明枯落物的自然含水量与该区域的降水之间呈正相关关系，即枯落物的自然含水量随着降水量的增大而增加，但存在滞后效应。该区域的降水多集中在 5~9 月，枯落物的自然含水量在 6~10 月达到高峰，自然含水量高，林内的水热条件较好，枯落物的分解程度较高，使枯落物维持较好的结构组成，能够较好地保持林内水分。

表 6-5　银合欢林内枯落物持水特性表

月份	凋落量 （t/hm²）	自然重 （kg/m²）	持水后重 （kg/m²）	干重 （kg/m²）	失水量 （kg/m²）	吸水量 （kg/m²）	自然含水量 （%）	饱和持水率 （%）
1	0.84	0.83	1.85	0.77	0.03	1.02	7.80	132.47
2	0.53	1.04	2.17	0.95	0.09	1.13	9.47	118.94
3	0.33	1.01	2.01	0.86	0.15	1.00	17.44	116.28
4	0.21	1.16	2.09	0.96	0.20	0.93	21.83	96.88
5	0.28	1.44	2.25	1.21	0.23	0.81	19.01	66.94
6	0.36	1.67	2.93	1.23	0.44	1.70	35.77	138.21
7	0.41	1.67	2.89	1.18	0.49	1.71	41.53	144.58
8	0.38	1.64	2.97	1.05	0.59	2.03	56.19	182.86
9	0.43	1.25	2.55	0.94	0.31	1.30	32.98	138.30
10	0.67	1.61	2.99	1.21	0.41	1.38	33.88	114.05
11	1.12	0.75	1.62	0.63	0.12	0.87	19.05	138.10
12	1.44	1.85	1.95	0.80	0.15	1.10	8.24	137.50
均值	0.59	1.33	2.36	0.98	0.27	1.25	25.27	127.09

6.4.3.3　枯落物的持水过程

枯落物的吸水速率和持水能力是紧密联系的。银合欢林内枯落物的持水过程（图 6-24）表明，枯落物的吸水量在 0~0.5 h 内迅速增大，然后随着浸泡时间的推移增加幅度变小，在浸泡 4~8 h 后基本达到最大值。在 0.5 h 内林内枯落物可以吸收降水 1.2 kg/m²，相当于 1.2 mm 的降水，即在 0.5 h 内枯落物可以截留降水 1.2 mm。经研究银合欢林内枯落物对降水的截留量占总截留量的 10.24%，所以在 0.5 h 内当降水小于 11.72 mm 时林内不会产生径流。但随着降水的增加，枯落物的截留能力随之下降。因此可以说明，枯落物在截留降水的过程中，在降水开始时截留能力较强，随着枯落物持水量的增加吸水能力降低，直到达到最大持水量，对降水的截留能力开始下降。

银合欢林内枯落物饱和持水率月变化范围在 66.94%~182.86%，5 月为最小，8 月达到最大，最大持水量为 20.33 t/hm，平均为 12.52 t/hm²，相当于 20.33 mm 水深，为自重的 2 倍以上，即林内枯落物层最大可以截流降水 12.52 mm。可见枯落物层对降水的截留是森林对降水截留 3 个层次的重要组成部分，特别是在雨季枯落物能够大量储存降水，减弱降水对土壤的贱蚀，从而减少地表径流，抑制土壤水分蒸发。

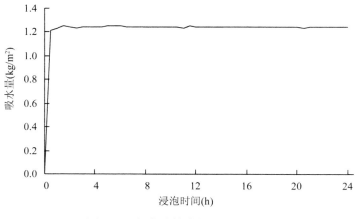

图 6-24　银合欢林枯落物持水过程

6.4.3.4　林地土壤层蓄水性能

土壤是林地水分蓄积保持的主体，林地土壤多孔疏松、物理性质好、孔隙度高，具有较强的透水性。林地的土壤性质决定着土壤对降水的分配情况及土壤的蓄水能力。从表 6-6 可以看出，银合欢林 0～20 cm、20～40 cm、40～60 cm 和 60～80 cm 处的最大蓄水量分别较光板地（CK）提高 128.2 t/hm²、120.8 t/hm²、114.0 t/hm² 和 128.2 t/hm²。其中，毛管蓄水量分别提高 85.8 t/hm²、23.8 t/hm²、70.6 t/hm² 和 58.4 t/hm²，非毛管蓄水量分别提高 42.4 t/hm²、97.0 t/hm²、57.6 t/hm² 和 69.8 t/hm²。最大蓄水量的提高主要来自非毛管蓄水量的提高，银合欢林 0～80 cm 最大蓄水量可以达到 2981.0 t/hm²，光板地为 2489.8 t/hm²，提高了 491.2 t/hm²。这是因为银合欢成林后，林地土壤受到林冠层、枯落物层、根系层以及林内其他生物群落的影响，物理性状都有一定改善。植被根系的不断更新，不但给土壤补充了丰富的有机质，同时根系腐烂所形成的孔洞有利于提高土壤通透性和涵蓄能力。

表 6-6　银合欢林地土壤的蓄水能力

样点	土层深度 （cm）	毛管孔隙度 （%）	非毛管孔隙度 （%）	总孔隙度 （%）	毛管蓄水量 （t/hm²）	非毛管蓄水量 （t/hm²）	最大蓄水量 （t/hm²）
银合欢林	0～20	30.53±1.58a	9.09±0.64a	39.62±2.22a	610.60±31.60a	181.80±12.80a	792.40±34.40a
	20～40	29.22±0.73a	8.14±0.05a	37.36±0.78a	584.40±14.60a	162.80±1.00a	747.20±15.60a
	40～60	30.46±0.70a	6.14±0.23a	36.60±0.93a	609.20±14.00a	122.80±4.60a	732.00±18.60a
	60～80	27.45±0.38a	8.02±0.05b	35.47±0.43a	549.00±7.60a	160.40±1.00a	709.40±8.60a
CK	0～20	26.24±1.68a	6.97±1.04	33.21±1.72	524.80±33.60a	139.40±20.80a	664.20±54.40a
	20～40	28.03±1.91a	3.29±0.52a	31.32±2.43a	560.60±38.20a	65.80±10.40a	626.40±48.60a
	40～60	26.93±0.06a	3.26±0.54ab	30.19±0.60a	538.60±1.20a	65.20±10.80a	618.00±12.00a
	60～80	24.53±2.70a	4.53±1.21b	29.06±3.91a	490.60±54.00a	90.60±24.20a	581.20±78.20a

随着降水量的增加，林冠截留先增加后趋向于一稳定值，而截留率则减小，我国不同气候带及其相应的森林植被类型树冠截留率为 11.4% ~ 34.3%，在降水开始时，林冠层的含水量低，饱和差较大，对降水的吸附能力大，截留的雨量多，截留率就大，随着降水量的增加，林冠层的含水量趋于饱和，吸附力趋于零（闫文德等，2005）。

枯落物凋落量在旱季明显要大于雨季，即雨量充沛的生长季节银合欢的凋落量明显减少，这也是植株生理上的反应。

降水在林内的分配与降水强度密切相关，本节未考虑降水强度对降水截留的影响，深入地对降水分配过程的研究有待进一步加强。

6.5 干热河谷银合欢林改善小气候效应

小气候变化是在小尺度范围内，由于下垫面性质差异而形成的近地面和地表的气候改变。气候和生物群落之间时刻进行物质和能量的交换，是一个相互作用的动态生态系统，既相互影响，又相互制约。小气候作为一个区域水、土，气、热、植被等各种自然要素综合作用的结果，是一个地区生态环境的重要组成部分，直接影响着该区生态环境质量的优劣，直接反映该区水土保持所取得的成效（闫俊华等，2000）。治理后随着植被的恢复，水土流失区小气候会得到不同程度的改善，所以小气候指标也是反映生态效益的重要指标，特别是极度退化生态系统的恢复。

6.5.1 调节温度的作用

银合欢林内外大气温度日变化如图 6-25 所示，由图可以看出，银合欢林内外的大气温度在 8:00 ~ 12:00 这个时段上升较快，在 12:00 ~ 14:00 上升较慢，在 14:00 达到峰值，然后在 14:00 ~ 18:00 大气温度缓慢下降。在早晨 8:00 林内温度高于林外，在 10:00 ~ 18:00 林内温度低于林外，林内比林外平均低 0.92℃，并且在 14:00 时林内和林外大气温度相差最大为 1.8℃，10:00 ~ 14:00 林内外大气温度相差逐渐增大，14:00 ~ 18:00 林内外大气温度相差逐渐减小。说明银合欢林和其他森林系统一样，具有调节改善小气候的能力，银合欢林

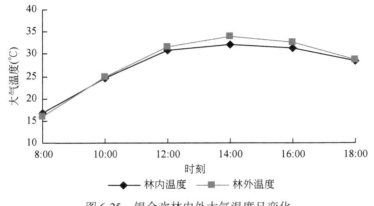

图 6-25 银合欢林内外大气温度日变化

冠层使太阳辐射减弱，树木蒸腾耗热，气温比林外空旷地区低。

6.5.2 调节湿度的作用

银合欢林内外大气湿度日变化如图 6-26 所示，由图可知，银合欢林内外的大气湿度在日出时常出现一个较高值，在 8：00 ~ 12：00 这个时段大气湿度下降迅速，在 12：00 ~ 16：00 缓慢下降。在早晨 8：00 时林内外大气湿度相差最大，为 5.1%，在 12：00 时相差最小为 0.4%，银合欢林内比林外平均高 2.20%。林内的大气湿度最低点出现在 16：00，而林外则出现在 14：00，二者出现了不一致，银合欢林的大气湿度随大气温度存在着一个明显的滞后效应。

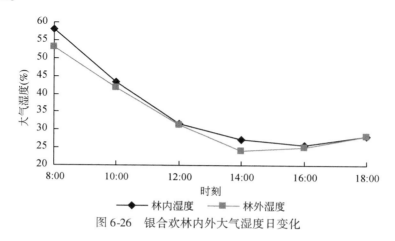

图 6-26 银合欢林内外大气湿度日变化

6.5.3 调节地温的作用

土壤的温热状况，是土壤肥力的重要指标之一，土壤温度尤其是表层 0 ~ 20 cm 的温度状况是评价治理效益的一个重要因子。从图 6-27 中可以看出，银合欢林和 CK 的土壤温

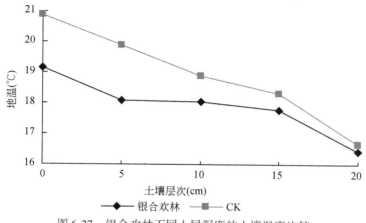

图 6-27 银合欢林不同土层深度的土壤温度比较

度随着土层深度的增加而降低，银合欢林的土壤温度在 0～5 cm 处和 15～20 cm 处迅速降低，而 CK 的土壤温度从 0～15 cm 处降低平稳，在 15～20 cm 处迅速降低。银合欢林的土壤温度明显低于 CK，0～20 cm 平均比 CK 低 1.03℃，并且二者相差幅度随着土壤层次的增加而减小，特别是在 0 cm 处和 5 cm 处相差 1.73℃和 1.80℃。在 20 cm 处二者相差仅为 0.23℃。林内外辐射量的不同导致了土壤温度的差异性，由于林冠的阻隔，到达林地的太阳辐射能很少，林内土壤温度比林外低，银合欢林植被覆盖减少了太阳直射，避免了土壤温度随日照辐射而急剧变化。林内外土壤含水量的差异也会使地温产生差异，土壤水分蒸发可以降低地温，使得银合欢林 20 cm 以内的表层土壤温度波动幅度小于 CK，有利于土壤的腐殖化过程、矿质化过程以及植物的养分供应，保持土壤微生物活性，促进植被的生长。

第7章 干热河谷退化生态系统典型恢复模式的评价

7.1 典型模式效益评价

7.1.1 中度退化系统立体种养复合模式效益评价

7.1.1.1 复合种植模式的光能利用效率

光资源是作物生产的基本能源，尤其在干热河谷光热资源丰富，因此，光能利用率是衡量复合系统功能的一个重要指标。它是系统内风、温、湿、生物等因素的综合反映。太阳光能辐射到地面的只是可见光的一部分（占太阳总辐射能的 40% ~ 50%），而照射在叶面上的太阳光能并未全部吸收：其中，10% ~ 15% 被反射并散失到空间，5% 透过叶片，还有 80% ~ 85% 虽被吸收，但有 75.6% ~ 84.5% 以热能消耗于蒸腾过程，真正用于光合过程的只有 0.5% ~ 3.5%。光能利用率常用以下表达式计算：

$$E(\%) = MT/\sum Q = 0.10 \times 10^{-4} T \times Y/\sum Q \tag{7-1}$$

式中，E 为光能利用率（%）；M 为植物干物质量（kg）；Y 为生长季产量（kg/hm^2）；Q 为生长期内辐射总量（kcal[①]/cm^2）；T 为燃烧 1 kg 干物质释放的能量，农作物平均为 4.25 kacl/g，树木平均为 4.38 kcal/g。

由表 7-1 可以看出：复合模式罗望子 + 木豆的光合利用率达到了 1.61%，主要是因为罗望子种植密度相对较小为 5 m×6 m，木豆仅作为小灌木间作于林间，增加了光合面积；提高叶面积指数，充分利用太阳辐射能，从而提高了整个模式系统的总光能利用率。模式罗望子 + 木豆 + 柱花草和模式罗望子 + 象草，由于罗望子密度大，即使间作了柱花草、木豆和象草提高了整个模式系统的光合面积，但总光能利用率仅达到了 0.91% 和 1.47%。模式罗望子 + 象草总光能利用率明显高于模式罗望子 + 木豆 + 柱花草，主要是由于象草的光能利用率较高，从而提高了前者的总光能利用率。模式罗望子 + 自然草被中，罗望子的种植密度为 6 m×8 m，种植密度虽稍大于模式罗望子 + 木豆，但由于自然草被的光能利用率极低，仅有 0.12%，造成了整个模式系统的光能利用率也较模式罗望子 + 木豆低。

---

① 1cal = 4.184J，后同。

表 7-1　不同复合模式光能利用率　　　　　　　　　　　（单位：%）

模式类型	不同植物组分					模式总利用率
	罗望子	木豆	象草	柱花草	自然草被	
罗望子 + 木豆	1.38	0.39	—	—	—	1.61
罗望子 + 象草	1.38	—	1.43			1.47
罗望子 + 木豆 + 柱花草	1.38	0.28	—	0.61		0.91
罗望子 + 自然草被	1.38	—	—		0.12	1.28
单作	—	0.26		0.58		—

注：因果树生物产量难以测定，罗望子光能利用率用经济产量代替。模式的总利用率采用不同组分面积的加权平均数计算

从表 7-2 木豆和柱花草来看，由于罗望子种植密度较大，木豆和柱花草受罗望子影响较小，同时因复合模式小气候效应的存在，其干草产量反而高于单作，即模式木豆产量（13 749.1 kg/hm² 和 9634.2 kg/hm²）＞单作木豆产量（9022.9 kg/hm²）。

表 7-2　不同复合模式作物产量比较　　　　　　　　　　（单位：kg/hm²）

模式类型	不同植物组分				
	罗望子	木豆	象草	柱花草	自然草被
罗望子 + 木豆	7 845.1	13 749.1	—	—	—
罗望子 + 象草	7 845.1	—	51 419.9	—	—
罗望子 + 木豆 + 柱花草	7 845.1	9 634.2	—	22 345.2	—
罗望子 + 自然草被	7 845.1	—	—	—	4 260.3
单作	—	9 022.9	—	20 592.0	—

注：以上产量均为干草产量，其中木豆产量为牧草利用产量

模式中柱花草产量（22 345.2 kg/hm²）＞单作柱花草产量（20 592.0 kg/hm²）。总体而言，总的光能利用率为罗望子 + 木豆＞罗望子 + 象草＞罗望子 + 自然草被＞罗望子 + 木豆 + 柱花草＞单作柱花草＞单作木豆。模式比单作木豆总光能利用率提高了 519.2% 和 250%，模式柱花草比单作柱花草总光能利用率提高了 56.9%。

因此，复合生态农业立体种植模式系统内不论哪种模式，系统的总光能利用率都不同程度地高于单作系统。系统内光能利用率较高的作物比例越大，结构越复杂，总光能利用率则越高。系统内光能利用率较高的作物一定，间作作物光能利用率越高，结构越复杂，总光能利用率越高。说明复合生态农业立体种植模式系统的光能利用率与系统的结构和间作作物的光能利用率高低有密切关系，多层次的立体种植模式系统有利于光能资源的充分利用。

7.1.1.2　能值效益

试验示范地种植的灌草平均产鲜草 150 t/hm²，每只山羊每天吃鲜草 5 kg 左右，以一只一年生的山羊来计算其能值效益。

能值投入 = 人力能量投入 + 羊的代谢能量

其中：

1）人力能量投入。劳动力的能量消耗为 515 kcal/h，则按每日劳动消耗的时间为 6h，共养殖 65 只羊，则每只羊每年的人力能量投入为 $515 \times 6 \times 365/65 = 17351 = 1.735 \times 10^4$ kcal

2）羊的代谢能量。按公式，基础代谢 $= 70 W \times 0.75$ kcal/d（W 为动物体重），一只羊从 2.8 kg 长到 35.4 kg，则一只羊一年代谢能量为 $70 \times$ ［(35.4 + 2.8)/2］$0.75 \times 365 = 3.67 \times 10^5$。式中 "35.4" 为一年生羊的体重，"2.8" 为小羊出生体重。

能量总投入 $= 1.735 \times 10^4 + 3.67 \times 10^5 = 3.84 \times 10^5$（kcal）

能量产出 = 羊肉折合能 + 羊粪热值 + 沼气能源

其中：

1）羊肉折合能。羊肉的能量为 3070 kcal/kg，一年后一只羊体重为 35.4 kg，其能值为 $3070 \times 35.4 = 1.09 \times 10^5$（kcal）

2）羊粪热值。干粪热值为 3375.14 kcal/kg，按每只羊每天产干粪 0.48 kg 计算，一年一只羊粪热值产出为 $3375.14 \times 0.48 \times 365 = 5.91 \times 10^5$（kcal）

3）沼气能源。沼气体积为 350 m^3，沼气热值为 5500 kcal/m^3，一年沼气能源为 $5500 \times 350 = 1\,925\,000 = 1.925 \times 10^6$（kcal）

能量总收入 $= 1.09 \times 10^5 + 5.91 \times 10^5 + 26.25 \times 10^5 = 26.2 \times 10^5$（kcal）

能量增量 = 产出 − 投入 $= 26.25 \times 10^5 - 3.84 \times 10^5 = 22.41 \times 10^8$（kcal）

能量转化率 = 能量增值/能量投入 $= 22.41/3.84 = 960\%$

饲料转化率 = 畜产品能量产出/饲料消耗量 $= (1.09 \times 10^5 + 5.91 \times 10^5) /3.67 \times 10^5 = 298.28\%$

7.1.1.3 复合模式土壤恢复状况评价

（1）模式说明

木豆 + 罗望子模式（处理1），木豆在雨季挖塘直播，密度为 1×0.8 m^2，地面覆盖率达 85%，采果后一年收割 4 次，不施肥，木豆干豆年产量可达 4748.1 kg/hm^2。柱花草 + 罗望子模式（处理2），地面覆盖率达 100%（包括杂草），一年收割 2 次，平均施肥（尿素）180 kg/（$hm^2 \cdot a$），象草 + 罗望子（处理3）模式，进行带沟整地，地面覆盖率 100%，一年割 3 次，平均施肥（尿素）937.5/hm^2. a。对照区（CK），处于设有禁封设备和禁封管理的禁封区，区内无任何人为干扰措施，任其自然侵蚀，植被为扭黄茅和少量的次生旱生灌丛，地面覆盖率达 45%。

（2）土壤容重与空隙状况分析

孔性是土壤结构的重要指标，土壤结构的好坏，往往反映在土壤孔性（孔隙的数量和质量）方面，影响土壤孔性的因素主要有土壤质地、土壤容重、有机质含量。容重的大小反映土壤通透性的好坏，直接影响土壤通气透水性能。由表 7-3 可看出，试验区土壤容重都很高，处理 2 < 处理 1 < 处理 3 < CK，均大于 1.5 g/cm^3，总孔隙度为处理 2 > 处理 1 > 处理 3 > CK。同一剖面，处理区表层（0 ~ 20 cm）土壤的容重、孔隙度等物理性质均好于深层（20 ~ 40 cm）土壤，而 CK 却因地表侵蚀剧烈，土壤结构破坏，大量细颗粒分散填充、堵塞土壤孔隙，加之有机质匮乏，难以形成良好的团粒，土层变紧实，孔隙度小，物理性质差于深层土壤。总之，退化红壤经人为合理利用、治理后，土壤容重不同程度地降低，大大改善了土壤通透性，土壤物理学肥力得到改善。

表 7-3　试验区土壤物理性肥力测定指标

处理	土层（cm）	容重（g/cm³）	总孔隙度（%）	团聚体组成（%）			
				>2 mm	2～1 mm	1～0.25 mm	<0.25 mm
处理1	0～20	1.59	40.00	10.23	14.47	32.10	43.20
	20～40	1.65	37.74	7.54	9.66	37.80	45.00
处理2	0～20	1.47	44.71	9.56	17.30	52.18	21.07
	20～40	1.64	39.29	8.54	17.21	58.75	15.04
处理3	0～20	1.66	37.36	12.40	10.80	35.10	46.60
	20～40	1.72	35.09	11.23	9.67	36.70	48.00
CK	0～20	1.78	32.82	9.33	10.00	28.18	52.51
	20～40	1.76	33.58	10.54	8.08	22.65	58.73

（3）团聚体组成分析

土壤团聚体可以使土壤松散性和分散性得到改善，同时也提高土壤的总孔隙度及大孔隙量。土壤团聚体数量和组成决定了土壤结构的稳定性，特别是大于 1 mm 的大团聚体对调节土壤通气与持水以及营养平衡释放有着重要意义，是植物良好生长的结构基础，而且其含量与土壤肥力水平密切相关。种植了 3 年的处理 2、处理 1 和处理 3 0～20 cm 土层大于 1 mm 大团聚体含量分别为 26.86%，24.7% 和 23.2%，均高于对照的 19.33%，20～40 cm 土层含量分别为 25.75%，17.2% 和 20.9%，均高于对照地的 18.62%，同一剖面比较，表层土壤大于 1 mm 的团聚体明显多于深层土壤。不同处理 <0.25 mm 土壤微团聚体表现出如下趋势：处理 2 < 处理 1 < 处理 3 < CK，同一剖面土壤表层 < 土壤深层，表明大团聚体崩解破坏严重，土壤退化剧烈。各模式地上部分归还和地下部分根系脱落、根系分泌等作用均使土壤形成良好的结构，从而提高了土壤肥力水平。本试验中处理 1，虽因种植密度过稀，地表覆盖率低于处理 2 和处理 3，雨滴侵蚀和地表径流侵蚀在进行，但仍表现出与处理 2 相近具有良好的物理学性状，显示出了木豆 + 罗望子处理具有更加良好的改良土壤潜力的能力。

（4）土壤蓄水性质分析

不同土地利用类型涵养水源的机能，与土壤物理性质的好坏、枯落物层的状况有关，而储水量大小则与土壤非毛管孔隙度有关。有机质具有的良好胶结作用能形成大团聚体，提高土壤抗蚀能力，增加土壤的孔隙度，利于降水入渗，减少土壤侵蚀，延缓了产流历时的到来，因而在本实验中，随着有机质含量的增加，土壤物理性状的改善和良好结构的枯枝落叶层的形成，其土壤蓄水、滞水能力加强，具有较好的水土保持作用（表 7-4），而处理 1 表现出了很好的蓄水和滞水能力。

表 7-4　不同种植措施后 0~40 cm 土壤水分滞留量和土壤实际蓄水量测定

处理	处理 1	处理 2	处理 3	CK
土壤水分滞留蓄存量（t/hm²）	2695.7	1642.7	1229.3	—
土壤实际蓄水量（t/hm²）	2096.3	925.3	545.2	131.3

土壤水分滞留量和土壤实际蓄水量的计算公式如下：

$$W_g = 10\ 000 \times h \times (Q_o - Q_p) \times r_d \tag{7-2}$$

式中，W_g 为土壤滞留储存量（t）；h 为土壤厚度（m）；r_d 为土壤干容重（g/cm³）；Q_o 为土壤饱和含水量（%）；Q_p 为土壤田间持水量（%）。

$$W_a = (Q_后 - Q_前) \times h_m \times r_d \times 10\ 000 \tag{7-3}$$

式中，W_a 为土壤实际蓄水量（t）；$Q_后$ 为降雨后的土壤含水量（%）；$Q_前$ 为降雨前的土壤含水量（%）；h_m 为土壤湿润深度（m）；r_d 为土壤干容重（g/cm³）。

（5）土壤化学性肥力状况的恢复

人为活动干扰下的土壤性质会发生剧烈的变化，有机质则是反映土壤质量的一个重要属性。有机质含量的大小与枯落物的数量和分解速度有关，而土壤全氮的含量与土壤有机质的增长趋势是一致的，在本试验中（表 7-5），处理 1、处理 2 和处理 3 表层土壤有机质含量较 CK（0.38%）分别增加了 76.32%、42.42% 和 8.22%，氮储量较 CK 分别增加了 38.89%、44.10% 和 8.33%，表明了生物治理对侵蚀土壤营养元素具有改良作用。全磷的储量则因牧草的收获而移出系统含量大，特别是柱花草和象草因生长迅速，单位土地上生物量收割大，移出系统的养分含量更大，这与"耕作引起土壤营养元素水平降低"的观点相吻合，故各处理的养分含量较 CK 低，而处理 1 含量相对较高。速效养分的供应较 CK 也有大幅度的增加，水解氮含量分别增加了 62.10%、71.53% 和 68.19%，木豆的有效磷增加了 45.71%，表明了有效养分供应充分，而柱花草和象草的有效磷含量较 CK 还低，这可能与作物和土壤环境因素的制约有关，本试验区全钾含量均低于 CK，符合全钾含量在土壤中的一般分配规律。

表 7-5　不同处理对土壤肥力的影响状况

处理	土层（cm）	有机质（%）	全氮（%）	全磷（%）	全钾（%）	水解氮（mg/kg）	有效磷（mg/kg）	有效钾（mg/kg）
处理 1	0~30	0.670	0.054	0.022	0.626	19.47	5.36	66.81
	30~60	0.500	0.199	0.018	0.795	11.70	2.96	56.15
处理 2	0~30	0.660	0.059	0.017	1.073	25.92	2.13	92.04
	30~60	0.350	0.033	0.016	0.982	15.87	1.05	55.56
处理 3	0~30	0.414	0.036	0.012	0.930	23.20	1.67	57.62
	30~60	0.213	0.033	0.014	1.068	9.47	1.52	84.25
CK	0~30	0.380	0.033	0.021	1.323	7.38	2.91	84.25
	30~60	0.507	0.042	0.016	1.463	5.31	1.10	76.35

土壤有机质含量随土层的加深而降低,这与表层枯落物分解归还和有机肥补充不易淋溶到深层土壤有关,处理 1 深层土壤含氮量较高可能是由于 30 ~ 60 cm 处拥有庞大的根系而具有强大的固氮作用以及根系分泌物作用和移出系统养分含量较少的原因,处理 2 和处理 3 由于过大的生物量被移出系统且根量少、根系分布不均而含量较低,CK 则由于表层土壤养分流失严重而土壤的含氮量低于深层土壤含氮量。对于全钾因上部淋失速度大于累计速度,下部土层累计速度大于淋失速度,即随剖面深度增加,全钾含量增加,表层土壤出现全钾含量低于下层土壤的现象,而磷只在耕作层中显著增加。总地来看,木豆处理区在无施肥(尿素)的情况下和施肥状态下的象草、柱花草相比,土壤表现出更优越的肥力性质。

7.1.1.4　复合模式生态效益评价

(1) 生物治理指标变化

物理治理指标和化学治理指标,主要表示侵蚀土壤内在特性的变化,本节涉及的生物治理指标则集中反映不同种植治理后土壤在生物学方面的变化,随合理种植措施的实施,地面覆盖率、生物量及生物量的增加率作成为治理效果的客观指标。因此,用地表覆盖率、生物量及生物量增加率和土壤有机质含量的增加率作为主要的生物治理指标。

由表 7-6 可以看出,通过不同处理后,地表覆盖率得到明显的增加,分别增加了 47.67%、55% 和 55%,降低了雨水对地表的直接击溅作用,减少了水土流失。有机质含量明显增加,尤其以木豆处理区和柱花草处理区为甚,象草则因生长迅速、生物量大而随收割量的加大移出系统较多,加之地面覆盖率大而使地温比其他模式偏低,地面枯枝落叶层分解速率缓慢,无法及时补充而显出相对含量较低,生物量则因生物学特性而含量较高。根据大量生产资料统计,由不同处理措施产生的经济效益比值和产投比差异极大,处理 1、处理 2 和处理 3 的土壤产投比分别为 13.5∶1,2.5∶1 和 7∶1,明显高于对照区 0.25∶1,因此,在同等投入的情况下,处理 1、处理 2 和处理 3 所产生的经济效益分别是对照区的 54 倍、10 倍和 28 倍,取得明显的经济效益,本试验投入部分最大的份额是模式的人工管理费用,效益则是由退化红壤质量恢复所产生。从综合分析、比较来看,处理 1 所取得的效益最好。象草虽也有较大的经济效益,但生长迅速生物量大而造成了有机质含量的降低,对土壤肥力消耗较大,不利于地力持久发展,需加大补充肥力的力度。

表 7-6　不同作物种植对侵蚀红壤生物治理效果

处理	地表覆盖率(%)	生物量(t/hm²)	生物量增加率(%)	有机含量增加率(%)	产投比	经济效益(%)
处理 1	85	64	98.3	43.28	13.5∶1	54
处理 2	100	56	98.1	42.42	2.5∶1	10
处理 3	100	225.9	99.5	8.22	7∶1	28
CK	45	1.08	0	0	0.25∶1	1

(2) 改善局地小气候

复合模式使土壤地表覆盖度大大增强,雨季均能达到 100%,干旱季节也在 80% 以上，减少了水土流失，改善了生态环境。在高温干旱季节，覆盖的牧草可减少太阳光对地表的辐射，削弱林内外的能量交换，降低林内地温，增加地面湿度，有利于林内作物抗旱和模式内局地小气候的改善。经测定结果表明：与对照模式"罗望子+自然草被"相比，各模式可使地表温度下降1.2~2.6℃，5 cm地温下降0.5~2.6℃，0~5 cm土壤含水量提高1.2%~6.1%；"罗望子+木豆"模式地面相对湿度降低4.0%，平均日蒸发量增加16%，主要是因为木豆是小灌木，株高2.0 m左右，离地表0~40 cm空间气流阻碍较小，较其余两种模式通风所致；其余两种模式的地面相对湿度提高5.0%和0.8%，平均日蒸发量降低28.0%和12.0%。总体分析，3种模式的局地小气候都得到了改善，"罗望子+木豆+柱花草"效果尤为明显（表7-7）。

表7-7   各模式局地小气候对比

模式类型	地表温度（℃）	5 cm地温（℃）	相对湿度（%）	平均日蒸发量（mm）	0~5 cm土层含水量（%）	地表状况
罗望子+木豆	22.2	22.0	56.8	2.9	5.3	较干
罗望子+木豆+柱花草	20.8	19.9	61.8	1.8	10.2	干
罗望子+象草	22.1	21.1	57.6	2.2	6.4	干
罗望子+自然草被	23.4	22.5	52.8	2.5	4.1	较干

注：绿肥为单季作物，已收获，未测定

7.1.1.5   复合模式经济效益评价

模式建立后，分别对各模式的经济产量进行调查测定，并根据当地市场价格估算出各模式2年的平均年收益，其中木豆既是牧草，又是经济作物，可筛选提纯后，20%作为种子出售，当地市场价为10元/kg，其余用作饲料；柱花草、绿肥、木豆叶和象草用于饲喂山羊、牛、鸡、鱼等，多余的柱花草干粉适口性好，营养价值高，能被农户接受购买去喂猪，这样可大大提高牧草的利用率和经济价值。结果表明：建立模式的同时，加强科学管理，4种模式单位面积的平均年收益是"罗望子+自然草被"模式的4.79~48倍（表7-8）。

表7-8   不同模式产量经济收益

模式类型	罗望子		木豆			牧草		年均收益（万元/hm²）
	产量（t/hm²）	收益（万元/hm²）	果（t/hm²）	饲草（t/hm²）	收益（万元/hm²）	产量（t/hm²）	收益（万元/hm²）	
罗望子+木豆	15.70	3.93	4.7	4.4	2.79	—	—	6.72
罗望子+木豆+柱花草	0.53	0.13	0.9	1.0	0.56	92.8	0.61	1.30
罗望子+木豆+绿肥	0.57	0.14	1.3	1.2	0.74	42.8	0.40	1.28
罗望子+象草	0.68	0.17	—	—	—	190.4	0.50	0.67
罗望子+自然草被	0.45	0.09	—	—	—	10.3	0.05	0.14

7.1.2　重度退化系统水保型模式效益评价

7.1.2.1　银合欢冲沟治理模式评价

试验区位于金沙江干热河谷元谋县城附近小垮山流域，区内干湿明显，土壤侵蚀严重，地力衰退，土层很薄，并处于云贵高原和四川盆地过渡地带，生态环境脆弱，对外界的干扰敏感性强，自我恢复能力差，地质构造复杂，岩性多变，底层古老代、古生代、中生代均有出露，岩性多为砂岩、页岩，都极易被风化、溶化。另外众多的节理构造是造成水土流失的主要内在原因，新构造运动强烈，导致地震频繁，降低了岩石强度和山体稳定性。在地层和岩层组合上，往往又是软硬相间，致使土壤抗蚀能力减弱。在陡峭的地形条件下和植被遭破坏的情况下，极易造成水土流失，使该区生态恢复和重建工作难度加大。多年来，元谋干热河谷采用银合欢作先锋树种进行雨养造林试验，取得了明显的治理效果，下面从土壤理化性质、蓄水能力、土壤剖面结构等方面分析其效益。

（1）土壤改良

A. 土壤剖面结构变化

土壤剖面特征反映了土壤中物质的存在状态，是土壤肥力因素的外在表现，现将冲沟土壤剖面调查资料列表如下（表7-9，表7-10）。

表 7-9　银合欢人工林土壤剖面调查表

调查样区	土层	深度（cm）	土壤类型	质地	根系	湿度	松紧度	新生体	侵入体
1	A	0~12	燥红土	砂壤土	较多	潮	紧实	无	无
	B	12~50	燥红土	中壤土	有	潮	极紧实	无	无
	C	50以下	燥红土	重壤土	较少	干	—	无	无
2	A	0~6	燥红土	中壤土	较多	湿	疏松	无	无
	B	4~40	燥红土	砂壤土	有	潮	极紧	无	无
	C	40以下	燥红土	重壤土	极少	稍潮	紧	无	无
3	A	0~15	燥红土	轻壤土	少量	较湿	疏松	无	无
	B	15~60	燥红土	中壤土	少量	潮	较紧	无	无
	C	60以下	燥红土	重壤土	无	潮	极紧	无	无
4	A	0	—	—	—	—	—	—	—
	B	0~90	变性土	砂壤土	少量	湿	紧	无	无
	C	90以下	变性土	砂壤土	极少	潮	极紧	无	无
5	A	0	—	—	—	—	—	—	—
	B	0~32	燥红土	重壤	少量	潮	紧	有(石灰石)	有（瓦）
	C	32~110	燥红土	黏土	无	干	极紧	有(硫磺土)	无
	D	110以下	燥红土	砂黏土	无	干	极紧	无	无

调查样区	土层	深度（cm）	土壤类型	质地	根系	湿度	松紧度	新生体	侵入体
6	A	0	—	—	—	—	—	—	—
	B	0~36	变性土	中壤土	较少	潮	紧	无	无
	C	34~80	变性土	砂黏土	无	潮	紧	有(菌丝体)	无
	D	80以下	变性土	砂质	无	—	—	—	—
7	A	0	—	—	—	—	—	—	—
	B	0~28	燥红土	重壤土	有	潮	紧	无	有（石子）
	C	28以下	燥红土	砂黏土	少量	潮	紧	无	无

表7-10　对照区土壤剖面调查表

调查样区	土层	深度（cm）	土壤类型	质地	根系	湿度	松紧度	新生体	侵入体
8	A	0	—	—	—	—	—	—	—
	B	0~20	变性土	重壤土	较少	润	较紧	无	无
	C	20~80	变性土	黏壤土	极少	潮	紧	锰结核	无
9	A	0	—	—	—	—	—	—	—
	B	0~40	变性土	砂壤土	较多	润	较紧	无	无
	C	40以下	变性土	砂黏土	极少	潮	紧	菌丝体	无
10	A	0	—	—	—	—	—	—	—
	B	0~40	变性土	砂壤土	有	润	较紧	无	无
	C	40以下	变性土	砂壤土	少量	润	较紧	无	无
11	A	0	—	—	—	—	—	—	—
	B	0~34	燥红土	砂黏土	少量	干	极紧	无	无
	C	34以下	燥红土	砂质层	无	极干	—	无	无
12	A	0	0	—	—	—	—	—	—
	B	0~32	燥红土	中壤土	极少	润	极紧	无	无
13	A	0	—	—	—	—	—	—	—
	B	0~21	燥红土	砂壤土	较少	润	松	无	无
	C	21~62	燥红土	轻壤土	极少	润	紧	无	无
	D		燥红土	砂质层	无	较干	松	无	无

从人工银合欢林和对照区土壤剖面的调查资料可以看出：对照区A层都已被淋失，水土流失严重。侵入体（石子、瓦等）的存在说明了人为活动仍频繁，破坏了土体环境，造成水土流失。表层土壤质地与治理区相比都略显砂质化，进一步证明了该区水土流失严重且仍在继续。治理区土体根系较多、湿度较大和较为疏松的环境，说明了土壤理化性质得以改善，有益于抑制水土流失和提高保肥能力。

B. 土壤理化性质的改善

容重的大小反映了土壤通透性的好坏，直接影响通透性，受土壤中有机质含量和机械组成的制约，随土壤质地发生变化，有机质含量降低，土壤结构变差，土壤容重会变大。治理区容重平均降低 104% ~118%，孔隙度平均增大 106% ~104%，粒径为 0.1 ~0.01 的土壤粉粒含量是未治理区含量的 102% ~276%，银合欢人工林区平均自然含水量为 5.63% ~15.45%，比对照区平均自然含水量 4.09% ~7.05% 高 1.37 ~2.19 倍，这些都表明了治理区的土壤理化性质得到了较好的改善。>2 mm 石块比例的降低进一步说明治理区减少了水土流失的危害。

C. 治理区改土效益

银合欢治理区的水土保持性能良好，使旱坡地土壤养分流失得到较大控制。枯枝落叶层，草被植物的恢复，使土壤淋溶作用加强，土壤中有机质、全氮、水解氮、有效钾含量提高，分别是对照区的 1.11 ~2.03 倍、1.04 ~2.12 倍、1.24 ~2.75 倍、1.52 ~2.17 倍。

（2）经济效益评价

由表 7-11 的经济因子和表 7-12 的计算因子计算模式的经济效益。

表 7-11　经济因子调查表

调查样区	薪材				架材		采摘种子（g/株）	产饲量（kg/m²）
	株数	平均胸径（cm）	平均株高（m）	材积（10⁻²m³/株）	株数	平均地径（cm）		
1	17	10.32	9.77	2.73	50	2.186	351.10	0.66
2	43	5.006	7.68	0.84	65	2.552	351.10	1.80
3	20	8.444	11.06	3.15	19	2.512	351.10	0.47
4	9	5.492	6.36	0.89	29	3.117	351.10	0.21
5	9	5.526	7.34	0.99	11	2.882	351.10	0.18
6	36	6.026	9.04	1.37	10	2.886	351.10	0
7	13	7.927	7.26	2.04	44	2.840	351.10	0.26
8	0	0	0	0	0	0	0	0
9	2	7.010	6.01	1.25	36	2.100	351.10	0.36
10	0	0	0	0	2	2.220	351.10	0.33
11	0	0	0	0	0	0	351.10	1.03
12	0	0	0	0	0	0	351.10	0.52

注：材积 $V = g_{1.3}(h+3)f_e$，其中 f_e 为试验形数 =0.4

表 7-12　计算因子表

密度		干湿比		种子价值				饲料量（kg/d）
体积（cm³）	质量（g）	干重（g）	湿重（g）	单株角数（个）	每角粒数（个）	千粒重（g）	单价（元/kg）	
2375.00	3050	350.00	199.50	330	23	—	—	4.50
860.62	920	485.32	257.22	280	25	45.13	5.00	—
1016.95	1200	621.45	341.80	132	27	—	—	—

由上表可计算出：密度为 0.58 t/m³，干湿比为 0.55，单株种子价为 1.16 元/株，干材按市场价 400 元/t，每只羊一天饲料量 4.5 kg，一年饲料量 1640 kg 来计算。

分析过程中，将直径大于 5 cm 以上的银合欢作为薪材，直径 2~5 cm 作为架材，将薪材种子采摘销售进行分析经济效益，银合欢嫩叶经昆明云大生化技术研究所测得其所含毒素 minosine（相思碱）为 1.79%，可作为饲料。所以本试验在经济效益分析过程中将株高小于 2 m 的银合欢嫩叶作为饲料来计算治理区经济效益。

从表 7-13 可以看出，治理区的经济效益显著，比未治理区单位面积增加了 28 倍左右，达到了预期目标，通过治理既得到了生态效益又有了一定经济效益，且得到了社会效益，为当地农民脱贫致富起到了模范作用。

表 7-13　冲沟调查区各经济效益评价

调查样区	植被状况	A（株）	B（株）	C（元/株）	D（kg/m²）	经济分析（km²或羊单位/km²）株×材积×密度×干湿比×干材单价（0.2元/株）	折合人民币（元/km²或羊单位/km²）
1	银合欢，桉树，罗望子	17				$1.7 \times 10^5 \times 2.73 \times 10^{-2} \times 0.58 \times 0.55 \times 400$	1.12×10^5
			50			$50 \times 10^4 \times 0.2$	—
				1.58		$1.7 \times 10^5 \times 1.58$	—
					0.66	$6.6 \times 10^5 / 1640$	402
2	银合欢，几株车桑子	43				$4.3 \times 10^3 \times 8.4 \times 10^{-3} \times 0.58 \times 0.55 \times 400$	0.74×10^5
			65			$6.5 \times 10^5 \times 0.2$	—
				1.58		$4.3 \times 10^7 \times 1.58$	—
					1.8	$1.8 \times 10^6 / 1640$	1097
3	银合欢，几株桉树和金合欢	20				$2 \times 10^5 \times 3.15 \times 10^{-2} \times 0.58 \times 0.55 \times 400$	1.79×10^5
			19			$1.9 \times 10^5 \times 0.2$	—
				1.58		$2 \times 10^5 \times 1.58$	—
					0.47	$4.7 \times 10^5 / 1640$	287
4	银合欢，较少的酸浆草	9				$9 \times 10^4 \times 8.9 \times 10^{-3} \times 0.58 \times 0.55 \times 400$	0.99×10^5
			29			$29 \times 10^5 \times 0.2$	—
				1.58		$9 \times 10^4 \times 1.58$	—
					0.21	$2.1 \times 10^5 / 1640$	128
5	银合欢，扭合欢，蔬花穿心莲，乌头叶豆	9				$9 \times 10^4 \times 9.9 \times 10^{-3} \times 0.58 \times 0.55 \times 400$	0.81×10^5
			11			$1.1 \times 10^5 \times 0.2$	—
				1.58		$9 \times 10^4 \times 1.58$	—
					0.18	$1.86 \times 10^5 / 1640$	113
6	银合欢，宿地草，筒竹茅，蔬花穿心莲	36				$3.6 \times 10^5 \times 1.37 \times 10^{-2} \times 0.58 \times 0.55 \times 400$	2.79×10^5
			10			$1 \times 10^5 \times 0.2$	—
				1.58		$3.6 \times 10^5 \times 1.58$	—
					0	—	0

续表

调查区	植被状况	A（株）	B（株）	C（元/株）	D（kg/m²）	经济分析（km²或羊单位/km²）株×材积×密度×干湿比×干材单价（0.2 元/株）	折合人民币（元/km²或羊单位/km²）
7	银合欢	13				$1.3 \times 10^5 \times 2.04 \times 10^{-2} \times 0.58 \times 0.55 \times 400$	1.16×10^5
			44			$4.4 \times 10^5 \times 0.2$	—
				1.58		$1.3 \times 10^5 \times 1.58$	—
					0.26	$2.6 \times 10^5 / 1640$	159
8	零星分布含羞草，扭黄茅，马耳朵草	0				—	
			0				
				0			
					少		
9	银合欢	2				$2 \times 10^4 \times 1.25 \times 10^{-2} \times 0.58 \times 0.55 \times 400$	5.1×10^4
			36			$3.6 \times 10^5 \times 0.2$	—
				1.58		$2 \times 10^4 \times 1.58$	—
					0.36	$3.69 \times 10^5 / 1640$	220
10	银合欢，车桑子，酸浆草	0				—	4000
			2			$2 \times 10^4 \times 0.2$	—
				0		0	
					0.33	$3.3 \times 10^5 / 1640$	201
11	车桑子，多花百日菊，叶下珠，扭黄茅	0				—	
			0				
				0		0	
					1.03	$1.03 \times 10^6 / 1640$	628
12	乌头叶豆，扭黄茅，叶下珠，车桑子，蔬花穿心莲	0				—	
			0				
				0			
					0.52	$5.2 \times 10^5 / 1640$	317
13	蔬花穿心莲，扭黄草，附地草，几株银合欢和车桑子	0				—	4000
			2			$2 \times 10^4 \times 0.2$	—
				0		—	
					0.51	$5.1 \times 10^5 / 1640$	311

在本次效益评价试验中，A 代表调查区每 100 m² 所含薪材株数，B 代表调查区每 100 m² 所含架材株数，C 代表调查区每株薪材种子折合人民币（元/株），D 代表饲料量（kg/m²）。

（3）生态效益评价

A. 次输沙效益

本试验采用流域对比法分析计算元谋小垮山流域 2004 年 9 月 22 日降水为 45.6 mm 时

所产生的次洪径流量和输沙量、次洪径流模数和输沙模数，进而分析对比其蓄水减沙效益。

地表径流是降水除林冠截留、地被物的拦蓄以及填洼、入渗、蒸发等损失后，剩余部分在地表形成的径流，它是造成土壤侵蚀和水土流失的主要驱动力。而植被减少和调节地表径流的主要功能在于草被增加了土壤表面的粗糙度，乔灌植被对雨水的高层截留。地表径流、侵蚀量、土壤泥沙量与地上植物生长状况、土壤物理性质、土壤渗透性及抗蚀性能密切相关。

治理区（A、B、C）通过治理改善了土壤理化性质，增加了地表覆盖度和地表粗糙度，据我们调查胸径 2 cm 左右、高 5 m 左右的银合欢主根可达 3 m，侧根可达 1.5 m 左右，大量深根系的存在极大的增加了土壤抗蚀性能，降低了地表径流量和泥沙含量。由表7-14 可知：A 区地表径流系数为 0.799，较对照区（D）2.46 减少了 67.52%。A、B、C区泥沙量分别较对照减少了 89.7%、71.3%、67%，可见治理区较对照区明显减少了水土养分的流失。D 区径流系数小于 C 区，这是由于 D 区人为活动频繁，在汇水面上有许多洼地，在径流过程中增大了填洼水量，从而导致总径流量减少。另外，由于此次降雨强度较大，草被对雨水的截留作用小，C 区与 D 区效果不明显。而银合欢治理区的银合欢乔灌层对雨水高层截留作用大，导致 A 区和 B 区径流消减率提高。

表 7-14   流域对比法估算小垮山流域减沙蓄水效益

对比流域	小区面积（m²）	地表径流系数	悬质输沙率（g/cm³）	次洪径流模数 [m³/(km²·a)]	次洪输沙模数 [t/(km²·a)]	蓄水效益（%）	减沙率（%）
A	82.3	0.799	0.106	364.5	0.0386	67.5	89.7
B	102.9	0.85	0.296	388.7	0.115	65.45	71.3
C	321.34	4.62	0.340	2108.6	0.717	87.6	67.0
D	115.7	2.46	1.03	1123.5	1.157	—	—

注：由于两流域降水性质很相似，所以不进行降水校正

B. 治理区土壤侵蚀治理效果

在冲沟治理区选择 3 个不同坡度的典型区域及在光板地选择对照区修建 4 个径流试验场。坡度设置为缓坡（18.4°）、中坡（29.3°）和陡坡（38.7°）。从这几年的测定结果上看，光板地（对照区）的年土壤侵蚀模数为 8768 t/(km²·a)，植被恢复区平均为 462 t/(km²·a)，地表径流模数消减率和土壤侵蚀模数消减率平均分别为 85.38%、94.73%。陡坡地表径流模数和土壤侵蚀模数都要比缓坡高一些，恢复区的最大地表径流模数为 2.05 m³/(km²·a)，最大土壤侵蚀模数为 532 t/(km²·a)。而对照区的地表径流模数为 10.81 m³/(km²·a)，土壤侵蚀模数为 8768 t/(km²·a)。恢复区的产流最小雨量陡坡最小为 8.6 mm，而对照区产流最小雨量为 1.8mm。而从侵蚀程度上看，恢复区已经达到了中度以下，治理效果相当明显（表 7-15）。

表 7-15 植被恢复区与对照区土壤侵蚀对比

区域	坡度（°）	地表径流模数 $[(m^3/(km^2 \cdot a)]$	消减率（%）	土壤侵蚀模数 $[(t/(km^2 \cdot a)]$	消减率（%）	产流最小雨量（mm）	侵蚀程度
恢复区	29.3	1.06	90.19	368	95.80	14.2	轻度
	18.4	1.63	84.92	486	94.46	10.6	轻度
	38.7	2.05	81.03	532	93.93	8.6	中度
CK	31.2	10.81	—	8768	—	1.8	极强

C. 小气候的改善

冲沟银合欢人工林生态系统建立后，和其他森林系统一样，具有调节改善小气候的能力，主要是由于林冠的存在使林内乱流作用减弱，再加上林冠对林内水汽扩散的阻挡作用，使林区湿度增大，改变了"干"的气候。由于林内湿度增大，树体光合作用吸收热量增大。再加上林区郁闭度增大，阻挡射入辐射，减少射出辐射，使林区最高温有所下降，改善了"热"的气候。抽样调查林中最高气温和空气相对湿度发现：由于治理后林区植被的覆盖率和蓄水量的增大，旱季最高温平均降低 0.93℃，相对湿度平均增加 17.14%，调节小气候明显（表 7-16）。

表 7-16 林区与对照区最高温度和相对湿度对比调查表

日期	林区			裸地			降低了最高温（℃）	增加了相对湿度（%）
	湿球（℃）	干球（℃）	相对湿度(%)	湿球（℃）	干球（℃）	相对湿度(%)		
5.17	20.7	32.8	44	25.2	31.4	41	1.4	3
5.18	22.2	24.8	60	18.5	25	34	−0.2	26
5.19	24.8	31.0	51	19.7	29.3	21	0.7	30
5.20	22.5	25	61	19	25	37	0	24
5.21	20.2	20.5	77	21.2	21.8	75	1.3	2
5.22	24.8	29	51	22.2	29.4	34	0.4	17
5.23	26.8	28.2	71	26.2	30.2	53	2	18
平均	—	—	—	—	—	—	0.93	17.14

注：5.17~5.23 是元谋雨季刚到的时节，其中 5.21 下了第一场小雨

（4）综合效益评价

A. CO_2 固定和释放 O_2 价值

森林生态系统通过光合作用与呼吸作用与大气交换 CO_2 与 O_2，从而对维持大气中的动态平衡起着不可代替的作用。在评价森林生态系统对 CO_2 固定和释放 O_2 的作用时以中国陆地生态系统有机物质生产为基础，根据光合作用方程式：$6CO_2 + 6H_2O = C_6H_{12}O_6 + 6O_2$，每生成 1g 干物质需 1.62 g CO_2，释放 1.2 g O_2，金沙江干热河谷银合欢人工林试验区平均每年每公顷所形成干物质为 7.83 t，所固定 CO_2 是 121.23 t，固碳生态效益采用中国造林成本 260.90 元/t 进行评价，固碳的生态经济价值为 8626.07 元/（$hm^2 \cdot a$）。释放 O_2 量 24.5 t，释放 O_2 工业成本按 400 元/t，释放 O_2 的生态经济价值为 9800.00 元/（$hm^2 \cdot a$）。

又根据干物质的量与光合量（表7-17）计算林分系统的光合效率为0.81%。

表7-17 银合欢人工林的光合生理参数表

测定项目	参比CO_2浓度（μl/L）	CO_2差值（μl/L）	光合有效辐射[$molCO_2$/$m^2 \cdot s$]	参比湿度（%）	湿度差值（%）	气温（℃）	叶面积（m^2）	流速（mol/min）	蒸腾速率[μmol/$m^2 \cdot s$]	气孔导度[$molH_2O$/$m^2 \cdot s$]	叶温（℃）	光合速率[$molCO_2$/$m^2 \cdot s$]
银合欢8	408.7	−0.1	14	10.8	0.51	25.9	0.6	300	0.98	86	25.3	−0.3
银合欢10	403	−6.9	117	9.6	0.46	33	0.8	300	1.35	30	32.7	11.1
银合欢12	377.1	−0.5	58	9.8	0.84	33.1	0.8	300	2.46	57	32.4	2.1
银合欢14	396.7	1.2	29	9.1	0.87	33.5	0.8	300	2.55	57	32.7	1.4
银合欢16	405.6	−6.9	87	8.8	0.74	35.5	0.8	300	2.17	41	34.9	7.6
银合欢18	421.2	−0.9	14	9.5	0.68	33.4	0.8	300	2.01	44	32.8	1.5
光合曲线	395.3	−9.1	234	8.8	2.34	24.3	0.7	300	7.74	481	22.3	23.9
光合曲线	395.5	−5.1	175	8.4	1.22	24.6	0.7	300	4.04	191	23.6	13.4
光合曲线	395.3	−3.1	102	8.4	1.15	24.6	0.7	300	3.8	179	23.6	7.7
光合曲线	396.5	−3.5	73	8.2	1.01	24.6	0.7	300	3.34	153	23.7	8.9
光合曲线	396.8	−1.5	205	7.9	0.87	27.7	0.7	300	2.87	96	27.1	3.4
光合曲线	396.3	−4.9	117	7.9	1.94	28.1	0.7	300	6.42	246	26.3	12.1
光合曲线	399	−0.7	381	7.6	0.29	27	0.7	300	0.97	31	27.1	12
光合曲线	397.2	−1.7	557	7.7	0.34	26.1	0.7	300	1.12	38	26.4	4.6
光合曲线	397.3	−2.1	425	7.8	0.45	25.9	0.7	300	1.5	53	25.9	5.5

B. 吸收有害气体SO_2价值

据测定，阔叶林吸收有害气体SO_2的能力为88.65 kg/（$hm^2 \cdot a$），试验区的新银合欢人工林属于阔叶林。根据环境保护部环境状况公报提供的数据，SO_2 30%的排放量被森林生态系统所净化，SO_2的投资处理成本为600元/t，则试验区的新银合欢人工林所净化的SO_2生态经济价值为15.96元/（$hm^2 \cdot a$）。

C. 生态经济效益指标计算：

土壤侵蚀减沙率＝（未治理区土壤侵蚀模数－治理区侵蚀模数）/未治理区侵蚀模数＝0.28/0.717＝0.391＝39.1%

林草覆盖率＝林草地面积/土地总面积＝1500/1500＝1＝100%

治理度＝已治理面积/需治理面积＝1500/3100＝0.484＝48.4%

土壤有机质含量＝有机质含量/样品量＝0.95%

生态效益综合指数＝$\sum_{i=1}^{4}$生态效益指数×权重＝土壤侵蚀减沙率×权重＋林草覆盖率×权重＋治理度×权重＋土壤有机质含量×权重＝0.391×10.18＋1×0.25＋0.484×0.49＋0.0095×0.05＝55.75%

蓄水效益（元/km^2）＝平均减少径流量×（中小型水库单位容积造价＋单位水价）

D. 防洪效益

采用对等替代法来评价其防洪效益，公式如下：

$$P = (Q_1 - Q_2) AI \tag{7-4}$$

式中，P 为林草措施防洪效益（元）；Q_1 为非治理区的洪水总量（m³/km²）；Q_2 为治理区洪水总量（m³/km²）；A 治理区面积（km²）；I 为当地水库单位容积造价（元/m³）。

E. 减沙效益

采用中小型水库死容的建筑定额作为拦沙效益计算标准，公式如下：

$$P = (S_1 - S_2) ABI \tag{7-5}$$

式中，P 为林草措施防洪效益（元）；S_1 为对照流域产沙量（m³/km²）；S_2 为林草流域产沙量（m³/km²）；A 为治理区面积（km²）；B 为输移比，本试验中测得数据为悬质含沙量，故按 $B = 1$ 计；I 为当地水库单位容积造价（元/m³）；

F. 经济效益

采用产值、产量直接经济分析法，以治理区内银合欢薪材、薪材种子、架材以及饲料来分析其经济效益（表7-18）。

表7-18 效益评价

调查区	产沙量（m³/km²）	径流总量（m³/km²）	蓄水效益（元/km²）	防洪效益（元）	减沙效益（元）	经济分析（km²）		
						薪材+种子（万元）	架材（万元）	饲料（羊单位）
1	228.4	365	789	9 628	790.2	2.73	8.8	159
2	669.00	389	764	9 621	734.7	3.65	7.2	220
3	4 097	2 110	−1 035	−12 423	302.7	2.28	2.2	113
CK	6 500	1 124	—	—	—	—	—	311

注：在式（7-5）计算中 $A = 1500$ km²；I，单位容积造价为 16.8 元/m³，在本试验中以小型水库试用期为 20 年计，则每年耗单位容积造价 0.84 元，即 $I = 0.84$ 元，单位水价为 0.2 元/m³。薪材、架材、饲料分别代表各区薪材，架材和饲料经济效益，最后将它们折合成人民币。本试验中只计算了银合欢的经济效益和草效益，暂不做桉树等的效益计算

7.1.2.2 其他薪炭林的生态效益评价

元谋干热河谷区营造水土保持型薪炭林的生态效益主要表现在提高土壤有机质，改善土壤营养状况方面。从参试的赤桉、马占相思、新银合欢、苏门答腊金合欢、山毛豆 5 个树种来看，除赤桉外，其他几个树种每年都有大量的枯枝落叶产生，随着这些有机物的掉落和积累，将逐渐改善林地的土壤状况，使土壤肥力得到不断提高。每年 8～9 月对植株鲜枝叶情况及四个季节枯枝落叶进行调查，调查值总和的平均调查结果表明（表7-19），马占相思每年有将近 1.5 t/hm² 的枯枝落叶归还土壤，而另外 3 个豆科树种每年有 500～630 kg/hm² 枯枝落叶归还土壤。从调查结果和统计分析看，每公顷单株鲜枝叶量和枯枝落叶量的绝对数是马占相思最大，风干重分别为 4643.10 kg/hm² 和 1483.44 kg/(hm²·a)；赤桉虽然每公顷的鲜枝叶量风干重达 2138.40 kg，但它很少落叶，平均枯枝落叶量仅为 229.02 kg/(hm²·a)。新银合欢、苏门答腊金合欢、山毛豆 8～12 月有一部分枯落物落地分解，到 1 月底应该落的枝叶基本全部落光，但调查结果鲜枝量和枯枝落叶量之间有一定的差异。它们的枯枝落叶量分别达 632.82 kg/(hm²·a)、599.40 kg/(hm²·a) 和 502.35 kg/

（hm²·a），分别占各树种鲜枝叶量的 60.54%、64.41% 和 58.66%。

表 7-19　不同树种的鲜枝叶及枯枝落叶调查

树种	H（m）	D（cm）	鲜枝叶重（kg/株）	风干重（kg/株）	风干重（kg/hm²）	枯枝落叶风干重 [kg/（hm²·a）]	枯枝落叶占鲜枝叶（%）
赤桉	4.5	4.7	1.311	0.432	2138.40	229.02	10.71
新银合欢	2.8	3.4	0.784	0.212	1045.35	632.82	60.54
金合欢	2.6	2.7	0.672	0.188	930.60	599.40	64.41
马占相思	3.0	3.3	3.027	0.938	4643.10	1483.44	31.95
山毛豆	2.5	2.8	0.603	0.173	856.35	502.35	58.66

注：H 表示平均株高，D 表示平均地径，金合欢为苏门答腊金合欢简写

另外，从 9 个树种落叶的营养成分测定结果来看，粗蛋白含量达 4.1% ~ 18.5%，粗脂肪 3.2% ~ 10.9%，粗纤维 10.9% ~ 30.5%（表 7-20）。根据枯枝落叶风干重和各树种的粗蛋白含量计算，马占相思每年有将近 300 kg/hm² 粗蛋白质被分解归还土壤，其他 3 个豆科树种也有 100 ~ 120 kg/hm² 粗蛋白质被分解归还土壤，这对于增加土壤中的氮素和其他矿物营养元素含量，促进土壤生物能量，提高土壤整体的肥力具有重要意义。

表 7-20　元谋薪材树种叶子营养成分分析

树种	水分（%）	粗蛋白（%）	粗脂肪（%）	粗纤维（%）	灰分（%）	无氮浸出物（%）
赤桉	9.9	13.0	10.9	13.8	6.7	45.7
窿缘桉	9.8	8.0	9.7	12.6	5.0	54.9
柠檬桉	9.4	4.1	6.6	10.3	5.6	63.4
金合欢	11.8	15.6	4.9	10.8	6.1	50.8
马占相思	11.8	9.6	4.9	20.5	5.3	47.9
念珠相思	10.5	13.5	3.4	23.5	5.2	44.0
山合欢	10.8	18.5	6.1	21.8	6.1	36.7
山毛豆	9.1	17.2	3.2	30.5	9.4	30.3
木豆	9.8	17.0	8.0	24.9	5.1	35.2

营造水土保持型薪炭林，在改善元谋盆地干热河谷区小气候方面也有积极的意义。根据造林后 2 ~ 5 年对小横山薪炭林的小气候观测结果，在冬季 12 月的中、下旬，阴坡林内日平均气温差为 13.8℃，阳坡为 14.7 ℃，而空旷地高达 16.0 ℃。从空气相对湿度看，林内日平均相对湿度阴坡为 70%，阳坡 61%，空旷地仅 50%；到气候最干热的 3 ~ 5 月，林内空气相对湿度可比空旷地高 5% ~ 10%。

7.1.3　轻度退化系统特色复合经营生态农业模式效益评价

7.1.3.1　与农场主杨德文合作建立复合高效模式经济效益

此系统为退化生态系统综合农业生态模式。具体来讲，这种模式充分利用了当地的

光、热、水、土地等自然资源和人力、畜力、资金等社会资源，采用了以下的农艺技术，建立立体种植与养殖格局，组成多种生物之间共生互利的关系，既合理利用空间资源，又通过共生关系降低投入与成本；利用间作、套作、轮作等方式，巧妙地组成农业生态系统的时空结构，促使多茬生产并使地力"常新"；利用增加食物链环节，进行物质和能量多层次转化等手段促使物质循环再生和能量充分利用。具体模式为：建立果－果－农－猪－鸡－沼气池。

（1）灌溉条件

示范园的水利设施比较完善，因此系统内所有作物均可以按照作物所需水分供给，使整个作物系统水肥充足，生长健壮，经济效益明显。

（2）效益评价

从表7-21中数字可知，龙眼的生长势旺盛，特别是二年生和三年生龙眼树生长量特别大，主要原因是第二年、第三年果园内加大有机肥投入，加强整形修剪等土肥水管理。三年生的龙眼树已初花初果。对于四年生的龙眼，冠幅逐渐增大，除需要正常的水肥条件外，还需要充足的光气条件，而本果园内以 5 m×6 m 纯龙眼树种植，树体生长健壮，结果习性良好，果实的产量、品质均居上乘，结果 5.43 kg/株，产投比为 2.16；第五年单株产量为 7.5 kg，产投比为 2.77；第六年单株产量为 15.2 kg，产投比为 5.56。而龙眼与芒果混种的果园内，由于密度太大导致作物光线、通气条件较差，长势属于中等偏下。建议砍伐过密的、品质较差的芒果树。

表 7-21　杨德文基地产投调查表

种植方式及密度	品种	树龄（年）	地径（cm）	株高（cm）	冠幅（cm×cm）	单株产量（kg）	折合产量（kg）	产值（元/hm²）	投入（元）	产投比
纯龙眼 5 m×6 m	储良	1	5.1	80.2	42.8×38.8	0	0	0	5 328.0	0
		2	12.1	123.2	133.0×113.6	0	0	0	3 665.0	0
		3	19.5	191.0	239.8×247.2	1.95	649.4	3 896.1	4 895.1	0.79
		4	26.4	254.6	315.0×312.8	5.43	1 810.8	10 864.8	5 028.3	2.16
		5	30.1	312.0	394.6×422.5	7.59	2 527.5	15 165.0	5 461.2	2.77
		6	46.1	384.5	410.2×376.6	15.2	5 061.6	30 369.6	5 461.2	5.56
龙眼芒果 5 m×4 m	储良	4	21.1	216.6	242.8×231.0	2.28	1 138.9	6 833.16	5 028.3	1.35
	三年芒	5	38.7	227.8	225.2×217.6	28.0	13 986.0	41 958.0	6 293.7	6.67
纯芒果 5 m×4 m	三年芒	5	52.2	349.8	373.6×372.6	32.8	16 383.6	49 150.8	6 293.7	7.80
		5	52.5	382.2	437.6×446.1	39.6	19 780.2	59 340.6	6 293.7	9.42

注：①第一年，龙眼投入按 15.0 元/株计算（包括种苗、规划、挖塘、底肥、人工）；

②第二年，龙眼投入按 11.0 元/株计算（包括有机肥、无机肥、农药、人工）；

③第三年，龙眼投入按 14.7 元/株计算（包括种苗、规划、挖塘、底肥、人工第二年投入折算、水利折算）；

④第四年，龙眼投入按 15.1 元/株计算（包括种苗、规划、挖塘、底肥、人工）；

⑤第五年，龙眼投入按 16.4 元/株计算（包括种苗、规划、挖塘、底肥、人工）；

⑥第六年，龙眼投入按 16.4 元/株计算（包括种苗、规划、挖塘、底肥、人工）。五年生芒果投入 12.6 元/株包括有机肥、无机肥、农药、人工、第一年及第二年投入折算、前期水利投入折算

而对于芒果园，树体的长势就有明显的差异。生长在土质较差的变性土上的芒果树，长势均弱，无经济产量，应加强土壤改良，促进作物生长，或者用适应性较强的其他作物取代现有的芒果树。而生长在较好土质上的芒果树，长势中等偏上，但种植密度必须合理，从表 7-21 中数据可知：龙眼与芒果混种密度太小，致使通风透光较差产量下降，单株产量下降 4~11kg，而总体来讲，芒果前期产值高于龙眼，主要原因是管理简便、省工、省水，而龙眼进入结果期后，栽培上需精细管理，特别是冬梢处理需耗费大量的人力，导致人工费加大，成本提高。另外，芒果树进入盛果期较早，五年生的芒果树已进入盛果期，而五年生的龙眼树只属于初果期，因此龙眼的生产潜力也是较大的。总之，在干热河谷区发展龙眼、芒果等热带果树效益明显，有广阔的发展前景。

7.1.3.2 与元谋县青年科技示范园基地共建生态农业模式经济效益

1）模式：此复合系统属于退化台地利用模式，模式中主要作物选择充分体现热带亚热带果树资源利用，并结合当时产业结构逐步调整。主要果树品种有龙眼、荔枝、台湾青枣、葡萄等，并以这些果树品种为母本园，建立苗木繁育基地，极大提高土地利用效率，带动周边地区热带果树发展。模式中通过不同种植方式、种植密度、栽培管理技术利用退化台地、旱坡地；同时强化种植与养殖（猪、羊、鸡、鱼）发展模式，延长食物链，体现出较高的生态经济功能。

2）灌溉条件：系统内水源充足，水利设施完善，能满足其所有作物供水需要，但是旱季（2~5 月）水肥投入较大不易种植，以免耕为主，冬季加强反季生产。

3）效益评价：此模式主要以干热河谷特色果树为主，从种植方式、种植模式研究其合理的结构、功能及效益。模式的选择与建设主要结合科研所自身特点，从品种繁育、改良筛选入手，表 7-22 中数据显示，模式的建设是成功的，效益是明显的。三个主要龙眼品种在干热河谷适宜性强，丰产性较好，而其中"石硖"为最好，"灵龙"次之，"储良"结果率低，树势早衰，表现较差。两个主栽的台湾青枣品种也有较明显的差异，其中"高朗一号"的丰产性、生长性好于"大世界"。两个主栽荔枝品种，三年仍未挂果，每个品种的生长特点差别不明显，"白糖罂"主干粗壮，干性强，而"妃子笑"发枝力较强，树冠长势好于"白糖罂"。同一品种种植在不同立地条件下，长势与产量也有差异，龙眼种植在缓坡地时，树的长势与产量均差于种植在台地上的。主要原因是缓坡地仍存在一定的水土流失，不保水保肥，这导致作物生长受到一定影响。

表 7-22 主栽作物生长及产量因素调查表（果园建立第四年）

模式	种植方式（m²）	面积（hm²）	主栽品种	地径（cm）	株高（cm）	冠幅（cm²）	单株产量（kg）	每公顷产量（kg）	价格（元/kg）	产值（万元）
龙眼+木薯	6×5	1.33	石硖	27.7	229.6	316.0×335.4	6.5	2 164.5	5.84	1.68
	1×1	1.27	—	—	—	—	8.99	90 000.0	0.30	3.43
龙眼+葡萄	6×5	0.54	灵龙	31.3	248.6	368.0×427.5	4.5	1 498.5	5.75	0.46
	2×1.5	0.13	—	—	—	—	0	0	—	0
纯龙眼	6×5	1.73	储良	21.3	172.4	205.6×231.8	3.8	1 265.4	5.65	1.24

续表

模式	种植方式（m²）	面积（hm²）	主栽品种	地径（cm）	株高（cm）	冠幅（cm²）	单株产量（kg）	每公顷产量(kg)	价格（元/kg）	产值（万元）
龙眼＋青枣（台地）	2×3	1.67	高郎一号	—	347.4	—	12.5	20 812.5	2.50	8.69
	6×5	0.67	石硖	18.6	168.4	179.8×184.2	6.2	2 064.5	5.84	0.81
龙眼＋青枣（缓坡地）	1.5×6	0.40	大世界	—	189.8	—	18.4	9 337.9	2.50	0.93
	6×5	0.33	石硖	18.5	178.2	212.6×218.8	5.5	1 831.5	5.84	0.35
荔枝＋苗圃	5×4	0.13	白糖罂	13.1	150.2	116.4×121.2	0	0	—	0
	1.5万株龙眼苗			—	—	—	—	—	5.0	7.5
荔枝＋苗圃	5×4	0.13	妃子笑	11.1	118.0	140.6×133.0	0	0	—	0
	1万株台湾青枣苗			—	—	—	—	—	3.0	3.0
总计	—	8.33	—	—	—	—	—	—	—	28.09

由表 7-22 可知，模式建立第四年，主栽作物刚进入初果期，产量、产值较少。调查面积 8.33 hm²，总收入 28.09 万元，而龙眼地中间作的青枣产量占总收入的 34.24%，龙眼地间作的苗圃收入占 37.37%，由此说明，在果园建设的前期，合理科学的复合经营可极大地提高系统的经济效益。另外，模式中养殖业的收入 0.8 万元/a。

7.1.3.3　科研所建设试验模式

1）土壤理化性状改善。由表 7-23 可知，复合栽培模式对土壤改良有较好的作用，表现为：土壤物理性状改善，容重降低，含水量提高，热容量增加，抗蚀性和保水能力增强；土壤有效养分增加，肥力得到提高。

表 7-23　不同栽培模式下土壤理化性状比较

比较项目	土层（cm）	龙眼	龙眼 - 青枣	龙眼 - 香叶天葵
土壤含水量（%）	0~30	4.49	5.64	7.23
土壤水稳系数	0~20	0.44	0.51	0.59
	20~40	0.18	0.32	0.42
土壤容重（g/cm³）	0~20	1.56	1.40	1.38
	20~40	1.74	1.62	1.57
有机质含量（%）	0~20	0.81	0.89	0.97
	20~40	0.64	0.68	0.84
碱解氮（mg/kg）	0~20	37.80	44.60	59.36
	20~40	33.60	51.20	64.19
速效钾（mg/kg）	0~20	12.21	8.20	9.46
	20~40	16.31	10.31	15.90
速效磷（mg/kg）	0~20	81.80	72.93	77.53
	20~40	49.10	94.17	92.11

2）生态效益。由表7-24可知复合模式下的生态效益优于单作，具体表现在地上植物生长量大、郁闭度高、叶面系数大、叶含水量大、枯枝落叶量大，气温、地温变化缓和。在复合栽培模式下郁闭度提高，龙眼的茎粗、株高、冠幅增长更快，干物质积累更多。

表 7-24　热区所试验地不同栽培模式下生态效益比较

比较项目	龙眼	龙眼 – 青枣	龙眼 – 香叶天竺葵
龙眼茎粗（地茎）（cm）	10.61	11.54	11.94
龙眼株高（m）	3.4	3.76	3.52
龙眼树冠面积（m²）	14.2	14.3	16.83
郁闭度（%）	62.61	87.34	90.12
叶面系数	3.34	6.57	5.87
龙眼鲜叶含水量（%）	71.18	71.89	72.03
枯枝落叶量（t/hm²）	7.423	24.1	69.5
气温（℃）	24.0 ~ 29.5	23.4 ~ 26.9	23.6 ~ 27.8
地温（5 cm 深处）（℃）	33.3	27.64	24.6
地温（10 cm 深处）（℃）	27.33	24.58	23.4
地温（15 cm 深处）（℃）	23.7	21.61	21.5
地温（20 cm 深处）（℃）	23.3	21.24	21.4

3）经济效益。经济效益如表7-25所示，240亩果园三年经济收入达463.14万元。

表 7-25　热区所试验地生态农业模式主要作物经济效益

名称	第一年					第二年					第三年				
	单株产量（kg）	株数（株）	面积（亩）	单价（元/kg）	合计收入（万元）	单株产量（kg）	株数（株）	面积（亩）	单价（元/kg）	合计收入（万元）	单株产量（kg）	株数（株）	面积（亩）	单价（元/kg）	合计收入（万元）
台湾青枣	1.5	100	50	2.00	1.50	22	100	50	2.00	22.00	50	100	50	2.00	50.00
莲雾	20	30	10	10.00	6.00	40	30	10	10.00	12.00	60	30	10	10.00	18.00
番木瓜	20	100	10	3.00	6.00	80	100	10	3.00	24.00	100	100	10	3.00	30.00
番石榴	12	100	10	3.00	3.60	40	100	10	3.00	12.00	50	100	10	3.00	15.00
杨桃	3	60	10	5.00	0.90	20	60	10	5.00	6.00	50	60	10	5.00	15.00
龙眼	—	—	150	—	—	—	—	—	—	—	2.5	30	150	5.00	5.62
芒果	—	—	5.5	—	—	—	—	—	—	—	1.8	30	5.5	3.00	2.59
罗望子	—	—	12	—	—	—	—	—	—	—	0.5	22	12	3.00	0.039
间作作物	—	—	600	250	15.00	—	—	600	250	15.00	—	—	600	250	15.00
牧草	624 亩→200 只羊				9.00	624 亩→200 只羊				9.00	624 亩→200 只羊				9.00
合计	463.14 万元														

7.1.3.4　示范区青枣经济效益

通过对元谋县主要种植龙眼、青枣的5个县区的产量、产值比较（表7-26）可知，元谋干热河谷种植青枣经济效益可达0.46万 ~ 0.56万元/亩，但目前复合经营的意识还不强，有更大的潜力可挖。

表 7-26　元谋示范区青枣经济效益

年份	元马镇		老城乡		黄瓜园乡		江边乡		能禹镇	
	亩产量	单价	亩产量	单价	亩产量	单价	亩产量	单价	亩产量	单价
2006 年	3540	1.6	3400	1.5	3076	1.5	3188	1.4	3643	1.6
2007 年	3545	2.0	3790	1.9	3366	1.9	3156	1.8	3735	2.0
2008 年	3640	2.3	3512	2.2	3507	2.2	3160	2.1	3711	2.3
折合收入（元/亩）	7042		6675.8		6237.9		6191.3		6681.6	
折合支出（元/亩）	1446		1500		1560		1600		1320	

注：元马镇的调查面积为 140 亩、老城乡调查面积为 180 亩、黄瓜园调查面积为 80 亩、乡江边乡调查面积为 40 亩、能禹镇调查面积为 65 亩，亩产量为平均值。亩产量的单位为 kg，单价的单位为元/kg

7.2　适宜性评价

生态恢复适宜性评价是科学和优化实施生态恢复模式的基础，为了使生态恢复模式在实施地点或区域顺利推广且达到效益最大化，应当事先对模式进行适宜性评价，并筛选出优化的生态恢复模式。但是，如何进行生态恢复的适宜性评价，这方面的研究很少。第宝锋等（2009）研究认为生态恢复应结合退化区的自然地理条件、社会经济状况以及生态系统退化现状，针对生态系统退化的主要问题以及生态恢复的适宜性条件，提出生态恢复的重点及主要模式。钟祥浩（2000）指出退化生态系统的恢复与重建要立足于经济和生态效益统一的原则。现有的研究主要是通过生态恢复的生态效益和社会经济效益评价，分析生物适应性来间接探讨生态恢复的适宜性问题，还没有形成系统的适宜性理论及研究案例。本研究从"求 – 供"和"产 – 望"两个角度建立生态恢复适宜性评价指标体系，采用层次分析法确定各评价指标权重，通过"双套对偶评价指标比值法"对云南干热河谷退化生态系统典型恢复模式进行适宜性评价。

7.2.1　干热河谷退化生态系统典型恢复模式

干热河谷生态恢复的发展，水是制约因素。因此，模式的建立主要根据水源条件而定，分为 3 个小系统（纪中华，2003），即"补灌系统"、"灌溉系统"、"雨养系统"（表 7-27）。针对不同系统的水分条件，采取切实可行的治理模式，以达到脆弱生态系统的恢复及可持续发展。

表 7-27　云南干热河谷退化生态系统典型恢复模式

生态恢复模式	灌溉类型	主要作物配置模式
立体种养循环模式（M_1）	"补灌"系统	罗望子 + 木豆、罗望子 + 柱花草、罗望子 + 象草
水保型林草复合典型模式（M_2）	"雨养"系统	银合欢
名优土特复合经营典型模式（M_3）	"灌溉"系统	龙眼 + 青枣、龙眼 + 香叶天竺葵、龙眼

7.2.2 干热河谷生态恢复适宜性评价指标体系与方法

7.2.2.1 指标选取原则

根据生态恢复适宜性评价的内容及其基本任务,评价指标体系的建立主要遵循以下几个原则。

第一,综合性原则。所选择的指标能反映生态恢复模式对土壤、气候、社会经济条件的适宜性,及其在水土保持、自然环境、社会经济方面的效益,在指标体系上能够反映对客观条件的适应性和主观期望的满意程度,要充分体现各项指标之间的相互联系以及指标体系之间的相互联系。

第二,突出主导因素原则。影响生态恢复适宜性的因子很多,但其作用程度不同。因此,评价指标应选择对生态恢复适宜性影响较大的因子,舍弃一些影响较小的因子。

第三,客观与主观相结合原则。评价指标应尽量采用客观指标,保证评价结果的客观性和权威性,对那些少数重要的主观指标也应纳入评价指标体系。

第四,可操作性原则。评价方法与选用的指标应简单明确,易于收集,指标的独立性强,要尽量采用现有的试验观测数据和统计资料。

7.2.2.2 评价指标体系构建

生态恢复适宜性评价指标体系的建立主要从两个方面来考虑,包括生态恢复模式对土壤条件、气候条件和社会经济条件的需求,以及模式产生的水土保持效益、自然环境效益和社会经济效益。建立生态恢复适宜性评价的"双套对偶评价指标体系":"求 – 供"指标体系(表7-28),即模式对土壤、气候和社会经济条件所要求的与模式实施地所能提供的对应条件的一类指标;"产 – 望"指标体系(表7-29),即模式实施后所产生的水土保持效益、区域自然环境效益和区域社会经济效益与模式实施地人们所期望的相应效益的一类指标。

表 7-28 生态恢复适宜性评价的"求 – 供"指标体系及其指标权重

分类	指标	要求值			权重
		M_1	M_2	M_3	
土壤条件	土壤含水量(%)	14.5	20	25	0.020 1
	土层厚度(cm)	80	80	100	0.017 6
	pH	6.5	7.15	7	0.048 9
	有机质(%)	1	2	1.5	0.051 2
	全氮(%)	0.1	0.1	0.1	0.032 8
	全磷(%)	0.14	0.14	0.14	0.025 1
	水解氮(mg/kg)	100	80	100	0.024 0
	有效磷(mg/kg)	18	27	18	0.019 2
	有效钾(mg/kg)	120	245	120	0.017 6

分类	指标	要求值			权重
		M_1	M_2	M_3	
气候条件	年均气温（℃）	21	23	19	0.194 2
	年均降水量（mm）	800	1 200	1 100	0.289 8
	年均蒸发量（mm）	600	600	600	0.087 3
社会经济条件	农村可用投资（元/hm²）	3 800	500	16 000	0.087 3
	农村劳动力资源（人/hm²）	20	5	30	0.026 3
	灌溉条件（m³/hm²）	8 000	2 000	10 000	0.058 5

表 7-29　生态恢复适宜性评价的"产 - 望"指标体系及其指标权重

分类	指标	期望值	权重
水土保持效益	土壤侵蚀模数 [t/(km²·a)]	450	0.009 4
	径流模数 [m³/(km²·a)]	15 000	0.008 5
	土壤容重（g/cm³）	1.7	0.016 0
	总孔隙度（%）	50	0.016 4
	有机质（%）	2	0.038 3
	水解氮（mg/kg）	50	0.025 7
	有效磷（mg/kg）	10	0.020 0
	有效钾（mg/kg）	200	0.018 5
自然环境效益	地面覆盖率（%）	100	0.071 1
	地表温度（℃）	20	0.044 0
	相对湿度（%）	60	0.055 9
	土壤含水量（%）	15	0.071 1
	生物多样性指数	1	0.097 9
社会经济效益	作物产量 [kg/(hm²·a)]	50 000	0.090 4
	产投比（%）	10	0.099 9
	年均收益 [万元/(hm²·a)]	10	0.134 9
	商品化率（%）	100	0.182 0

　　生态恢复适宜性评价关键指标的确定分为两部分。一是"求 - 供"适宜性评价指标体系中模式对土壤、气候和社会经济条件的要求值。各适宜性指标要求值的确定主要基于对生态恢复适宜性条件的系统总结和专家建议。二是"产 - 望"指标体系中模式实施地人们对模式实施后所产生的水土保持效益、自然环境效益和社会经济效益的期望值。指标的期望值是在实地调查和结构化调查表的基础上，综合考虑当地人们对模式实施后产生效益的期望和专家意见来确定的。这些要求和期望指标的最后取值分别如表 7-28 和表 7-29 所示。

7.2.2.3 指标权重的确定

各评价指标对生态恢复适宜性的影响作用是不同的，这就需要根据每个评价指标影响作用的重要程度赋予不同的权重。本研究采用层次分析法（AHP）来确定各个评价指标的权重，其步骤如下。

1）建立层次结构：在"双套对偶评价指标体系"的基础上，将评价指标从"求－供"和"产－望"两个方面分别建立目标层、准则层和指标层。"求－供"适宜性评价指标体系中，把生态恢复的"求－供"适宜性作为目标层，准则层为影响生态恢复的土壤条件、气候条件和社会经济条件，选出的 15 个指标作为指标层。"产－望"适宜性评价指标体系中，把生态恢复的"产－望"适宜性作为目标层，准则层为生态恢复的水土保持效益、自然环境效益和社会经济效益，选出的 17 个指标作为指标层。

2）构造判断矩阵：根据生态恢复研究方面的专家和有实践经验的技术人员对每个层次中评价指标相对重要性的定量判断，再加以平衡最终确定判断矩阵的数值。

3）层次单排序和一致性检验：根据判断矩阵计算，对于上层次中的某元素而言，确定本层次与之有联系的各元素重要性次序的权重值，然后进行一致性检验。在研究中，"求－供"适宜性评价指标体系中各准则层的 CR 值分别为 0.041、0.000、0.000，都小于 0.10，表明各判断矩阵具有一致性；"产－望"适宜性评价指标体系各准则层的 CR 值分别为 0.022、0.035、0.023，都小于 0.10，因此各判断矩阵都具有一致性。

4）层次总排序和一致性检验：利用准则层中所有层次单排序的结果，计算针对目标层而言的指标层所有元素的重要性权重值。经过一致性检验，得出"求－供"和"产－望"评价指标体系的 CR 值分别为 0.011 和 0.027，都小于 0.10，表明层次排序的结果具有满意的一致性。

7.2.2.4 评价方法

在"求－供"和"产－望"两套评价指标体系的基础上，建立生态恢复适宜性评价的"双套对偶评价指标比值法"模型，即"求－供"适宜性评价指标体系中各指标在实施地的提供值与模式要求值之比的加权求和，"产－望"适宜性评价指标体系中各指标的产出值与人们期望值之比的加权求和，二者之和为最大时，表明该措施的适宜性为最大。

$$SI = \sum_{i=1}^{m} w_i RSI_i + \sum_{j=1}^{n} v_j OEI_j \tag{7-6}$$

当指标为"越大越优型"，适宜性指数的计算公式为

$$RSI = \begin{cases} \dfrac{I_s}{I_r} & I_s \leq I_r \\ 1 & I_s > I_r \end{cases} \tag{7-7}$$

$$OEI = \begin{cases} \dfrac{I_o}{I_e} & I_o \leq I_e \\ 1 & I_o > I_e \end{cases} \tag{7-8}$$

当指标为"越小越优型"，适宜性指数的计算公式为

$$\text{RSI} = \begin{cases} \dfrac{I_r}{I_s} & I_s \geq I_r \\ 1 & I_s < I_r \end{cases} \tag{7-9}$$

$$\text{OEI} = \begin{cases} \dfrac{I_e}{I_o} & I_o \leq I_e \\ 1 & I_o < I_e \end{cases} \tag{7-10}$$

式中，SI 为生态恢复适宜性指数；RSI_i 为第 i 项指标的"求 – 供"适宜性指数，$i = 1$，$2, \cdots, m$；OEI 为第 j 项指标的"产 – 望"适宜性指数，$j = 1, 2, \cdots, n$；I_s、I_r 分别为指标的提供值和要求值；I_o、I_e 分别为指标的产出值和期望值；m、n 分别为"求 – 供"和"产 – 望"评价指标体系的指标数目。

7.2.3　评价结果

通过调查和查阅文献资料，获得上述干热河谷退化生态系统 3 种典型恢复模式区域所提供的指标值和产出的指标值（表 7-30，表 7-31），按上述公式计算，结果显示（表 7-32），立体种养循环模式（M_1）的生态恢复适宜性指数最高，名优土特复合经营典型模式（M_3）次之，水保型林草复合典型模式（M_2）最低。实践证明，M_1 适应云南干热河谷的土壤、气候和社会经济条件，综合效益明显，使系统得以可持续发展，在干热河谷有广泛的推广前景（纪中华等，2005）。

表 7-30　"求 – 供"适宜性指标评价结果

分类	指标	提供值			适宜性指数		
		M_1	M_2	M_3	M_1	M_2	M_3
土壤条件	土壤含水量（%）	6.12	6.12	6.12	0.422	0.306	0.245
	土层厚度（cm）	60	60	60	0.750	0.750	0.600
	pH	7	6.8	6.8	1.000	0.951	0.971
	有机质（%）	0.42	0.81	0.44	0.420	0.406	0.295
	全氮（%）	0.034	0.058	0.023	0.340	0.575	0.230
	全磷（%）	0.02	0.022	0.019	0.143	0.159	0.136
	水解氮（mg/kg）	34	21.88	12.07	0.340	0.274	0.121
	有效磷（mg/kg）	1.62	1.74	4.11	0.090	0.064	0.228
	有效钾（mg/kg）	18.42	149.44	75.17	0.154	0.610	0.626
气候条件	年均气温（℃）	21.9	21.7	21.9	1.000	0.943	1.000
	年均降水量（mm）	613.8	623.9	613.8	0.767	0.520	0.558
	年均蒸发量（mm）	3 911.2	3 507.2	3 911.2	0.153	0.171	0.153
社会经济条件	农村可用投资（元/hm²）	3 336.9	3 336.9	3 336.9	1.000	1.000	0.209
	农村劳动力资源（人/hm²）	10	10	10	0.500	1.000	0.333
	灌溉条件（m³/hm²）	7 000	6 239.5	8 000	0.875	1.000	0.800

表 7-31 "产 - 望" 适宜性指标评价结果

分类	指标	产出值			适宜性指数		
		M₁	M₂	M₃	M₁	M₂	M₃
水土保持效益	土壤侵蚀模数 [t/(km²·a)]	854.50	623.83	1200	0.527	0.721	0.375
	径流模数 [m³/(km²·a)]	37 100	15 800	40 000	0.404	0.949	0.375
	土壤容重 (g/cm³)	1.57	1.69	1.64	0.925	0.994	0.967
	总孔隙度 (%)	40.69	36.23	45.41	0.814	0.725	0.908
	有机质 (%)	0.57	1.11	0.89	0.285	0.555	0.445
	水解氮 (mg/kg)	17.59	39.50	47.25	0.352	0.790	0.945
	有效磷 (mg/kg)	3.47	0.45	9.96	0.347	0.045	0.996
	有效钾 (mg/kg)	81.03	196.42	77.42	0.405	0.982	0.387
自然环境效益	地面覆盖率 (%)	95	100	80.02	0.950	1.000	0.800
	地表温度 (℃)	21.7	23	21.97	0.922	0.870	0.910
	相对湿度 (%)	58.73	51	43.03	0.979	0.850	0.717
	土壤含水量 (%)	7.3	10.54	5.79	0.487	0.703	0.386
	生物多样性指数	0.6	0.4	0.5	0.600	0.397	0.500
社会经济效益	作物产量 [kg/(hm²·a)]	36 983	30 000	30 000	0.740	0.600	0.600
	产投比 (%)	7.67	4.50	4.51	0.767	0.450	0.451
	年均收益 [万元/(hm²·a)]	2.90	1.80	5.86	0.290	0.180	0.586
	商品化率 (%)	90	32	90	0.900	0.320	0.900

表 7-32 生态恢复适宜性评价结果

指标	立体种养循环模式 (M₁)	水保型林草复合典型模式 (M₂)	名优土特复合经营典型模式 (M₃)
土壤条件	0.119	0.128	0.107
气候条件	0.430	0.349	0.369
社会经济条件	0.152	0.172	0.074
"求 - 供" 适宜性指数	0.701	0.649	0.550
水土保持效益	0.071	0.103	0.105
自然环境效益	0.051	0.049	0.043
社会经济效益	0.346	0.182	0.342
"产 - 望" 适宜性指数	0.468	0.334	0.490
生态恢复适宜性指数	1.169	0.983	1.040

从"求 - 供"适宜性看,立体种养循环模式（M_1）＞水保型林草复合典型模式（M_2）＞名优土特复合经营典型模式（M_3）。结果表明,干热河谷的土壤条件对生态恢复模式的影响较小,基本上能满足各种生态恢复模式的要求。气候条件是 M_2 的主要限制因子,而社会经济条件则是 M_3 的主要限制因子。试验表明,银合欢可以在土层瘠薄,水肥

条件差的酸性土地条件上生长（刘化琴等，1994），在降水充沛和排水良好的立地条件下生长最好（周蛟，1996）。罗望子可在各种土壤上生长，在土壤瘠薄的半荒坡甚至多石的地方也能很好的生长，年均温度大于 21°C 和年降水量大于 800 mm 最适宜种植（罗敬萍和严俊华，2002）。龙眼树适应性强，寿命长，在金沙江干热河谷区缓坡丘陵山地，只要无严重霜冻和风害，土层为较深厚的燥红土，旱季有一定的灌溉条件，都可以种植龙眼（沙毓沧，1996）。

从"产－望"适宜性看，名优土特复合经营典型模式（M_3）＞立体种养循环模式（M_1）＞水保型林草复合典型模式（M_2）。结果表明，M_2 和 M_3 能较好地满足当地人们对水土保持效益的期望，M_2 虽然能够显著减少土壤侵蚀模数和径流模数，但是对土壤物理化学性质的改善能力较小。三种模式基本上都能满足对改善自然环境的需求，其中 M_1 表现最好。M_1 和 M_3 都具有较高的社会经济效益，M_2 由于是以水土保持为目的，社会经济效益相对较低。何璐等（2006）通过试验分析发现 M_3 具有良好的经济效益和生态效益，但是龙眼＋香叶天竺葵模式和龙眼＋台湾青枣模式明显优于龙眼单作模式。同样，M_1 的经济和社会效益都很突出，但必须适当介入其他牧草进行间作种植，才能更好地改善土壤和生态环境（杨艳鲜等，2005）。M_2，虽然社会经济效益较低，但系统具备优化的生态功能（纪中华等，2009）。

总之，云南干热河谷退化生态系统典型恢复模式中，立体种养循环模式（M_1）的适宜性最好，一方面当地的土壤条件、气候条件和社会经济条件能较好地满足模式的需求，另一方面模式产生的水土保持效益、自然环境效益和社会经济效益又能满足当地人们的期望。水保型林草复合典型模式（M_2）和名优土特复合经营典型模式（M_3）在自然环境效益与社会经济效益方面各具优势，M_2 可以考虑在政府补贴的条件下实施，而 M_3 则更适宜在经济发展较好的地区推广。

7.3 可持续性评价

7.3.1 可持续性与可持续评价

7.3.1.1 可持续性的内涵

可持续发展至今尚无一个在政治或科学上为大家一致认可的定义，其解释多种多样（Gidding et al.，2002；Hopwood et al.，2005）。过去 20 多年对可持续发展的界定是不成功的，而对可持续发展千奇百怪的定义和解释已经使一些学者避免使用这个术语，甚至提议消除这个概念，因为它太模糊（Holden and Linnerud，2007）。Luck（2005）认为可持续性的概念正日益被用到既不可持续也不发展的地方。但是，可持续性概念的提出本身是值得关注的。几乎所有的可持续性的定义都包括了以下思想：环境问题和经济社会是相关的，生态保护计划应该具有经济结果和受到公众支持；环境、经济、社会是代际公平的核心；需要超越现有的不仅是在法律和制度方面的承诺（Vos，2007）。Chapin 等（1996）认为可持续生态系统的原则包括：具有克服扰动事件保持正常的循环性，维持主要功能的多样性、生产力和生物地球化学循环效率。

持续发展和可持续发展明显不同，不能把持续发展（过程）等同于可持续发展（能力）（吴殿廷等，2005）。在本节，笔者对可持续性与可持续发展不作严格区分，视作同义语。

7.3.1.2 可持续性评价

（1）可持续性评价的准则

可持续性难以测定或评价，因为它本身是一个模糊而且复杂的概念（Phillis and Andriantiatsaholiniaina，2001）。需要适合定量化可持续性目标的大量信息，Brink（1991）认为这些信息应该具备以下特征：给出是否满足可持续性标准的明确表示；将系统作为一个整体；具有数量特征；非专业人员可以理解；其参数可以在几十年内都有效。

通常我们给一个系统的可持续性设置诸多标准；如果系统的动态变化不会超出这些标准可接受的范围，则称此系统是可持续的。现在大部分的可持续性测算方法使用纯粹的经济或生态标准，然而，可持续性应涵盖这两方面已经成为广泛共识（Phillis and Andriantiatsaholiniaina，2001）。

可持续性评价成功与否可从三方面进行判断（Ness et al.，2007）：一是自然和社会的结合程度；二是评价的空间方面，即能否用于评价不同的尺度和空间水平；三是时间方面，是从长期还是短期的角度。

可持续性评价一般被认为是影响评价的一种工具，特别是与环境影响评价（EIA）以及战略环境评价（SEA）相关（Devuyst，2001）。基于 EIA 和 SEA 的大部分综合性评价法，已经扩展到考虑社会、经济和环境，反映了可持续性的三重赢余（triple bottom line）。这些综合性评价过程特别追求不可持续性的最小化或达到三赢的目标（Pope and Annandale，2004）。如果评价表明生态系统是可持续的，那么就没有必要改变现有的管理实践和政策；否则，如果评价表明生态系统是不可持续的，则需要提出管理可供选择的管理方案和计划以实现可持续性（Prato，2007）。

（2）可持续性评价的类型

Phillis 和 Andriantiatsaholiniaina（2001）比较了现有的可持续评价方法（表 7-33）。Pope 和 Annandale（2004）将可持续性综合评价法的发展过程分为 3 大类型，即环境影响评价驱动型的综合评价（EIA-driven integrated assessment）、目标导向型的综合评价（objectives-laed integrated assessment）和可持续性评价（assessment for sustainability）。Ness 等（2007）将目前的可持续性评价方法概括为 3 种类型：一是指标法。包括非综合性指标，如环境压力指标、UNCSD58；区域流指标，如经济物质流分析、物质流分析、输入－输出能量分析、区域能值分析、区域有效能分析；综合性指标，如可持续国家收入、真正进步指标和 ISEW、调整的净储备、生态足迹、福利指数、环境可持续性指数、人文发展指数（HDI）。二是与产品有关的评价。包括生命周期评价；生命周期成本，如生命周期成本评价、全生命周期账户；产品物质流分析，如物质强度分析、物质流分析；产品能量分析，如过程能量分析、能值分析。三是综合评价。包括概念模型、系统动力学、多标准分析、风险分析、不确定性分析、脆弱性分析、成本效益分析、影响评价（环境影响评价、战略环境评价、EU 可持续性影响评价)。在这些评价方法过程中,往往根据需要融入货币估价法,如支付意愿评价法(contingent valuation)、旅行成本法(travel cost)、享乐价格法(hedonic pricing)、可避免费用法(avoided cost)、替代成本法(replacement cost)、要素收入法(factor income)。

表 7-33　现有可持续评价方法的比较

年份	名称	适用区域	适用范围	评价方法	指标体系
1991	AMOEBA 指标	特殊生态系统	生态	指标值集成和相加	60 个环境质量组分
1992	RMNO 的 Ecocapacity 指标	全球	生态	指标演化和相关结论的模拟	10 个宏观环境质量指标
1993	Pearce 和 Atkinson 指标	国家	经济	成本计算	国家储蓄,国家收入,人造资本贬值,对自然资源的破坏
1994	OECD 的压力—状态—响应指标	OECD 国家	生态经济	环境指标的国际比较	关于环境质量的压力指标,反映环境破坏的环境状态指标和响应指标
1995	IUCN 可持续性 Barometers	当地、区域、国家或全球	人类–生态系统整体	基于用户的系统可持续性,运用图论和地图	每个问题四个指标,用以计算生态和人类福利的 barometer 指数

资料来源:据 Phillis and Andriantiatsaholiniaina (2001);RMNO 指荷兰自然与环境研究咨询委员会

区域可持续发展的表现方式是多种多样的,可将区域可持续发展典型地划分为强可持续发展和弱可持续发展。其中强可持续发展是理想的、最佳的状态,弱可持续发展是可以接受的、最低的标准(表7-34)(吴殿廷等,2005)。

表 7-34　区域生态环境与社会经济变化的模式

编号	内容	类型	取向
A	环境生态质量和社会经济状况都在提高	强可持续发展	最佳
B	环境生态在改善,社会经济暂时恶化但不至于崩溃,且前者能弥补后者	弱可持续发展	个别地区(如退耕还林地区等)因盲目开发、过度开发导致了严重的问题,不得已选择的暂时的途径
C	环境生态暂时恶化但不至于崩溃,社会经济在改善,且后者能弥补前者	—	发达国家和地区已经走过的路,也是发展中国家和地区目前正在走的路
D	环境生态在改善,社会经济在恶化,但前者不能弥补后者	—	—
E	环境生态在恶化,社会经济在改善,但后者不能弥补前	不可持续发展	绝对需要避免
F	环境生态在恶化,社会经济也在恶化	—	

资料来源:据吴殿廷等 (2005)

（3）可持续性评价的方法

牛文元等（2003）认为，可持续发展必须是"发展度、协调度、持续度"的综合反映和内在的统一，三者缺一不可。陈海等（2003）将生态示范区可持续发展度定义为在特定的时间范围内，生态示范区可持续发展水平和能力，是各基本层子系统质量综合评价指标、关联层协调度及时间的函数。陈士银等（2009）等把土地可持续利用评价定义为对特定时间系列上、特定区域范围内土地资源对人类需要满足能力的综合判定，采用土地利用绩效评价土地资源利用可持续性是将目标年与基准年的土地利用绩效值进行比较分析来评价土地资源利用的可持续性。Pearce 等（1990）提出了弱和强可持续性的概念。非随机性评价法采用确定性的、非随机性的标准来评价生态系统的弱和强可持续性。Prato（2005，2007）提出了评价弱可持续性的状态：

$$\bar{E} = \sum_{i-M,D,W} w_i a_i \geqslant T \tag{7-11}$$

式中，$\bar{E}$ 为三大要素（个人收入 M，生物多样性 D，水质 W）的加权；w_i 是第 i 个属性的权重；a_i 是第 i 个属性的平均值。a_i、$\bar{E}$、$T \in [0, 100]$，T 是 $\bar{E}$ 的门槛值。

强可持续性要求每个属性都超过相应的门槛水平，并且在时间序列上保持非减，即对 $i = M$，D，W 都有 $a_i > T$。强可持续性比弱可持续性更严格。弱可持续性允许较高的属性值抵消另一属性较低的值（按照权重比例），但这种情况在强可持续性中不允许存在（Prato，2007）。

近年来，国内外对可持续评价方法的探索越来越多，如模糊逻辑法（Phillis and Andriantiatsaholiniaina，2001；Prato，2007）、三角模型（张健等，2007）等。

（4）启示

由上可知，国内外学术界已经对可持续性评价进行了广泛的、有益的探索，但是迄今为止尚未形成统一的标准和范式。从定性评价走向定量化评价，并借鉴其他学科的方法是可持续性评价的趋势和必然。

对于生态系统恢复效果，可恢复的速率 R、可恢复所需时间 T 与系统可持续能力 C 具有如下的函数关系：

$$T = f(C)$$
$$R = f(C) \tag{7-12}$$
$$T = f(R)$$

三者之间的关系如图 7-1 所示。显然，系统的可持续能力越强（C 越大），特定生态系统恢复到初始状态所需要的时间就越短（T 越小）、其可恢复的速率就越快（R 越大）；可恢复速率越快，则可恢复时间就越短。

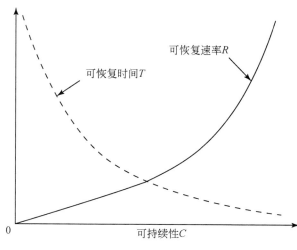

图 7-1　生态系统可恢复时间、可恢复速率与可持续性的关系

7.4　元谋干热河谷生态恢复的可持续性评价

7.4.1　局地生态系统的可持续性分析

无论是微观、中观或宏观尺度的生态系统，都是一个开放的系统。生态系统总是与外界时刻进行着物质、能量和信息的交换。以小跨山小流域为例，从 20 世纪 80 年代的近裸地状态的极严重退化生态系统，到今天成为元谋县城附近风景优美、生物量高、具有一定自组织性的非退化生态系统，是自然界和人为积极干扰的结果。以下对小跨山流域治理前、治理中和治理后几个时期，从物质流、能量流和耗散结构的角度对其可持续性进行分析，这对于其他小流域的生态系统恢复具有启迪意义。

（1）小流域生态系统恢复的可持续性

在生态恢复治理前，小跨山流域生态系统属于严重退化类型，土地裸露、物种多样性差、生物量低。系统的输入端，太阳辐射和降水负熵对生态系统的演化起到积极作用；而较强度的放牧、砍伐薪材和垦荒等人类活动则对生态系统起到破坏作用，从而造成在输出端具有较高熵增、极低的经济效益、较低的生物产量和严重的水土流失［图 7-2（a）］。根据耗散结构理论，小流域严重退化生态系统输入的负熵维持系统正常状态，但系统因结构失调而导致较差的转换效率，使单位时间内的熵增量较大，远离平衡状态的速率较快，最终导致该小流域生态系统崩溃（相当于热力学中的"热寂"状态）。此处的熵增主要表现在以热能形式和水土流失（泥沙）耗散。

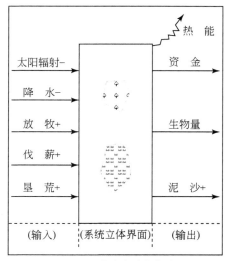
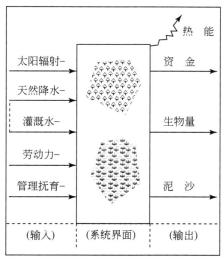

(a)治理前的小流域生态系统　　　　　(b)治理中的小流域系统

图 7-2　小流域生态系统输入 - 输出简图

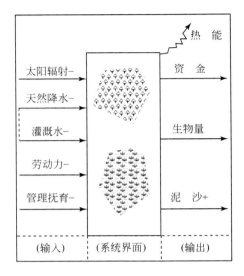 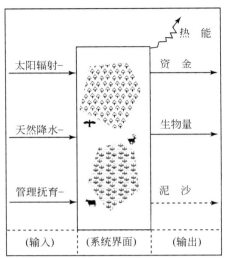

(c)弱可持续性的小流域生态系统   (d)强可持续性的小流域生态系统

图 7-2   小流域生态系统输入–输出简图（续）

注：图中→的粗细表示物质或能量流的多少；虚线－－－则表示量小甚至没有；系统界面（小流域生态系统）内的多边形区域的尺度则表示生物量的高低，越稠密则生物量越大

对退化生态系统进行修复治理，通过改变输入对系统进行调控，实施封禁（禁牧、禁伐、禁垦），投入较多的物质（如人工灌溉）、劳动力和管理，改变小流域生态系统的内部结构，可获得较多的资金流和较高的生物生产量，并降低水土流失和熵增的速率［图7-2（b）］。此系统的较高输出能力和较低的熵增是建立在较高的负熵输入的基础上的，尽管系统的物质循环能力和能量流动效率相对于严重退化状态有了较大的提高，但是仍依靠高输入以维持较高输出。因而此状态难以判定系统是否处于可持续性状态。

如果未来减少人为干扰的强度，即降低灌溉用水量、减少劳动力投入、降低管理抚育水平，系统在封禁的条件下尚能维持较高的产出和较低的熵增，则表明生态系统的结构和功能有了极大的改善，能够依靠其自组织性维持较高的生产力和生产效率，形成了初步的免疫机制和能力，系统也由远离平衡状态返回到较接近初始状态［图7-2（c）］。此状态由于只需要极低水平的人为输入负熵，所以生态系统处于弱可持续性状态。

如果未来仅需少量的管理投入，系统在近自然状态下能够承受适度的人类活动（如适度放牧），能维持较高的生产效率和生产水平，水土流失得以控制［图7-2（d）］。系统形成了健全的免疫机制，能在一定程度上抵御外界变化，则意味着生态系统基本上返回到了初始健康状态。因而生态系统处于强可持续性状态。

（2）关于输入端的讨论

在小流域生态系统的输入端，太阳辐射和天然降水可以看作是一个恒量，而其他要素则是变量，探讨变量推广的经济可能性和技术可行性。

在小跨山流域生态系统恢复治理中，为了弥补水分不足而使用灌溉系统，灌溉用水的成本较高，如果要将其推广到整个干热河谷热坝区，需要支付庞大的灌溉系统建设费用和灌溉用水成本，并且这些灌溉用水取之于何处？假如用水能够满足，对于生态恢复的低经济效益，难以进行融资，则势必造成由政府买单的后果，而这对于欠发达的元谋县来讲是不现实的。因而，着眼于整个干热河谷的生态系统恢复，要充分利用天然降水，物种选择方面要考虑其需水性、宜选择具有抗旱耐瘠的物种。

而对管理哺育措施，小跨山流域生态恢复属于技术 – 管理集约型（精密型）。作为元谋热区所的研究基地，生态系统的结构变化及各种效应都得到了较好的监控，因而能够在相对较短的时期内使其步入良性状态。但是小跨山流域实验区不足 2.0 km²，而整个干热河谷热坝区面积超过千平方千米，退化程度及因素各异，复杂性远超过实验区，因而管理的水平和技术要求会更高；受管理和科研人员数量的制约，难以进行对整个生态系统的精细集约管理。

至于封禁措施，产生的后果有两方面：一是当地居民无处放牧，二是缺少了薪材的来源。小规模封禁造成的影响并不大，但对于大规模的封禁其影响就不能被忽略了。因为牧业是干热河谷热坝区农民家庭的重要经济收入，尤其是生产条件差的贫困家庭，如果禁牧则意味着家庭失去了重要甚至主要的经济来源，这无疑是雪上加霜。而龙川江生产条件较好的家庭，往往以种植蔬菜为主，牧业收入所占比例较少。所以大范围的禁牧必然导致贫困严重化。必须对产业结构进行调整，以保障家庭收入水平不下降，禁牧措施才具有社会可接受性；否则，将难以为继或产生社会问题。通过生态恢复或其他途径解决农村燃料问题，从而使禁伐造成的薪材压力影响并不大。

综上，小流域治理的措施因需要较高的物质、能量、资金投入和较集约的管理水平，在当前元谋的经济水平和管理能力条件下，难以大范围的推广。因而大规模封禁对于整个干热河谷生态系统的可持续性来讲，只是下策。相对而言，局部封禁以实现生态系统的自动趋向于返回初始状态更具有较强的现实性。

7.4.2　基于 Fuzzy logic 的退化生态恢复的可持续性评价

1964 年 Lotfi Asker Zadeh 博士把经典集合与 J. 卢卡瑟维兹的多值逻辑融为一体，创立了模糊集合理论。模糊逻辑是一种精确解决不精确不完全信息的方法，是通过使用模糊集合来工作的，其最大的特点就是用它可以比较自然地处理人的概念（窦振中，1995）。

在经典二值逻辑中，假定所有的分类都是有明确边界的，任一被讨论的对象要么属于这一类，要么就不属于这一类；一个命题不是真就是伪，不存在亦真亦伪或者非真非伪的情况。模糊逻辑是对二值逻辑的扩充，它是为解决现实世界中存在的模糊现象而发展起来的，它要考虑被讨论对象属于某一类的程度，一个命题可能亦此亦彼，存在着部分真和部分伪（窦振中，1995）。

在模糊逻辑控制中，工作过程分为 3 个阶段：第 1 阶段被称为"模糊化"，输入变量对各种分类被安排成不同的隶属度；第 2 阶段，输入变量被加到一个 IF – THEN 控制规则的集合中去，把各种规则的结果加在一起去产生一个"模糊输出"集合；第 3 阶段是再对这些模糊输出进行解模糊判决，这实际上是在一个输出范围内，找到一个被认为是最具有代表性的确切的输出值（窦振中，1995）。

模糊逻辑技术最适用于那些非线性系统和其输入或者操作描述存在着不确定性的系统。Zadeh 认为模糊逻辑对于大的自然系统的建模和控制是最有利的。用模糊逻辑去开发控制系统已经取得很大成功，但是在控制应用中，模糊逻辑可以应用于非线性、时变和无法定义的系统，最适用的还是以下 3 类系统：由于太复杂而无法精确建立模型的系统；具有明显操作非线性的系统；其输入或者其定义具有结构不确定性的系统。

国外已有文献尝试将模糊逻辑应用到生态系统的可持续性评价中（Phillis and Andriantiatsaholiniaina，2001；Prato，2005，2007），而国内还未见到此类研究。

（1）模糊逻辑方法

A. 基本概念

1）模糊命题（闻新等，2001；陈昊等，2009）：模糊命题是指含有模糊概念或者带有模糊性的陈述句，采用模糊集的模糊逻辑系统来描述。模糊命题的真值不是绝对的"真"或"假"，而是反映其以多大程度隶属于"真"。若模糊命题的真值 $a \in [0, 1]$，当一个模糊命题的真值等于 1 或者 0 时，该模糊命题就成为清晰命题。

模糊命题的一般形式为："$A: e\ is\ F$"，其中，e 是模糊变量；F 是某一个模糊概念所对应的模糊集合。模糊命题的真值就由该变量对模糊集合的隶属程度来表示，如：

$$A = u_F(e) \tag{7-13}$$

模糊命题之间的运算有"与"、"或"、"非"运算，其运算定义分别如下：

与运算　$A \cap B$，其真值为 $A \wedge B$；

或运算　$A \cup B$，其真值为 $A \vee B$；

非运算　$\overline{A}$，其真值为 $1 - A$。

2）模糊语言（陈昊等，2009）：自然语言是人们在日常生活和工作中所使用的语言，实际上是以字或词为符号的一种符号系统。形式语言是通过一系列符号去代表计算机的动作和被处理单元的状态。自然语言与形式语言的根本区别在于自然语言具有模糊性；而形式语言不具有模糊性而具二值逻辑的特点。含有模糊概念的语言称为模糊语言，它具有自己的组成要素和语法规则。

3）语气算子（陈昊等，2009）：语气算子是用来表达语言中对某一个单词或词组的确定性程度的。例如，"很"、"极"、"非常"、"十分"、"特别"等，用来加强语气的称之为"强化算子"或"集中化算子"；又如"比较"、"微"、"稍许"、"有点"、"略"等用来减弱语气的称之为"淡化算子"或"松散化算子"。

4）语言值（陈昊等，2009）：与数值有直接联系的词，如长、短、多、少、高、低、轻、大、小等，或者由它们加上语言算子所派生出来的词组被称为语言值。语言值一般都是模糊的，但在应用中往往按其论域作离散化处理。

B. 隶属度函数的建立

模糊集合是用隶属函数描述的，反映了事物的渐变性。表示隶属度函数的模糊集合必须是凸模糊集合、变量所取隶属度函数通常是对称和平衡的。隶属函数的形式很多，可分为偏小型、偏大型和中间型模糊分布。最简单的三角形模糊分布如下：

$$\overline{A}(x) = \begin{cases} (x + a_2 - a)/a_3 & a - a_2 < x \leq a \\ (a_2 - x + a)/a_2 & a < x \leq a + a_2 \\ 0 & \text{其他} \end{cases} \qquad (7\text{-}14)$$

C. 模糊推理（陈昊等，2009）

模糊控制规则是用模糊语言表示的。本研究中的模糊控制规则用下面两种条件语言的形式来表示：

1）if A then B 语句。设有论域 X，Y，若存在 $X \times Y$ 上的二元关系 $R = A \rightarrow B$，则其隶属函数为

$$u_R(x,y) = u_{A \rightarrow B}(x,y) = [1 - u_A(x)] \vee [u_A(x) \wedge u_B(y)] \qquad (7\text{-}15)$$

式中，$A \in X$；$B \in Y$。

2）if A and B then C 语句。在模糊控制中，用得最多的语句就是"if A and B then C"语句。这是因为在大量的模糊控制中，不但考虑给定值和实际值所形成的误差，同时还要考虑误差的变化率。一般用 A 表示误差，用 B 表示误差变化率，而用 C 表示控制动作。

由于 A 是属于论域误差 X 的，即 $A \in X$；B 是属于论域误差变化率 Y 的，即 $B \in Y$；而 C 是属于论域控制量 Z 的，即 $C \in Z$，故有三元模糊关系 R，且 $R = (A \times B) \rightarrow C$，有：

$$u_R(x,y,z) = [u_A(x) \wedge u_B(y)] \wedge u_C(z) = u_A(x) \wedge u_B(y) \wedge u_C(z) \qquad (7\text{-}16)$$

模糊逻辑推理是一种不确定性的推理方法。这种方法所得的结论与人的思维一致或相近，在应用实践中被证明是有用的。模糊推理是一种以模糊判断为前提，运用模糊语言规则，推出一个新的近似的模糊判断结论的方法。

（2）可持续能力评价

根据免疫的基本原理，生态系统的免疫力高低决定其可持续能力的大小。干热河谷生态恢复的可持续性可理解为恢复至初始状态的能力，而不是一种状态。可持续这个概念本身就具有模糊性，因而运用模糊理论进行评价是适宜的；持续或不持续则是一种状态，具有确定性，即非此即彼。模糊逻辑的实现过程用 Matlab 语言中的 Fuzzy Logic System 工具箱实现。

A. 评价指标的模糊化

前已论及，干热河谷退化生态系统恢复的可持续性（C）由 3 大评价指标（变量）决定：入侵因子的改善度（I）、可恢复性（S）和响应力（R）。

采用 Matlab 语言中的三角形分布函数为以隶属函数进行模糊化处理。采用 3 区段模糊分割法，将变量集的指标分成低（low）、中（mid）、高（high）3 种语言变量进行模糊化。其模糊化结果如图 7-3 所示。

对输出变量 C，定义 5 个语言变量：低（low-C）、稍低（mlow-C）、中等（mid-C）、稍高（mhigh-C）、高（high-C）。其隶属函数如图 7-4 所示。

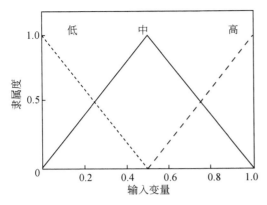

图 7-3　输入变量（I、S、R）的隶属函数分布

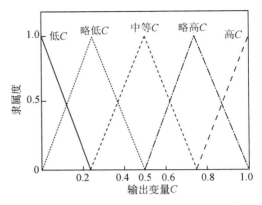

图 7-4　输入变量（I、S、R）的隶属函数分布

利用 Matlab 的 Fuzzy logic 工具箱，模糊系统的输入、输出特性如图 7-5 所示。

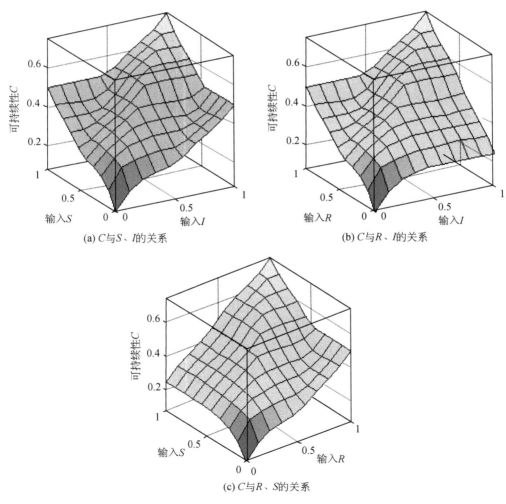

(a) C 与 S、I 的关系

(b) C 与 R、I 的关系

(c) C 与 R、S 的关系

图 7-5　C 与 R、S、I 的关系

B. 模糊推理规则

由于 3 大变量各有低、中、高 3 条语义，故其模糊逻辑推理准则库共有 $3^3 = 27$ 条（表 7-35）。

表 7-35　干热河谷生态可持续性的模糊逻辑推理准则

规则	如果（if）					那么（then）
	输入 I	且	输入 S	且	输入 R	输出 C
规则 1	低 I		低 S		低 R	低 C
规则 2	低 I		低 S		中等 R	低 C
规则 3	低 I		低 S		高 R	略低 C
规则 4	低 I		中等 S		低 R	低 C
规则 5	低 I		中等 S		中等 R	略低 C
规则 6	低 I		中等 S		高 R	中等 C
规则 7	低 I		高 S		低 R	略低 C
规则 8	低 I		高 S		中等 R	中等 C
规则 9	低 I		高 S		高 R	略高 C
规则 10	中等 I		低 S		低 R	低 C
规则 11	中等 I		低 S		中等 R	略低 C
规则 12	中等 I		低 S		高 R	中等 C
规则 13	中等 I		中等 S		低 R	略低 C
规则 14	中等 I		中等 S		中等 R	中等 C
规则 15	中等 I		中等 S		高 R	中等 C
规则 16	中等 I		高 S		低 R	略低 C
规则 17	中等 I		高 S		中等 R	中等 C
规则 18	中等 I		高 S		高 R	略高 C
规则 19	高 I		低 S		低 R	略低 C
规则 20	高 I		低 S		中等 R	中等 C
规则 21	高 I		低 S		高 R	略高 C
规则 22	高 I		中等 S		低 R	略低 C
规则 23	高 I		中等 S		中等 R	中等 C
规则 24	高 I		中等 S		高 R	略高 C
规则 25	高 I		高 S		低 R	中等 C
规则 26	高 I		高 S		中等 R	略高 C
规则 27	高 I		高 S		高 R	高 C

C. 输出结果去模糊化

对元谋干热河谷，$u_a = \{I, S, R\} = \{0.30, 0.628, 0.23\}$，Matlab 的模糊逻辑系统工具箱输出结果如下（图 7-6）。

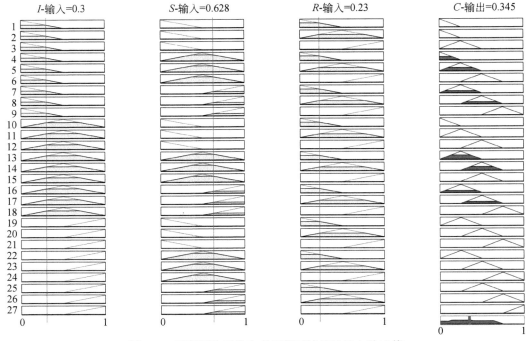

图7-6 元谋干热河谷生态系统可持续性输入输出值

（3）评价结果分析

元谋干热河谷生态系统可持续性指数（可持续发展能力）为0.345（图7-6），表明可持续发展能力较低。它是由3大要素决定的：入侵因子未来可改善性低、处于较严重的退化程度和较低的响应水平。

事实上，元谋干热河谷的生态系统退化，自然因素和历史上人类的活动起决定性作用，而现代人类活动（20世纪50年代以来）只是加重了退化的程度。干旱炎热、较低的降水量和较高的蒸发量等气候因素是促进元谋生态系统逆向演替的主要原因，而这一过程是历史的、长期的结果。明代旅行家徐霞客（1587～1641年）曾由元谋马街到大姚途中经过班果、新华一带土林地区，他在日记中对班果大沙沟有过详细描述："……涉枯间乃蹑坡上。其坡突石，皆金沙烨烨，如云母堆叠，而黄映有光"，据此可知元谋当时气候已经干旱炎热，班果沙沟沟壑纵横，并发育了土林地貌（钱方和凌小惠，1989；凌小惠和钱方，1989）。据记载1718年的元谋自然景观为"环邑皆山……土烈而燥。未睹厥木之唯乔，山迤而秃，但见厥草之唯夭"，意即元谋四周山丘炎烈干燥，未见高大乔木树种，只见草灌繁茂（周麟，1996）。气候因素尽管在向有利于生态系统恢复的方向发展，但这种变化是极其缓慢的；地形、土壤等性质的变化更是以地质年代为单位；人类活动对植被的破坏已经在一定程度上得到了抑制，但该地区的严重人口压力依然会在将来较长时期内持续保持。这些不利入侵因子的稍微好转，并不能使退化生态系统在将来一定时期内出现显著的转机。而过去的恢复实践亦表明，尽管投入了大量的人力、物力和财力，其恢复程度仍旧是有限的，并未使生态系统发生显著的好转，因而在现实的较低的入侵因子改善程度、较高的退化程度和较低的响应水平条件下，干热河谷的可持续发展能力较低。

第8章 干热河谷退化生态系统恢复的措施与对策

8.1 主要措施与主要对策

8.1.1 干热河谷生态恢复战略的指导思想及目标

8.1.1.1 干热河谷生态恢复的战略思想

战略制订的正确与否事关全局的成败，因此它具有十分重大的意义。干热河谷生态恢复战略的制订必须从以下几点出发。

1）全局性。战略是指导全局的计划或策略，全局性是战略概念本身所体现的基本特征之一。由此，任何战略的制订首先须具有全局观念。全局性不仅要求我们全面清楚地认识研究的对象，把握其总体特征，而且还要求我们在制定或实施任何策略时都必须以整个社会的大局利益为重。那些只是从局部利益出发，只注重某一社群或某一区域局部利益的任何策略都难以称之为战略。现实中，那些带有全局性、宏观性和长远性的问题，如发展生产力、农民增收、控制人口增长、加强教育、实施产业结构调整、加速脱贫致富、合理开发与利用资源等，才是战略所关心的真正问题。研究和解决这些带有全局性规律的问题才是战略指导的重要任务。干热河谷生态环境是由自然和人文的干扰、胁迫造成的，干热河谷生态环境的形成与发展不仅对当地社会、经济与环境造成影响，同时也影响到其他区域，特别是长江流域的社会、经济与环境。因此，干热河谷生态环境问题是事关整个社会发展的全局性问题。

2）长期性。战略的长期性有两层含义：第一，任何战略的制订都是为了追求一定的利益，这种利益应是长远的而不是短期的，是可持续的而不是短暂的；第二，任何战略的实施都是一个长期的过程，不可能一蹴而就。同时，在战略实施过程中，可能会面临许多意想不到的阻力，它往往也是十分艰巨的，我们应有打"持久战"的思想准备。因此，同那些只追求短期利益、只在短期内起作用的行为和措施来说，战略具有更深远的意义。这就要求我们，在战略制定与实施过程中，既要从长远利益出发，又要考虑战略实施的长期性和艰巨性。例如，我们通常所说的发展生产力、控制人口增长、加强科技教育等都是联系中国基本国情的长远战略，这些策略的制订都是从中国未来发展的长远利益出发的，这些策略的实施也是一个长期的过程。所以，放眼未来，从未来的长远利益出发是干热河谷生态环境整治的基本出发点。任何干热河谷生态环境整治都应从长远利益出发，避免那些只追求短期利益的行为。同时，还要清楚地认识到干热河谷生态环境的形成经历了一个较长的历史过程，因此对它的整治与治理也是一个从量变到质变的过程。要做好长期的思想准备，否则欲速则不达。

3）层次性。系统的整体利益、整体功能的可持续性是制定任何战略务必考虑的内容。系统是由要素构成的，构成系统的要素具有一定的层次性，即水平层次和垂直层次。例如，在整个社会系统内，自然再生产系统、人口再生产系统和经济再生产系统就位于同一水平层次上。在自然再生产系统中又有资源、环境系统等，体现出垂直层次性。因此，如何战略的制订都应考虑到系统的层次性。在水平层次上，针对不同的局部问题，其战略不同；在垂直层次上，局部性的战略不应同系统的整体战略相悖，下一层次的战略应不违背上一层次的战略。在干热河谷生态环境整治中，战略的层次性表现在全国有全国的总体战略，不同干热河谷生态区有不同的战略；同一干热河谷生态区，不同层次上其整治策略也不同。

4）重点性。战略是把握全局的，绝不能事无巨细，面面想到。而应选择战略重点，即突出重点，突出对全局有决定意义的部分。所谓重点，内涵有二：一是突出对全局有决定意义的地区或重点区；二是突出对全局有决定意义的重点问题，如土地退化问题、农村能源等。只有突出重点，才能在制订和实施时战略时做到有条不紊、层次分明。

5）创新性。战略的制订应基于最新的知识，把握住事物发展的最新方向，因此它在思想、理论、方法上都应有所创新，不能因循守旧。只有这样，战略才能最大限度地接近客观事物的本质，战略的实施才能收到事半功倍之效。在中国，很多干热河谷生态区都是较为贫困的地区，过去一想到穷则救济，但事实表明这并非明智之举。救济只能解决贫困农民的一时之急，无法根除贫困。这样，干热河谷的生态环境也无法从根本上得到治理。饱尝多次失败之后，人们才发现，只有帮助贫困地区的人民找出一条脱贫致富的路子，才能真正消除贫困，才有助于干热河谷生态环境的治理与改善。所以，战略应不断创新，不断有所发展。

6）开发性。治理并不是干热河谷生态环境整治的归宿，治理的目的就是为了改善人类生产和生活的环境，拓宽人类生存的空间，为未来更好地开发和利用自然环境打下基础。干热河谷生态环境的整治战略切忌就治理论治理，在治理的同时要立足开发，正确处理好治理与开发的关系。应该明白，开发能为治理提供经济基础；反过来，治理又能为开发提供良好的资源环境，两者不可偏颇。只重视治理，不重视开发，则人民生活水平难以提高，治理所需的资金也得不到保障，其效果也不会很理想；反过来，只重视开发，不重视治理，片面地强调经济效益也会带来生态环境的破坏。所以，干热河谷生态环境整治应将治理寓于开发建设之中，只有这样，干热河谷生态恢复才能真正实现。

8.1.1.2 干热河谷生态恢复的战略目标

从干热河谷生态恢复的内涵来看，干热河谷生态恢复的战略目标不是一个概念，它随着时间的变化而变化。在不同的社会经济发展水平上，其战略目标可能不同。但从总体战略目标的外延看，它是不变的，主要有4大目标：社会经济目标、生态环境目标、资源开发利用目标和综合目标。

1）社会经济目标。实现干热河谷生态区生活、经济的可持续发展是干热河谷生态恢复的首要目标。可持续发展的最终目标就是不断满足人类的需求和愿望，干热河谷生态恢复也遵循这一目标。因此，对干热河谷生态区进行整治，帮助干热河谷生态区贫困人口脱贫致富，是实现干热河谷生态区人民的科学文化素质提高，发展生产力，实现经济可持续发展的必要条件。所以，实现干热河谷生态区社会稳定，提高该区人民的科学文化素质和生产力水平是干热河谷生态恢复的社会经济目标。

2）生态环境目标。从宏观上看，干热河谷生态恢复就是通过采用生物、工程等技术措施和通过行政、法律、经济、教育等手段，使退化的生态系统得以恢复与重建，以维持生态系统的正常功能。从微观上看，针对不同的整治对象，其目标也不同。就中国目前而言，其生态环境整治主要目标是先控制住导致生态环境干热河谷的各种自然和人为胁迫源，然后通过退耕还林，种草植树，科学教育等工程技术、行政教育手段，使干热河谷的生态系统得以恢复重建。

3）资源开发利用目标。整治干热河谷的生态环境的目的就是通过治理干热河谷的生态环境为未来更好地开发利用资源环境打下基础。干热河谷生态环境的好坏与人的利益关系最直接最密切。脱离人这一主体，干热河谷生态环境整治的重要性已就值得怀疑。人是有目的性的，纯整治而不图回报的行为是少之又少的。可以说，整治干热河谷生态环境就是为了日后更好地开发利用它，从中获取我们生存所需的物质和能量。因此，干热河谷生态环境整治应体现资源开发利用这一目标，即整治就是为了开发，整治就是为了使干热河谷的资源环境走上一条真正可持续利用的道路。

4）综合目标。干热河谷生态环境整治的综合目标是上述各分目标的集合，这表现在整治后的生态环境应具有以下特点：①干热河谷生态区社会稳定，人民的生活水平和科学文化素质大幅度提高，且社会的稳定性、经济的可持续性较强；②原已退化的生态环境得到恢复，生态系统的正常功能得以实现，生态环境走上良性发展的轨道；③整治后的生态环境其资源的再生产潜力高，具有可持续开发利用的潜力；④通过整治加深了我们对干热河谷生态环境的认识水平，理论上有所突破创新，科研能力大大提高。总体来说，使干热河谷生态区社会经济、资源与环境系统逐步趋向健全、完善、合理是干热河谷生态环境整治的综合目标。

8.1.2 干热河谷生态恢复的原则

8.1.2.1 可持续发展原则

整治干热河谷的生态环境，目的在于改善干热河谷的生态环境，促进区域社会、经济资源和环境的可持续发展。1987年布伦特兰等将可持续发展定义为"既满足当代人的需求又不损害子孙后代需求能力的发展"。自此之后，可持续发展逐渐成为人类实现社会、经济、资源与环境发展的最高目标。《中国21世纪议程》把经济、社会、资源与环境视为密不可分的复合系统，提出了一系列调控这一复合系统的战略和措施，唯求以新的视角、新的观念唤起全民族的可持续发展意识。因此，干热河谷生态环境的综合整治也应以实现干热河谷生态区生活、经济、资源和环境的可持续发展为最高原则。这一最高原则主要表现在以下几个方面。

1）社会、经济可持续发展原则。可持续发展的最终目标就是不断满足人类的需求和愿望；干热河谷生态环境整治的目的也是通过治理干热河谷的生态环境，改善干热河谷生态区人民的生活水平，实现经济的可持续发展，在这方面两者是统一的。因此，实现经济的可持续发展，改善人类的生活质量，不仅是可持续发展所要达到的目标，也是干热河谷生态环境整治所要达到的目标。另外，可持续发展实质上是人类如何与大自然和谐共处的问题，而干热河谷生态环境的形成正反映了人类与大自然之间和谐关系的失调。因此，干热河谷生态恢复就是要求处理好人类与大自然之间存在的问题，使两者达到和谐发展。

2）生态环境与经济可持续发展原则。生态环境与经济发展之间有着密切的联系。贫困是导致生态环境破坏的主要原因之一，生态环境破坏反过来又使贫困进一步恶化。可持续发展把消除贫困作为重要的目标和优先考虑的问题，干热河谷生态环境的综合整治也与消除贫困紧密相关。但在实现生态环境与经济可持续发展的过程中，还必须掌握生态环境与经济的相容性原则，即任何一种生态环境整治战略的制订和实施都必须在经济上具有可操作性，可操作性越强，成功的可能性就越大，在低水平的物质生活条件下，群众首先关心的是温饱问题，很难对环境质量有较高的要求。可见，脱离实际，战略要求过高，是不现实的。同时，在一定社会经济发展阶段，特定社会群体解决生态环境问题的能力是有限的，任何整治战略的制定与实施都应考虑当前整个社会经济的承受能力，超过一定的限度，则无法达到目标。

3）资源的可持续利用原则。干热河谷生态环境的整治涉及诸多问题，其中资源的可持续利用是中心问题之一。生态恢复要保护人类生存与发展所必需的资源基础，因为许多干热河谷生态环境问题的产生都是资源的不合理利用引起资源生态系统的衰退而导致的。为此，在制订生态恢复战略时，必须考虑到资源的可持续利用问题，对可更新的资源，要制定出提高其利用率、积极开辟新资源的战略途径。只有这样，才能真正实现资源的可持续利用。

8.1.2.2　以内部系统为主的原则

内部系统功能增强是解决生态问题的关键。干热河谷生态环境区面临许多亟待解决的问题，如人口增加，生活贫困，水土流失，土地生产力下降，灾害频率较高等。整治这些问题，主要的原动力应来自干热河谷生态系统的内部。只有干热河谷生态系统内部结构得到优化，系统功能得到提高，才能最终治理好退化的环境。因此，干热河谷生态环境的综合整治应充分发挥系统的内部功能，这包括提高干热河谷生态区人民对人口政策的接受程度，加强干热河谷生态区人民的文化教育和增强干热河谷生态区人民的生态意识等。干热河谷生态区的生态问题最终要由那里的人民去解决，他人是难以替代的。只有充分发挥干热河谷生态区人民的积极性和能动性，干热河谷生态环境问题才能得以真正改善。所以，整治干热河谷生态环境应力求做到谁污染、谁治理；谁耗竭、谁培植；谁破坏、谁恢复。

8.1.2.3　因地制宜的原则

中国国土辽阔，类型多样，生态环境因素不仅在成因和形态上千差万别，而且在空间分布上亦有很强的区域性，这一切造成了中国干热河谷生态类型种类繁多。因此，区域不同，干热河谷生态区的成因和特征也不同。这就要求干热河谷生态环境综合治理要充分考虑到干热河谷生态环境系统特征才能具有较强的科学性和切实的可操作性。

8.1.2.4　预防为主、防治结合的原则

防，就是要防止胁迫环境退化的各种因子（包括自然的和人为的），使未遭受破坏的环境得以可持续发展，使正在退化的环境避免进一步恶化；治，就是治理，主要针对已经退化的干热河谷生态环境而言。预防与治理，不是截然分开的，两者相互促进，互为补充。但多年的实践告诉我们，预防与治理的效益是不同的。通常来说，预防所需的经济成本要比生态系统一旦退化后进行治疗所需的成本小得多；同时，只有做好预防工作，才能治一个少一个。所以，干热河谷生态恢复应坚持预防为主、防治相结合的原则。

8.1.2.5　突出重点原则

突出重点原则要求我们在进行干热河谷生态恢复时应坚持：第一，首先弄清造成生态环境干热河谷的主要矛盾，找出解决问题的主要方案；第二，干热河谷生态环境的整治既要从全局出发，也要突出重点。对于那些不治理就会急剧恶化，且危害性较大的干热河谷生态环境应该优先治理，治理方式也应突出重点，如贫困是造成中国部分地区生态环境恶化的主要原因，因此，如何帮助农民脱贫致富就成了首要问题。

8.1.3　干热河谷生态恢复主要措施

8.1.3.1　严格控制人口增长，提高人口素质

人口快速增长、单位土地面积上人口数量过多已成为中国部分干热河谷生态区生态环境为干热河谷、环境退化的主要原因。人口增长过快、单位土地面积上人口数量超过该区域社会经济以及资源、环境的创造能力，将增大对该区社会经济、资源环境的压力。在资源有限的条件下，人民为了生存，只会加大对大自然资源开发利用的频度和强度。结果过度、掠夺式地开发利用资源的活动如滥垦、滥伐、滥牧，只会导致植被破坏及沙化发展，进而造成生态环境的进一步退化。

8.1.3.2　依靠科技，调整产业、土地利用结构，发展干热河谷生态区的生产力和保护环境

科学技术是第一生产力，也是人类利用自然，改善生态环境的主要手段。因此，只有依靠科学技术进步，加大对干热河谷生态环境区的科技投入才能处理好经济与环境保护之间的关系，改善生态环境。这主要从以下两方面着手：一是普及环境科学知识，加强和提高全民族的生态环境意识，动员全社会的力量进行环境保护与整治工作；二是加强科学研究，推广有利于改善环境的新方法、新技术和新工艺，这包括科学制订环境整治规划，综合利用自然资源，走资源节约型发展道路；工业上推行清洁生产，将污染的控制贯穿整个生产过程，使生产与环保一体化；发展环保产业，开发新的环境监测技术装备，提高环境监测水平。总之，以科技为依托，提高干热河谷生态区的土地生产力，才能从根本上为干热河谷生态区干热河谷生态环境的综合整治打下良好的经济基础。也只有在生产力发展的

条件下，增加环境投入并加强环境治理，才能保护生态环境，遏制环境退化，为保障生产力的可持续发展创造良好的环境条件。

8.1.3.3 加强干热河谷生态环境的管理工作

干热河谷生态环境的治理应与管理并举，缺一不可。健全的管理机构和系统及其相应的责、权、利制度是保证干热河谷生态区环境整治成功的关键要素之一。环境管理的持续性是一个容易被人忽视的问题。例如，植树造林，人民多注重造林，但对造林之后的管理、维护缺乏足够的认识，这是造成造林效益不明显的重要原因。同样，在治理沙漠化、水土流失等工作中，也存在"多年治理，一年破坏，治理赶不上破坏"的现象。这不仅浪费了大量的人力、物力和财力，反而会使环境进一步退化。所以，干热河谷生态环境的整治不仅要求治理干热河谷的生态环境，而且还要加强治理后的管理工作。

8.1.3.4 建立适宜推广的环境综合治理模式

不同区域，干热河谷生态环境的形成与发展是不同的，因此干热河谷生态环境的综合整治无固定的模式。但根据区域相似性原理，可以在自然条件和人类活动相近的不同区域推广类似的综合整治模式，它不仅可充分发挥过去积累的整治经验、提高综合整治的效益，也可节省不必要的资金和人力。例如，针对不同结构和类型的干热河谷生态区，可在有代表性的区域单元里进行典型示范，提出生态结构的合理配置方案和控制措施。在此基础上，再把这些经验和模式延伸到整个干热河谷生态区或其他区域，以点带面，实现区域共同发展。所以，建立良性循环的协调发展示范区，从而探索大面积推广、辐射的技术路线，这在干热河谷生态恢复中是十分重要的。

8.1.3.5 改变传统的经济发展模式，确立可持续发展战略

干热河谷生态环境区往往比较贫困落后，经济的发展多沿用高投入、高消耗、低产出、低效益、粗放经营的发展模式。在资源开发利用上基本停留在原料的索取和粗加工阶段，对环境保护和资源的综合利用不够重视。在经济发展上，往往只重视经济产出而轻视环境和社会效益。某种程度上，这种发展模式不仅是导致干热河谷生态环境形成的部分原因，而且由于其本身很不适应目前已形成干热河谷的生态环境，也是干热河谷生态环境进一步退化的潜在推动力。因此，如果不改变传统的经济发展模式，任凭环境恶化势必会使当地逐渐丧失生存与发展的基础，导致生态、经济系统的彻底崩溃，后果无法设想。所以，只有调整各有关政策，建立既有经济效益、又有环境效益的发展模式，不断地协调经济发展与环境之间的关系，才能保证社会、经济持续稳定的发展，也才能从根本上扭转环境恶化的趋势。

8.1.3.6 将环境整治与扶贫工作紧密结合起来

贫困既是环境干热河谷的表现又是环境恶化的推动力。贫困限制了人们选择的机会和回旋的余地，迫使他们过渡地开发和利用有限的资源，从而导致环境的进一步恶化。环境的恶化又会使越来越多的人陷入贫困，最终造成贫困与环境退化之间的恶性循环。因此，生态环境的综合整治需同根除贫困结合起来。扶贫工作不仅仅只是简单的救济，而且还应

为环境整治工作的开展打下良好的经济基础；环境整治则是扶贫工作的深化和保障。两者相辅相成，相互促进。只有将两者紧密地结合起来，方可收到事半功倍之效。在环境整治和扶贫工作上，要以市场经济为导向，变单向纯防护性环境整治为开放性环境治理，变救济式扶贫为开发式扶贫，将宏观的、长远的生态效益与微观的短期的经济效益融为一体，这样才能为广大群众所接受，提高干热河谷生态环境的整治效益和速度。

8.1.3.7　加强干热河谷生态环境的动态监测，建立干热河谷信息网

中国生态类型较多、变化快，外部各种自然和人为的胁迫都会给干热河谷的生态环境带来巨大的影响。就干热河谷生态环境本身来说，由于自身不稳定性强和对外部的环境变化比较敏感，更易在外部变化的胁迫下发生响应。因此，要真正治理好干热河谷的生态环境不仅要对其现状进行治理，还要对其未来的变化趋势进行适时的动态监测。只有这样才能做到有备无患，才能防止已治理好的环境再次退化，才能对具有退化倾向的环境做出及时治理。所以，针对每一个干热河谷生态环境区迫切需要建立一个区域性的干热河谷信息库和基于技术、经济环境等综合系统的信息库和全面的观测系统，以便持续地观测生态环境特性、人为活动对干热河谷生态环境的影响及其影响力和相互关系；研究干热河谷生态环境的变迁和演替规律，确定影响干热河谷生态环境的主导因子及实施行动的优先领域，以提高区域环境的负荷能力，探讨各种治理措施对消除生态干热河谷和提高土地生产力的有效性及其相互关系。

8.1.3.8　鼓励和促进公众参与，减少人为因素干扰

人类不合理的活动是诱发干热河谷生态环境形成和导致其进一步恶化的两大外力之一。随着科技发展的日新月异，人类影响与改变自然的能力已今非昔比，而且在干热河谷生态环境整治中，只有人才是最能动的因素。因此，干热河谷生态恢复必须依靠和发动群众，积极调动人民群众的主观能动性，节制一切有可能导致干热河谷生态环境恶化和不利于区域可持续发展的行为，树立正确的环境价值观和世界观，节约资源，减轻对干热河谷生态环境的压力，从而最终走上可持续发展的道路。不调动人民的积极性，没有公众的积极参与和响应，生态环境的整治到头来只可能是"竹篮打水一场空"，既浪费时间，又浪费人力、物力和财力。

8.2　干热河谷的长期定位监测站及其主要研究方向

8.2.1　金沙江流域的基本情况

8.2.1.1　自然概况

金沙江位于我国青藏高原东缘，跨越青海、西藏、云南、四川 4 省（自治区），从直门达至四川宜宾，干流长 3500 km，落差约 5100 m，约占长江全长的 55% 和长江总落差的 95%（张荣祖，1992）。流域面积约 50 万 km²，占长江流域总面积的 27.8%。金沙江为典

型的深谷河段，相对高差可达 2500 m 以上，除局部河段为宽谷外，大部分为峡谷。

8.2.1.2 社会经济状况

金沙江下游共涉及云南、四川 2 省的 49 个县（市、区），土地总面积 10.13 万 km²。其中云南省涉及楚雄、东川、曲靖、昆明、昭通等地（市）的 36 个县，面积 69 200 km²。四川省涉及凉山、攀枝花、宜宾等地（市）的 13 个县（市、区），面积 27 200 km²。区内总人口 1550.2 万，农业人口 1393.39 万。

8.2.1.3 水土流失情况

金沙江水土流失面积达 135 400 km²，占流域面积的 28.6%，其中金沙江下游水土流失面积 53 400 km²，占下游面积的 52.7%。金沙江是长江上游地区产沙量最多的河流，多年平均输沙量为 2.58×10^8 t，占长江宜昌站来沙量的 48.8%。水土流失已成为严重阻碍区域经济社会发展的重要因素。

8.2.2 建站的重要性及其学科定位

8.2.2.1 区域重要性

（1）国家的主要脆弱生态区之一

金沙江流域面积约 500 000 km²，占长江流域总面积的 27.8%，约占长江上游面积的 50.0%。

该区属于我国的"西南山地农牧交错生态脆弱区"。该区域内地表物质极不稳定，泥石流、滑坡等自然灾害严重（唐川，2004），生态系统类型多样，并且相互之间的交接带或重合区明显，植被景观破碎化，群落结构复杂化（刘燕华，2001），生态系统退化明显（钟祥浩，2000；杨万勤等，2001），水土流失严重（潘久根，1999；杨万勤等，2001；张信宝和文安邦，2002）。因此，是我国典型的脆弱生态系统区域之一，是恢复生态学研究的重要场所之一。

特别是金沙江的河谷区，以干热河谷气候为主，河谷区内地貌类型主要为深切河谷、山地、丘陵、河谷盆地、河流阶地等，该区最低海拔 520 m，最高海拔 4344.1 m，最大高差达 3824.1 m。金沙江河谷狭窄，其谷底以窄谷和峡谷为主，两侧普遍有谷肩分布，"谷中谷"现象较为明显。谷肩以上较宽缓，有的逐渐过渡到高原面；河谷狭窄地带，主要为金沙江河床所占，两侧有零星的阶地分布。金沙江中、下游河谷谷肩以下，谷坡陡峻，谷坡重力作用活跃，崩塌滑坡发育，泥石流沟众多，大量泥沙进入江中，常阻塞江流而成险滩。另外，河谷区内人口密度大，人为活动影响更明显，使河谷区内的生态系统退化更严重，更是生态恢复的重中之重区域。

（2）国家和地方经济的主战场之一

金沙江从直门达至四川宜宾，干流长 3500 km，落差约 5100 m，约占长江全长的 55% 和长江总落差的 95%；而金沙江下游河谷区光热资源丰富。因此，这些区域是自然资源利用开发潜力大、特色资源丰富而经济潜力很大的地区，在国民经济中具有举足轻重的作用。例如，元谋河谷被列为国家 A 级绿色蔬菜基地，被称之为"金沙江畔大菜园"；金沙江流域已规划建设的大于 5.0×10^6 kW 级装机容量的巨型电站共 4 座，其中有 3 座（向家坝、溪洛渡和白鹤滩）在金沙江下游，再加上乌东德电站，金沙江下游总装机容量为 3.85×10^7 kW，相当于两个正在建设中的三峡工程，是国家西电东送的重点工程区，是西部大开发战略的重要组成部分。

同时，流域河谷区的河谷阶地和平坝是居民密集和生产生活的核心区，人口密度约 450 人/km^2，也是地方国民经济的主战场。因此，河谷区一直以来被列为"长江中上游防护林体系建设工程"、"长江中上游水土保持工程"、"天然林保护工程"、"长江中上游的生态恢复工程"、"退耕还林工程"和"西部大开发"等的重点治理区。可见，河谷区在国家和地方都具有重要的地位，对国民经济的可持续发展具有举足轻重的作用。

8.2.2.2　区域内突出的生态环境问题及其应对的迫切性

（1）沟蚀崩塌明显，侵蚀产沙严重

金沙江河谷区属于高山峡谷地形。区内地貌类型主要为深切河谷、山地、丘陵、河谷盆地、河流阶地等，该区最低海拔 520 m，最高海拔 4344.1 m，最大高差达 3824.1 m。金沙江河谷狭窄，其谷底以窄谷和峡谷为主，两侧普遍有谷肩分布，"谷中谷"现象较为明显。谷肩以上较宽缓，有的逐渐过渡到高原面；河谷狭窄地带，主要为金沙江河床所占，两侧有零星的阶地分布。金沙江中、下游河谷谷肩以下，谷坡陡峻，谷坡重力作用活跃，崩塌滑坡发育，泥石流沟众多。据估算（唐川，2004），金沙江下游面积占长江上游的 8.3%，而产沙占 34.5%。

由于河谷沟蚀崩塌的发育会造成该区域河谷阶地和平坝宝贵土地资源的数量减少和质量变差，而且，会有大量泥沙进入江中而严重影响水电大坝等重大工程，因此，国家和地方都迫切需要控制该区域内水土流失的技术，特别是控制沟蚀的技术，以保护宝贵的土地资源和水电等重大工程的安全。

（2）水热矛盾突出，生态恢复极其困难

金沙江河谷区，气候炎热、干燥，日照充足，降水量少，干湿季分明。据元谋县气象站（1100 m）多年观测资料统计，年均温 21.9℃，≥10℃ 年积温 8003℃，年日照时数 2670.4 h，最热月（5月）月均温 27.1℃，最冷月（12月）月均温 14.9℃，全年基本无霜；多年平均降水量 613.8 mm，6～10 月雨季降水总量占全年降水量的 85%，多年平均蒸发量 3911.2 mm，干旱指数为 2.8，干燥度（蒸发量/降水量）达 5.0 以上。因此，河谷区水热矛盾突出，季节性干旱特别明显，一年内大于 50% 的时间基本无降水，土壤含水量长达 7～8 个月处于凋萎湿度以下，冬春干旱极其显著。由于区内季节性缺水因此干旱时间较长，加上区域内的土质要么黏重要么粗骨性很强，保水保肥能力很差，一般的植被都难以在该区生长发育。因此，植被恢复极其困难。

由于河谷区内光热资源极其丰富，如何充分利用这些优势，有效而快速地恢复植被，构建良好的生态环境。这是地方各级政府迫切需要的技术。

生态恢复是指对退化生态系统或脆弱生态系统进行修复和改善。干旱河谷区是典型的脆弱生态系统之一（属于我国八大脆弱生态系统之一的"西南山地农牧交错生态脆弱区"），而且，流域的河谷区水、热、光等自然条件特殊，其生态系统的退化和恢复过程当然是特殊的，不能照搬其他区域的模式。因此，在干旱河谷区进行生态恢复方面的研究是恢复生态学不可少的研究区域之一，对该区域进行有关的研究也是发展恢复生态学的主要途径之一。

8.2.2.3　区域内相关研究的核心科学问题及其薄弱性

（1）沟蚀崩塌的形成机理

关于沟蚀崩塌的有关研究，还处于初步的研究阶段。目前主要通过调查，初步查清了它的分布，并估算了它的侵蚀强度。我国的黄土高原区丘陵沟壑区面积达 217 600 km^2，约占水土流失面积的 50%。我国南方红壤区崩岗侵蚀沟总面积 1114 km^2，占水蚀总面积的 0.6%，据估计（阮伏水，2003），崩岗区平均的土壤侵蚀模数高达 5.9000 t/（km·a），这个侵蚀模数是国标中剧烈侵蚀标准的 4 倍左右，纯崩岗沟的侵蚀模数最高达 150 000 t/（km·a）。据水利部长江水利委员会资料，1949~2005 年 56 年间，因崩岗侵蚀所产生的泥沙覆盖农田 3600 km^2，毁坏房屋 52.1 万间，毁坏道路 35 900 km，毁坏桥梁 1 万座，淤满水库 8947 座，塘堰 7.22 万座；直接经济损失 205 亿元，受灾人口 917.14 万。可见，沟蚀崩塌侵蚀面积虽小，但侵蚀的影响程度很大。

在元谋站，我们已经作过一些关于冲沟沟头前进速度的观测和研究，沟头前进速度每年平均达 50 cm 左右，最大可达 200 cm（钟祥浩，2000）。但是，更深入的研究还有待进行。

总体上看，有关沟蚀崩塌的研究，相对其他土壤侵蚀的研究比较薄弱。沟蚀崩塌速率大多是粗略估算的，沟蚀崩塌沟类型的形成机制、沟蚀崩塌发生发育机制等科学问题的研究还远远不够。

（2）江河来沙与沟蚀崩塌的耦合机制

对于沟蚀占流域土壤流失量的比例和对流域产沙的贡献量的问题，现在还没有一个统一的答案。因为它涉及沟蚀发生的时空尺度，而在不同的时空尺度上沟蚀所占的比例有很大的不同。据美国农业部调查，沟蚀量占总侵蚀量的 18%~73%（平均为 35%）；总结分析（Poesen et al.，2003）世界各国家的沟蚀情况，沟蚀量占侵蚀总量的 10%~94%（平均为 44%）；在我国黄土高原的丘陵沟壑区，面积有 21.76 万 km^2，沟蚀量占侵蚀总量的 60%~90%（李勇和白玲玉，2003）；有研究者（杨明义等，1999）应用^{137}Cs 对小流域泥沙来源的研究表明，小流域泥沙来源主要来自沟谷地，占小流域泥沙总量的 72.6%，而沟间地占 27.4%；对实行 2 年免耕前后黄土高原某小流域的产沙的研究（Feng et al.，2003）表明，实行免耕后来自沟间地的泥沙从原来的 23% 降低到 6%，同时来自沟蚀的泥沙从 77% 上升到 94%。仅有的这些研究表明：江河泥沙的来源是不够清楚的，来自哪里？不同区域来了多少？泥沙来源与沟蚀崩塌的偶合机制是什么？诸如此类的科学问题，都没有解决。

对于该区的龙川江流域，近几十年来，区内植被覆盖率在逐渐增加（图 8-1），而本区的河流（龙川江）径流泥沙（元谋黄瓜园水文站）也在增加（张斌，2008）。这与通常的植被覆盖增加，径流泥沙减少的规律不一致。研究认为：主要是由于该区的工程增沙和冲沟来沙增多（张信宝和文安邦，2002），也有人认为是该区降水量增加的缘故（起树华和王建彬，2007）。原因究竟是什么，自然和人为活动因素各自占多大比例，这些科学问题仍然不清楚。

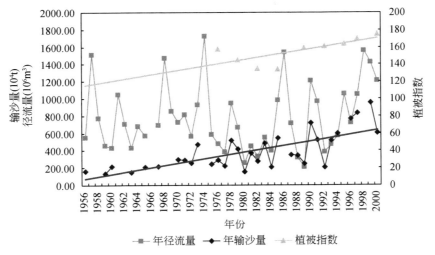

图 8-1 元谋盆地近几十年来植被指数和径流泥沙的变化特征

（3）植被演化和恢复过程与健康生态系统的形成机制

在干旱河谷中有特殊的植被类型（萨王纳群落）和特有的植物种类（金振洲和欧晓昆，2000a），如滇榄仁、白头树（Garuga pinnata Roxb.）、老人皮（Polyalthia suberosa（Roxb）Thw）等，它们分别在群落和个体水平表现出显著地耐旱特性（高洁等，2004）。它们具有特殊适应方式或途径和维持群落的地段水分平衡的对策反应以及生境旱化的特点。而且，干旱河谷各河谷类型的顶级植物群落类型不同。这些不同植被类型是如何演化形成的？演化的动力机制是什么？能否通过人工造林改善恶劣的生态环境条件？目前，这些科学问题还不清楚。

恢复生态学的研究起始于 20 世纪上半叶左右。我国最早的恢复生态学研究是 1959 年在广东的热带沿海侵蚀台地开展的退化生态系统的植被恢复技术与机理研究。恢复生态学是一门年轻的学科，迄今尚无统一的定义，代表性的有 3 种学术观点（彭少麟和陆宏芳，2003）：第 1 种强调受损的生态系统要恢复到理想的状态；第 2 种强调其应用生态学过程；第 3 种强调生态整合性恢复。由于有关理论不完善、不清楚，植被退化过程是如何的？植被恢复过程究竟是什么？是否是植被退化过程的逆过程？各过程点的状态是什么？其终点状态是什么？等等，这些科学问题目前都不清楚。因此，植被恢复只能是"摸着石头过河"，走一步看一步，也就是说，多数生态恢复的程序是恢复模式试验示范 – 模式效应评价 – 模式优化这"三部曲"。

由于生态系统由生命和非生命个体组成，这两种个体都有其发育、发生、发展等过程规律，从这个意义上讲，可以把生态系统看成是有"生命"的一种综合系统（个体）。因此，"健康"与"免疫"可以应用到生态系统中。当这两个术语被扩展到生态系统的研究中则形成了生态系统医学的思想。这种思想已经有学者（Cairns and Munawar，1994；Rapport et al.，1998；Rapport，1999；Ren et al.，2008）关注到了。但是，至于生态系统恢复到什么程度才算是健康的生态系统，它如何才能形成和维持稳定，目前，这些科学问题更不清楚。

最近，我们对健康生态系统的形成机制，也进行了初步的探索。把免疫的原理应用到生态系统恢复中并进行了探索，把自然"免疫"原理应用到恢复生态系统的可持续评价研究中，取得了一些初步的创新性认识。但是，生态系统的健康免疫机制究竟是什么？如何形成的？还远远不清楚。

（4）干旱河谷区气候的特殊性机制

我国西南横断山区的金沙江等河谷区气候较同区域的明显干热，这种特殊的气候形成，目前存在两种观点，一是原生论（张荣祖，1992）：认为干热状况早已在环境的演变中必然形成，即从河谷深切，气候变热变干在地史期间就形成目前的格局和现象，认为在深陷河谷中的背风坡面出现的"焚风效应"，使得河谷内降水偏少，气温升高，另外河谷中以谷风形式的局部环流加剧了谷底水分丢失，而增加了两侧中山相对水分丰富；二是次生论（许再富等，1985）：认为现代河谷是由于受到人为干扰砍伐原生的森林植被后才引发环境突变形成的。此观点侧重在河谷由湿热环境转变为干热环境时森林植被对环境变化的影响，但忽略了干热气候自然形成的效应。这两种不同的观点对该区生态恢复也有决然不同的目标和途径。按次生论，湿润河谷过度开发破坏森林植被就可能会演变为干旱河谷，干旱河谷通过造林植树可向湿润河谷演变，但目前无从证实。因此，河谷特殊气候的形成机制还不完全清楚。

干旱河谷气候不仅特殊，而且，气候的变化也很特殊。根据元谋气象站近 50 年来的气象观测（图 8-2），降水量略有增加趋势，而蒸发量和年均温有明显降低趋势，即有明显变凉转湿的趋势，这与全球气候变暖的趋势相反。目前，仅有个别学者认为这种特殊的变化主要是河谷特殊地形和人工干预引起下垫面性质和状态改变的结果（起树华和王建彬，2007）。但是，这种特殊变化的机制还不清楚。

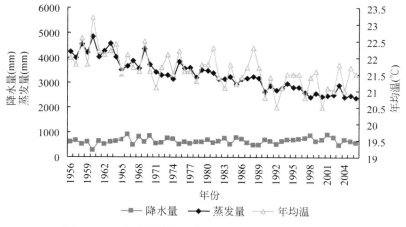

图 8-2　云南元谋干热河谷近 50 年来的气候变化特征

8.2.2.4　对学科发展的重要性

沟蚀和崩塌是陆地表层过程的重要现象之一，具有独特性，是土壤侵蚀的主要方式（面蚀、沟蚀、崩塌、冻融侵蚀、风蚀和耕作侵蚀）之一。因此，是水土保持学的主要研究对象，也就是说，对它们进行研究，是发展水土保持学不可缺少的研究内容。在我国 4 大水蚀区即黄土高原、东北黑土、红壤和紫色土区有大量的分布，而且处于强烈发育阶段（唐克丽，2005）；在世界上也有较广泛的分布，且引起大量的土壤流失（Martine Casasnovas et al.，2003；阮伏水，2003；Valentin et al.，2005；Poesen et al.，2006；Casalí et al.，2006）。但是，尽管水土保持学已经有 150 多年的研究史了，目前关于沟蚀崩塌的研究依旧很少。据我们的初步估算，有关"沟蚀崩塌"的研究文献仅占"侵蚀"研究文献的约 1%（中文的为 0.5%）。因此，开展沟蚀崩塌的研究也是非常必要的和有潜力的。

生态恢复是对退化生态系统或脆弱生态系统进行修复和改善。金沙江干旱河谷区是典型的脆弱生态系统之一（属于我国八大脆弱生态系统之一的"西南山地农牧交错生态脆弱区"），而且，河谷区的水热光等自然条件特殊，其生态系统的退化和恢复过程也是特殊的，不能照搬其他区域的模式。因此，金沙江干旱河谷区是恢复生态学不可少的研究区域之一，对该区域进行有关的研究是发展恢复生态学的主要途径之一。

8.2.2.5　学科定位

综上所述，在金沙江河谷建立国家级野外科学观测研究站是必要的，根据该区的特点和需求，观测研究站的学科定位是：通过揭示沟蚀崩塌形成机理和临界条件、人为活动对沟蚀崩塌的影响机制、有效恢复生态系统的形成过程及其环境响应机制等核心科学问题，发展水土保持学和恢复生态学的理论和方法，提出有效治理沟蚀崩塌的途径、干旱河谷生态系统恢复重建的理论与技术体系，为区域的水、热、光资源的持续高效利用和可持续发展提供科技支撑。

8.2.3　建站的学科方向

8.2.3.1　总体思路

本观测研究站学科建设的总体思路如图 8-3 所示。

8.2.3.2　中长期研究方向及研究内容

根据本观测研究站学科建设的总体思路，拟定以下 3 个研究分析及其相应的研究内容。

1）沟蚀崩塌机制及其环境影响（方向 1）：①冲沟的类型、发育规律及其形成机制；②崩塌的动力学机制；③沟蚀与崩塌的联动作用机制；④沟蚀崩塌的环境效应；⑤沟蚀崩塌的防治技术与模式。

2）干旱河谷生态系统的生态过程与植被恢复（方向 2）：①干旱河谷区水循环的特殊性规律及其机制；②径流泥沙过程的尺度效应及其环境响应；③沟蚀崩塌与植被恢复的偶

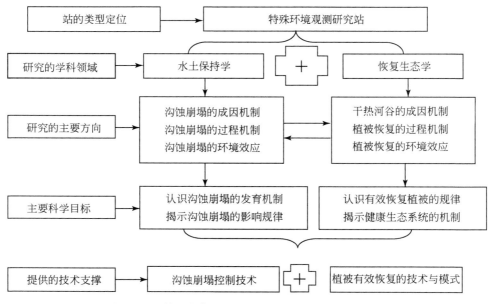

图 8-3 元谋沟蚀崩塌观测研究站学科建设的总体思路

合机制；④自然生态系统的生态过程规律及其机制；⑤自然生态系统对人为活动负干扰（植被破坏等）和正干扰（施肥、灌溉等）的响应规律；⑥人工恢复生态系统对人为活动正干扰（不同投入强度下的不同植被恢复模式、不同土壤改良、不同灌水保证率等）的响应过程；⑦健康生态系统的结构功能及其形成机制；⑧退化生态系统的植被恢复技术与示范。

3）干旱河谷区生态系统的适宜性模式与管理（方向3）：①植被（包括农作物）对水、热迫胁的响应过程与耐性特征；②植被生长过程中水、热、光的偶合机制；③生态系统对水、热、光资源的高效利用技术与模式；④自然和人工生态系统模式的适宜性评价；⑤人为活动在生态系统中的规范和允许行为指标及生态系统的管理。

8.2.3.3 近期的研究内容与研究目标

计划在近5年左右，主要完成以下研究内容和目标。

1）以云南元谋盆地内的典型冲沟（云南省农业科学院热区生态农业研究所的苴林基地）为研究对象，主要研究冲沟的溯源侵蚀特征和冲沟内泥沙的来源与组成规律，提出冲沟溯源侵蚀速率和冲沟来沙的定量预测模型。

2）以（云南省农业科学院热区生态农业研究所的苴林基地）已有人工恢复生态系统的典型模式为基础，主要研究这些模式的适宜性和可持续性，提出生态恢复的改进模式和新途径。

参 考 文 献

安韶山，黄懿梅，郑粉莉．2005．黄土丘陵区草地土壤脲酶活性特征及其与土壤性质的关系．草地学报，13（3）：233-237．

安树青．1994．生态学词典．哈尔滨：东北林业大学出版社．

白哈斯．2001．基础生态学发展趋势．内蒙古民族大学学报（自然科学版），16（1）：101-103．

北京林学院．1962．土壤学．北京：中国林业出版社．

毕江涛，贺达汉，黄泽勇等．2008．退化生态系统植被恢复过程中土壤微生物群落活性响应．水土保持学报，22（4）：195-200．

卞有生，金冬霞，邵迎军．1998．国内外生态农业对比——理论与实践．北京：中国环境科学出版社．

蔡飞，宁永昌．1997．武夷山木荷种群结构和动态的研究．植物生态学报，21（2）：138-148．

蔡宏道，彭崇信．1983．环境医学——环境科学的分支学科．环境科学与技术，1：28-31．

曹敏，金振洲．1989．云南巧家金沙江干热河谷的植被分类．云南植物研究，（3）：324-336．

常福宣，丁晶，姚建．2002．降雨随历时变化标度性质的探讨．长江流域资源与环境，11（1）：79-83．

常健国．2005．生态学的研究现状和发展趋势．山西林业科技，（3）：8-11．

朝鲁蒙，王进鑫，侯琳．2007．黄土高原不同植被复合边界土壤水分分布及影响域研究．中国水土保持科学，5（3）：28-32．

陈定茂，宇振东．1994．我国环境科学的未来研究方向预测．环境科学进展，2（2）：1-4．

陈海，康慕谊，赵云龙．2003．生态示范区可持续发展度的研究及其应用．水土保持通报，23（4）：61-65．

陈昊，杨俊安，黄文静．2009．基于条件熵的直觉模糊条件推理．电子与信息学报，31（8）：1853-1855．

陈竑竣．1994．杉木根际与非根际土壤酶活性比较．林业科学，32（2）：170-175．

陈克龙，李双成，周巧富．2007．江河源区达日县近50年气候变化的多尺度分析．地理研究，26（3）：526-532．

陈礼清，张健．2003．巨桉人工林物种多样性研究（I）——物种多样性特征．四川农业大学学报，21（4）：308-312．

陈利顶，王军，傅伯杰．2001．我国西南干热河谷脆弱生态区可持续发展战略．中国软科学（区域经济），6：95-99．

陈清硕，王平．1995．环境及环境科学的哲学概观．环境导报，6：1，2．

陈清硕，王平．1996．环境思想史和环境科学历史发展．环境导报，3：1-3．

陈三雄，谢莉，张金池．2007．黄浦江源区主要植被类型土壤水土保持功能研究．中国水土保持，（3）：33-35．

陈士银，周飞，吴雪彪．2009．基于绩效模型的区域土地利用可持续性评价．农业工程学报，25（6）：249-253

陈云明，刘国彬，徐炳成．2005．黄土丘陵区人工沙棘林水土保持作用机理及效．应用生态学报，16（4）：595-599．

程东娟，郭凤台，刘贵德．2006．不同种植条件下土壤水分特征曲线研究．陕西农业科学，（1）：1-4．

程水英，李团胜．2004．土地退化的研究进展．干旱区资源与环境，18（3）：38-43．

崔永忠．2006．元谋县金沙江干热河谷不同海拔印楝适应性研究．中国林副特产，（3）：5-7．

戴全厚，刘国彬，姜峻等．2008．黄土丘陵区不同植被恢复模式对土壤酶活性的影响．中国农学通报，（9）：429-434．

邓戈.1981.宾川干热河谷区林业现状及今后绿化造林意见.林业调查规划,(3):10-13.

第宝锋,崔鹏,艾南山.2009.中国水土保持生态修复分区治理措施.四川大学学报(工程科学版),41(2):64-69.

第宝锋.2004.元谋干热河谷退化生态系统评价及恢复重建研究.成都:四川大学.

刁阳光.1993.干热河谷几个主要造林树种对立地条件适应性的研究.四川林业科技,(3):61-63.

丁圣彦.1996.产量生态学研究综述.河南大学学报(自然科学版),26(4):87-91.

窦振中.1995.模糊逻辑控制技术及其应用.北京:北京航空航天大学出版社.

方海东,纪中华,杨艳鲜.2005.金沙江干热河谷植被生态恢复区生态经济价值评估——以元谋县为例.国土与自然资源研究,3:58,59.

方海东.2005.金沙江干热河谷新银合欢人工林物种多样性研究.水土保持研究,(1):52-55.

高峰,胡继超,卞斌贝.2007.国内外土壤水分研究进展.安徽农业科学,35(34):1114-1116.

高洁,曹坤芳,王焕校.2004.干热河谷9种造林树种在旱季的水分关系和气孔导度.植物生态学报,28(2):186-190.

高洁,刘成康,张尚云.1997.元谋干热河谷主要造林植物的耐旱性评估.西南林学院学报,(2):30-35.

高文学,王志和,周庆宏.2005.金沙江干热河谷稀树灌草丛植被恢复方式研究.林业调查规划,30(3):87-91.

戈峰.2008.现代生态学.北京:科学出版社.

关松荫,张德生,张志明.1986.土壤酶及其研究法.北京:农业出版社.

郭建侠,杜继稳,郑有飞.2005.陕北生态治理对当地降水影响的数值模拟.高原气象,24(6):994-1001.

郭忠升,邵明安.2006.土壤水分植被承载力初步研究.科技导报,24(2):56-59.

郝文芳.单长卷.梁宗锁.2005.陕北黄土丘陵沟壑区人工刺槐林土壤养分背景和生产力关系研究.中国农学通报,21(9):129-135.

何璐,段曰汤,沙毓沧.2006.金沙江干热河谷区生态经济林复合种植模式的生态经济效益研究.水土保持学报,20(5):16-19.

何维明,钟章成.1996.遗传生态学透视.生态学杂志,16(2):53-57.

何毓蓉,黄成敏,杨忠等.1997.云南省元谋干热河谷的土壤退化及旱地农业研究.土壤侵蚀与水土保持学报,3(1):56-60.

何毓蓉,黄成敏,宫阿都等.2001.金沙江干热河谷典型区(云南)土壤退化机理研究——母质特性对土壤退化的影响.西南农业学报,14(增刊):9-14.

何毓蓉,黄成敏.1995.云南省元谋干热河谷的土壤系统分类.山地学报,(2):73-78.

何毓蓉,黄成敏.1999.金沙江干热河谷区云南土壤退化过程研究.水土保持学报,(4):1-4,38.

何毓蓉,张丹,张映翠等.1999.金沙江干热河谷区云南土壤退化过程研究.土壤侵蚀与水土保持学报,5(4):1-6.

何毓蓉,周红艺,张保华等.2002.金沙江干热河谷典型区土壤退化机理研究——土壤侵蚀对土壤退化的作用.水土保持学报,16(3):24-37.

和文祥.1997.陕西土壤脲酶活性与土壤肥力关系分析.土壤学报,34(3):392-398.

侯大山,刘玉华,王云超.2007.冀西北高原不同植被的土壤水分动态变化研究.中国农学通报,23(3):271-274.

胡斌,段昌群,王震洪等.2002.植被恢复措施对退化生态系统土壤酶活性及肥力的影响.土壤学报,(4):604-608.

胡琼梅.2002.元江县新银合欢引种的适应性调查.云南林业科技,100(3):61-65.

胡云春,李义林.1984.干热河谷荒山造林树种——台湾相思.四川林业科技,(4):82,83.

黄静,靳孟贵,程天舜.2007.论土壤环境容量及其应用.安徽农业科学,35(25):7895-7896,7795.

黄成敏,何毓蓉,张丹等.2001.金沙江干热河谷典型区(云南省)土壤退化机理研究(Ⅱ)——土壤水分与土壤退化.长江流域资源与环境,10(6):578-584.

黄成敏,何毓蓉.1995.云南省元谋干热河谷的土壤抗旱力评价.山地学报,(2):79-84.

黄成敏,何毓蓉.1997.云南省元谋干热河谷土壤水分的动态变化.山地学报,(4):234-238.

黄俊怡.2009.印楝对干热河谷立地条件适应性的初步研究.四川林勘设计,(1):19-21.

黄懿梅,安韶山,曲东等.2007.黄土丘陵区植被恢复过程中土壤酶活性的响应与演变.水土保持学报,(1):152-155.

黄云鹏.2009.格氏栲群落的林木组成及其空间分布格局.西南林学院学报,29(1):17-21.

纪中华,方海东,杨艳鲜.2009.金沙江干热河谷退化生态系统植被恢复生态功能评价——以元谋小流域典型模式为例.生态环境学报,18(4):1383-1389.

纪中华,刘光华,段曰汤.2003.金沙江干热河谷脆弱生态系统植被恢复及可持续生态农业模式.水土保持学报,17(5):19-22.

纪中华,杨艳鲜,廖承飞.2005.元谋干热河谷退化坡地立体种养生态农业模式建设.西南农业大学学报(社会科学版),3(3):1-4.

纪中华,潘志贤,沙毓沧.2006.金沙江干热河谷生态恢复的典型模式.农业环境科学学报,25(增刊):716-720.

纪中华.2003.金沙江干热河谷脆弱生态系统植被恢复及可持续生态农业模式.水土保持学报,(5):19-22.

贾利强.2003.金沙江干热河谷造林树种抗旱特性的研究.北京:北京林业大学.

姜逢清,朱诚,胡汝骥.2002.1960~1997年新疆北部降水序列的趋势探测.地理科学,22(6):669-672.

姜华,毕玉芬,朱栋斌等.2008.恢复措施对云南退化山地草甸土壤微生物和酶活性的影响.草地学报,16(3):256-261.

姜娜,邵明安,雷廷武.2007.水蚀风蚀交错带典型土地利用方式土壤水分变化特征.北京林业大学学报,29(6):134-137.

金振洲.1999.滇川干热河谷种子植物区系成分研究.广西植物,19(1):1-14.

金振洲,欧晓昆.2000a.干热河谷植被.昆明:云南大学出版社.

金振洲,欧晓昆.2000b.元江、怒江、金沙江、澜沧江干热河谷植被.昆明:云南大学出版社.

金振洲,欧晓昆,区普定.1994.金沙江干热河谷种子植物区系特征的初探.云南植物研究,16(1):1-16.

金振洲,欧晓昆,周跃.1987.云南元谋干热河谷植被概况.植物生态学报,(4):308-317.

金振洲,欧晓昆,周跃.1988.云南元谋干热河谷植被的初步研究.西南师范大学学报(自然科学版),(2):64-74.

康华靖,陈子林,刘鹏.2007.大盘山自然保护区香果树种群结构与分布格局.生态学报,27(1):289-396.

兰雪,戴全厚,喻理飞等.2009.喀斯特退化森林不同恢复阶段土壤酶活性研究.农业现代化研究,30(5):621-624.

郎南军.2005.云南干热河谷退化生态系统植被恢复影响因子研究.北京:北京林业大学.

冷洪万.1986.干热河谷荒山造林树种——白头树.云南林业,(2):24-28.

李勇,白玲玉.2003.黄土高原淤地坝对陆地碳贮存的贡献.水土保持学报,17(2):1-5.

李春晖, 杨志峰. 2004. 黄河流域 NDVI 时空变化及其与降水/径流关系. 地理研究, 23 (6): 753-759.

李德志, 臧润国. 2004. 森林冠层结构与功能及其时空变化研究进展. 世界林业研究, 17 (3): 12-16.

李建增, 纪中华, 沙毓沧. 2001. 元谋干热河谷旱坡地雨养型酸角早果丰产栽培技术. 中国南方果树, 30 (2): 23-25.

李昆, 曾觉民. 1999. 金沙江干热河谷主要造林树种蒸腾作用研究. 林业科学研究, (3): 244-250.

李岚岚, 赵东, 赵勇. 2007. 黄河小浪底库区不同恢复阶段群落小气候特征研究. 河南农业大学学报, 41 (1): 42-46.

李伟. 2006. 元江干热河谷优势植物三叶漆对干旱和强光胁迫的生理生态响应. 北京: 中国科学院研究生院.

李文华, 闵庆文. 2001. 中国生态农业的成就、问题与发展展望//农业部科技教育司. 生态农业与可持续发展. 北京: 中国农业出版社.

李媛媛, 周运超, 邹军等. 2007. 黔中石灰岩地区不同植被类型根际土壤酶研究. 安徽农业科学, (30): 9607-9609.

李震, 阎福礼, 范湘涛. 2005. 中国西北地区 NDVI 变化及其与温度和降水的关系. 遥感学报, 9 (3): 8-13.

梁伟, 白翠霞, 孙保平. 2006. 黄土丘陵区退耕地土壤水分有效性及蓄水性能——以陕西省吴旗县柴沟流域为例. 水土保持通报, 26 (4): 38-40.

林大仪. 2004. 土壤学实验指导. 北京: 中国林业出版社.

林文杰. 伍建榕, 马焕成. 2007. 印楝在干热河谷的适应性. 浙江林学院学报, 24 (5): 538-543.

凌小惠, 钱方. 1989. 元谋土林与水土流失. 中国水土保持, (5): 34-37.

刘方炎, 朱华. 2005. 元江干热河谷植被数量分类及其多样性分析. 广西植物, 25 (1): 22-25.

刘刚才, 高美荣. 1999. 等高垄作垄沟的水土流失特点研究. 水土保持通报, 19 (3): 33-35.

刘刚才, 刘淑珍. 1998. 金沙江干热河谷区水环境特性对荒漠化得影响. 山地研究, 16 (2): 156-159.

刘刚才, 刘淑珍. 1999. 金沙江干热河谷区土地荒漠化程度的土壤评判指标确定. 土壤学报, 36 (4): 559-563.

刘光华. 2005. 罗望子人工林营建对元谋干热河谷退化生态系统的效应. 北京: 中国农业大学.

刘化琴, 张长海, 蔡静. 1994. 银合欢生态适应性研究. 林业科学研究, 7 (3): 301-305.

刘开启. 2004. 真菌生态学概述. 仲恺农业技术学院学报, 17 (4): 59-66.

刘淑珍, 黄成敏, 张建平. 1996. 云南元谋土地荒漠化特征及原因分析. 中国沙漠, 16 (1): 1-8.

刘先华, 秋山侃. 2000. 定居放牧方式下归一化植被指数 (NDVI) 的空间变化特征. 植物生态学报, 24 (6): 662-666.

刘燕华. 2001. 脆弱生态环境可持续发展. 北京: 商务印书馆.

刘雨, 郑粉莉, 安韶山等. 2007. 燕沟流域退耕地土壤有机碳、全氮和酶活性对植被恢复过程的响应. 干旱地区农业研究, (6): 220-226.

龙会英, 朱宏业, 张映翠. 2001. 百喜草对元谋地区自然环境的适应性及其应用效益研究. 热带农业科学, (6): 1-5.

龙会英. 2006. 元谋干热河谷区热带优良牧草柱花草引种试验. 云南农业大学学报, (3): 376-382.

龙会英. 2007. 8 份圭亚那柱花草在元谋干热河谷的引种研究. 西南农业学报, (5): 1078-1084.

龙会英. 2008. 优良热带牧草在云南元谋干热河谷区域试验研究. 热带农业科学, (4): 41-46.

卢金发. 1999. 中国南方地区土地退化动态变化及人类活动影响. 地理科学进展, 18 (3): 215-231.

罗敬萍, 严俊华. 2002. 云南罗望子野生资源调查及生态适宜种植区划探讨. 云南热作科技, 25 (2): 20-22.

罗明，龙花楼．2005．土地退化研究综述．生态环境，14（2）：287-293．

马焕成，McConchie A J，陈德强．2002．元谋干热河谷相思树种和桉树类抗旱能力分析．林业科学研究，（1）：101-104．

马姜明，李昆，郑志新．2006．元谋干热河谷不同人工林林下物种多样性的研究．水土保持研究，13（6）：84-89．

马世骏，李松华．1987．中国的农业生态工程．北京：北京科学技术出版社．

门宝辉，赵燮京，梁川．2004．长江上游川中地区降水时间序列的混沌分析．长江科学院院报，21（1）：43-46．

孟亚利，王立国，周治国．2005．套作棉根际与非根际土壤酶活性和养分的变化．应用生态学报，16（11）：2076-2080．

明庆忠，史正涛．2007．三江并流区干热河谷成因新探析．中国沙漠，27（1）：99-105．

牛文元，杨多贵，陈劭锋．2003．中国城市发展报告（2001－2002）．北京：西苑出版社．

欧晓昆，金振洲．1987．元谋干热河谷植被的类型研究（Ⅰ）——群丛以上单位．云南植物研究，（3）：324-336．

欧晓昆．1988．元谋干热河谷植物区系研究．云南植物研究，（1）：11-18．

潘久根．1999．金沙江流域的河流泥沙输移特性．泥沙研究，（2）：45-48．

彭辉，李昆，孙永玉．2009．干热河谷4个树种叶温与蒸腾速率关系的研究．西北林学院学报，（4）：1-4．

彭少麟，陆宏芳．2003．恢复生态学焦点问题．生态学报，23（7）：1249-1257．

起树华，王建彬．2007．元谋干热河谷气候生态环境变化的初步分析．气象研究与应用，28（增刊Ⅱ）：125-128．

钱方，凌小惠．1989．元谋土林成因及类型的初步研究．中国科学B辑，（4）：412-420．

秦纪洪．2006．干热河谷几种常见植物光合生理生态及其环境的适应性研究．成都：四川大学．

阮伏水．2003．福建花岗岩坡地沟谷侵蚀试验研究初报．中国水土保持科学，1（1）：24-28．

阮宏华，张武兆．1999．98长江特大洪灾的历史成因与对策．南京林业大学学报，23（2）：41-45．

沙毓沧．1996．干热河谷区发展龙眼生产的技术措施．云南农业科技，（3）：19-21．

沈有信，张彦东，刘文耀．2002．泥石流多发干旱河谷区植被恢复研究．山地学报，20（2）：188-193．

师尚礼．2004．生态恢复理论与技术研究现状及浅评．草业科学，21（5）：1-5．

史凯等．2008．元谋干热河谷近50a降水量时间序列的DFA分析．山地学报，26（5）：553－559．

宋娟丽，吴发启，姚军等．2009．弃耕地植被恢复过程中土壤酶活性与理化特性演变趋势研究．西北农林科技大学学报（自然科学版），（4）：103-107．

孙波，张桃林，赵其国．1995．南方红壤丘陵区土壤养分贫瘠化的综合评价．土壤，27（3）：119-128．

孙辉，唐亚，赵其国等．2002．干旱河谷区坡耕地等高植物篱种植系统土壤水分动态研究．水土保持学报，16（1）：89-93．

孙敬克，李友军，黄明等．2007．不同耕作方式对冬小麦生育期根际土及非根际土土壤酶活性的影响．河南科技大学学报（自然科学版），28（2）：59-63．

汤洁，薛晓丹．2005．吉林西部生态系统退化评价．吉林大学学报（地球科学版），35（1）：79-85．

唐川．2004．金沙江流域（云南境内）山地灾害危险性评价．山地学报，22（4）：451-460．

唐克丽．2005．中国水土保持．北京：科学出版社．

唐林波，李世愚，苏昉等．2002．地震前长周期事件——历史与现状．国际地震动态，4：1-5．

唐亚莉，董文明，赵晶晶．2006．优化算法确定土壤水分特征曲线的分析．新疆大学学报（自然科学版），23（2）：240-243．

唐志尧, 方精云, 张玲. 2004. 秦岭太白山木本植物物种多样性的梯度格局及环境解释. 生物多样性, 12 (1): 115-122.

王海燕, 雷相东, 张会儒. 2009. 近天然落叶松云冷杉林土壤养分特征. 东北林业大学学报, 37 (11): 68-72.

王海英, 宫渊波, 陈林武. 2008. 嘉陵江上游不同植被恢复模式土壤微生物及土壤酶活性的研究. 水土保持学报, (3): 172-177.

王俊博, 柴立和, 郎铁柱等. 2004. 复杂性科学思维中的环境科学研究. 环境保护科学, 30: 65-68.

王克勤, 郭逢春, 贺庭荣. 2004. 金沙江干热河谷人工赤桉林群落结构. 中国水土保持科学, 2 (4): 37-41.

王薇薇, 李仕良. 2006. 产业生态学文献综述. 引进与咨询, 4: 5, 6.

王永县, 詹一辉, 张少. 1994. 降水时间序列的聚类分析和预测. 系统工程理论与实践, (11): 67-71.

王震洪, 段昌群, 文传浩. 2001. 滇中三种人工林群落控制土壤侵蚀和改良土壤效应. 水土保持通报, 21 (2): 23-29.

王震洪, 段昌群, 杨建松. 2006. 半湿润常绿阔叶林次生演替阶段植物多样性和群落结构特征. 应用生态学报, 17 (9): 1583-1587.

王子缘, 蔡娴茹. 1996. 汛期旱涝划分的探讨和降水序列 X—11 方法应用. 气象科学, 16 (2): 151-157.

温波. 1993. 金沙江干热河谷番木瓜生态学研究. 四川农业大学学报, (1): 82-86.

温远光, 赖家业, 梁宏温. 1998. 大明山退化生态系统群落的外貌特征研究. 广西农业大学学报, 17 (2): 154-159.

温远光, 刘世荣, 陈放等. 2005. 桉树工业人工林植物物种多样性及动态研究. 北京林业大学学报, 27 (4): 17-23.

闻新, 周露, 李东江. 2001. MATLAB 模糊逻辑工具箱的分析与应用. 北京: 科学出版社.

吴殿廷, 何龙娟, 任春艳. 2005. 从可持续发展到协调发展——区域发展观念的新解读. 北京师范大学学报 (社会科学版), 196 (4): 140-144.

吴发启, 宋娟丽, 崔力拓. 2005. 渭北黄土高原流域土壤水分生态条件与树种配置. 水土保持学报, 19 (1): 128-131.

吴征镒, 朱彦丞. 1987. 云南植被. 北京: 科学出版社.

夏虹, 范锦龙, 武建军. 2007. 阴山北麓农牧交错带植被变化对降水的响应. 生态学杂志, 26 (5): 639-644.

徐建华. 2002. 现代地理学中的数学方法. 北京: 高等教育出版社.

许秀娟, 蒋梭, 贾志宽等. 2001. 关中西部近 70 年降水序列的分析. 干旱地区农业研究, 19 (4): 110-114.

许月卿, 李双成, 蔡运龙. 2004. 基于小波分析的河北平原降水变化规律研究. 中国科学 D 辑, 34 (12): 1176 – 1183.

许再富, 陶国达, 禹平华等. 1985. 元江干热河谷山地五百年来植被变迁探讨. 云南植物研究, 7 (4): 403-412.

薛立, 陈红跃. 2004. 混交林地土壤物理性质与微生物数量及酶活性的研究. 土壤通报, 35 (2): 154-158.

闫俊华, 周国逸, 韦琴. 2000. 鼎湖山季风常绿阔叶林小气候特征研究. 武汉植物研究, 18 (5): 22-27.

闫文德, 陈书军, 田大伦. 2005. 樟树人工林冠层对大气降水再分配规律的影响研究. 水土保持通报, 25 (6): 10-13.

杨朝飞. 1997. 中国土地退化及其防治对策. 中国环境科学, 17 (2): 108-112.

杨弘, 裴铁, 关德新. 2006. 长白山阔叶红松林土壤水分动态研究. 应用生态学报, 17 (4): 587-591.

杨华, 佛迎高. 2002. 简述环境科学的分支学科——环境地球化学. 包钢科技, 28 (1): 84-85.

杨昆, 管东生. 2006. 林下植被的生物量分布特征及其作用. 生态学杂志, 25 (10): 1252-1256.

杨明义, 田均良, 刘普灵. 1999. 应用137Cs研究小流域泥沙来源. 土壤侵蚀与水土保持学报, 5 (3): 49-53.

杨万勤. 2001. 土壤生态退化与生物修复的生态适应性研究. 北京: 中国科学院研究生院.

杨万勤, 宫阿都, 何毓蓉等. 2001. 金沙江干热河谷生态环境退化成因与治理途径探讨 (以元谋段为例). 科技前沿与学术评论, 23 (3): 36-39.

杨万勤, 王开运, 宋光煜. 2002. 金沙江干热河谷典型区生态安全问题探析. 中国生态农业学报, 3: 116-118.

杨晓. 1999a. 生态学分支学科介绍 (一). 干旱区研究, 16 (2): 71-73.

杨晓. 1999b. 生态学分支学科介绍 (二). 干旱区研究, 16 (3): 72-74.

杨晓. 1999c. 生态学分支学科介绍 (三). 干旱区研究, 16 (4): 72-74.

杨艳鲜, 纪中华, 方海东. 2005. 元谋干热河谷旱坡地复合生态农业模式效益研究初评. 水土保持研究, 12 (4): 88, 89.

杨艳鲜. 2009. 云南元谋干热河谷区旱坡地不同生态农业模式土壤水分差异性分析. 干旱地区农业研究, (2): 248-252.

杨艳鲜, 纪中华, 沙毓沧. 2006. 元谋干热河谷区旱坡地生态农业模式的水土保持效益研究. 水土保持学报, 20 (3): 70-73.

杨玉盛, 何宗明, 邹双全等. 1998. 格氏栲天然林与人工林根际土壤微生物及其生化特性的研究. 生态学报, 18 (2): 198-202.

杨兆平, 常禹. 2007. 我国西南主要干旱河谷生态及其研究进展. 干旱区农业研究, 25 (4): 90-94.

杨振寅, 苏建荣, 罗栋. 2007. 干热河谷植被恢复研究进展与展望. 林业科学研究, 20 (4): 563-568.

杨振寅, 苏建荣, 李从富. 2008. 元谋干热河谷主要植物群落物种多样性研究. 林业科学研究, 21 (2): 200-205

杨忠, 熊东红, 周红艺等. 2003. 干热河谷不同岩土组成坡地的降水入渗与林木生长. 中国科学E辑 (技术科学), 33 (增刊): 85-93.

杨忠, 张信宝, 王道杰. 1999. 金沙江干热河谷植被恢复技术. 山地学报, 17 (2): 152-156.

叶厚源. 1986. 云南省干热河谷区造林技术研究现状. 西部林业科学, (3): 1-4, 11.

叶厚源, 吴开远, 魏汉功. 1987. 元谋干热河谷区柚木引种试验. 林业调查规划, (1): 39, 40.

尹娜, 魏天兴, 张晓娟. 2008. 黄土丘陵区人工林土壤养分效应研究. 水土保持研究, 15 (2): 209-214.

于立忠, 朱教君, 孔祥文. 2006. 人为干扰 (间伐) 对红松人工林林下植物多样性的影响. 生态学报, 26 (11): 3757-3764.

于群英. 2001. 土壤磷酸酶活性及其影响因素研究. 安徽技术师范学院学报, 15 (4): 5-8.

喻赞仁. 1994. 干热河谷区滇刺枣生物学特性. 林业科学研究, (2): 220-223.

袁杰. 1984. 干热河谷的理想薪炭树种——灰白牧豆. 云南林业, (4): 25-28.

曾焕生. 2005. 木麻黄防护林带对改善农田小气候效应的研究. 防护林科技, 66 (3): 21-24.

曾英姿. 2009. 基于生态学核心概念之信息生态学发展趋势探讨. 情报杂志, 28 (3): 31-35.

张保华, 王喜, 刘子亭. 2006. 贡嘎山天然林和盐亭人工林土壤侵蚀研究. 中国水土保持科学, 4 (3): 11-15.

张斌. 2008. 基于免疫原理的退化生态系统恢复的可持续评价——以云南元谋干热河谷为例. 成都: 四川大学.

张斌,史凯,刘春琼等.2009a.元谋干热河谷近50年分季节降水变化的DFA分析.地理科学,29(4): 561-566.

张斌,舒成强,税伟.2009b.云贵高原北坡石漠化地区近50a降水波动分析—以四川省兴文县为例.长 江流域资源与环境,18(12):1156-1161.

张福锁,曹一平.1992.根际动态过程与植物营养.土壤学报,29(3):239-250.

张继义,赵哈林,崔建垣.2005.科尔沁沙地樟子松人工林土壤水分动态的研究.林业科学,41(3): 1-6.

张建辉.2002.金沙江干热河谷典型区土壤特性与植被恢复技术.成都:成都理工大学.

张建平,王道杰.2000a.金沙江干热河谷区恢复退化土地的农林复合经营模式.世界科技研究与发展, (S1):26-28.

张建平,王道杰.2000b.元谋干热河谷区农业生态系统的优化对策.山地学报,18(2):134-138.

张健,濮励杰,陈逸.2007.区域经济可持续发展趋势及空间分布特征.地理学报,62(10):1041-1050.

张亮.2008.百合不同生育期根际土壤微生物和酶活性的变化.西安:西北农林科技大学.

张明忠.2007.云南干热河谷旱坡地两种覆盖措施对土壤水分的影响.干旱地区农业研究,(3):37-40.

张人权,梁杏,万军伟.2003.历史时期长江中游河道演变与洪灾发展的规律.水文地质工程地质,4: 26-30.

张荣祖.1992.横断山区干旱河谷.北京:科学出版社.

张婷,张文辉,郭连金.2007.黄土高原丘陵区不同生境小叶杨人工林物种多样性及其群落稳定性分析. 西北植物学报,7(2):340-347.

张向先,郑絮,靖继鹏.2008.我国信息生态学研究现状综述.情报科学,26(1):1589-1594.

张信宝,文安邦.2002.长江上游干流和支流河流泥沙近期变化及其原因.水利学报,(4):55-59.

张信宝,杨忠,张建平.2003.元谋干热河谷坡地岩土类型与植被恢复分区.林业科学,39(4):16-22.

张燕平.2005.干热河谷印楝生长与立地条件关系.林业科学研究,(1):74-79.

张耀存,丁裕国.1990.我国东部地区几个代表测站逐日降水序列统计分布特征.南京气象学院学报, 13(2):194-204.

张映翠.2005.乡土草本植物对干热河谷退化土壤修复的生态效应及机制研究.重庆:西南农业大学.

张忠华,梁士楚,胡月.2007.桂林喀斯特石山阴香群落主要种群的种间关系.山地学报,25(4):475-482.

章家恩,徐琪.1999.退化生态系统的诊断特征及其评价指标体系.长江流域资源与环境,8(2): 215-220.

章申.1996.环境问题的由来、过程机制、我国现状和环境科学发展趋势.中国环境科学,16(6):401-405.

章异平,何学凯,李景文.2005.自然保护区落叶松人工林物种多样性保护与经营模式.科学技术与工 程,5(10):647-651.

赵琳.2006.云南干热河谷4种植物抗旱机理的研究.西部林业科学,(2):9-16.

赵卫,刘景双,孔凡娥.2007.水环境承载力研究述评.水土保持研究,14(1):47-50.

赵一鹤,杨宇明,杨时宇.2008.培育措施对桉树人工林林下物种多样性的影响.云南农业大学学报,23 (3):309-314.

郑科.2003.干热河谷山合欢、加勒比松林地雨季中末期水文侵蚀效应的研究.水土保持学报,(2): 84-89.

钟祥浩.2000.干热河谷区生态系统退化及恢复与重建途径.长江流域资源与环境,9(3):376-383.

钟祥浩.2006.山地环境研究发展趋势与前沿领域.山地学报,24(5):525-530.

周蛟.1996.干热河谷区的造林树种银合欢.云南林业,(1):18-22.

周礼恺.1987.土壤酶学.北京:科学出版社.

周麟 . 1996. 云南省元谋干热河谷的第四纪植被演化 . 山地学报,14（4）:239-243.

周跃 . 1987. 元谋干热河谷植被的生态及其成因 . 生态学杂志,（5）:39-43.

周择福,王延平,张光灿 . 2005. 五台山林区典型人工林群落物种多样性研究 . 西北植物学报,25（2）:321-327.

朱冰冰,李鹏,李占斌 . 2008. 金沙江干热河谷区植物种类与立地类型的配置 . 长江科学院院报,25（3）:71-75.

朱华 . 1990. 元江干热河谷肉质多刺灌丛的研究 . 云南植物研究,（3）:301-310.

朱永恒,赵春雨,王宗英等 . 2005. 我国土壤动物群落生态学研究综述 . 生态学杂志,24（12）:1477-1481.

Andreo B, Jiménez P, Durán J J. 2006. Climatic and hydrological variations during the last 117-166 years in the south of the Iberian peninsula from spectral and correlation analyses and wavelet continuous analyses. Journal of Hydrology, 324: 24-39.

Bending G D, Turner M K, Jones J E. 2002. Interactions between crop residue and soil organic matter quality and the functional diversity of soil microbial communities. Soil Biology & Biochemistry, 34 (8): 1073-1082.

Bending G D, Turher M K, Rayns F, et al. 2004. Microbial and biochemical soil quality indicators and their potential for differentiating areas under contrasting agricultural management regimes. Soil Biology & Biochemistry, 36 (11): 1785-1792.

Bradshaw A D. 1987. Restoration: an acid test for ecology//Jordon W R, Gilpin N, Aber J. Restoration Ecology: A Synthetic Approach to Ecological Research. Cambridge: Cambridge University Press.

Brink B T. 1991. The AMOEBA approach as useful tool for establishing sustainable development//Kuik O, Verbruggen H. In Search of Indicators of Sustainable Development. The Netherlands: Kluwer Academic Publishers.

Cairns J Jr, Munawar M. 1994. Ecosystem health through ecological restoration: barriers and opportunities. Journal of Aquatic Ecosystem Health, (3): 5-14.

Cairns J J. 1995. Restoration ecology. Encyclopedia of Environmental Biology, 3: 223-235.

Casalí J, Loizu J, Campo M A, et al. 2006. Accuracy of methods for field assessment of rill and ephemeral gully erosion. Catena, 67: 128-138.

Chapin F S, Torn M S, Tateno M. 1996. Principles of ecosystem sustainability. The American Naturalist, 148 (6): 1016-1037.

Choia J, Lorimer C G, Vanderwerker J M. 2007. A simulation of the development and restoration of old-growth structural features in northern hardwoods. Forest Ecology and Management, 249: 204 – 220.

Devuyst D. 2001. Introduction to sustainability assessment at the local level//Devuyst D. How Green Is the City? Sustainability Assessment And the Management of Urban Environments. New York: Columbia University Press.

Diamond J. 1987. Reflections on goals and on the relationship between theory and practice//Jordon W R, Gilpin N, Aber J. Restoration Ecology: A Synthetic Approach to Ecological Research. Cambridge: Cambridge University Press.

Domingues M, Mendes J O, Mendes C A. 2005. On wavelet techniques in atmospheric sciences. Advances in Space Research, 35 (5): 831-842.

Feng M Y, Zhang X B, Wen A B. 2003. A study on responses of soil erosion and sediment yield to closing cultivation on sloping land in a small catchment using 137Cs technique in the Rolling Loess Plateau, China. Bulletin of Chinese Science, 19: 2093-2100.

Gidding B, Hopwood B, O'Brien G. 2002. Environment, economy and society: fitting them together into sustainable development. Sustainable Development, 10 (4): 187-196.

Harper J L. 1987. Self-effacing art: restoration ecology and invasions//Saunders D A, Ehrlich P R. Nature Conservation: Reconstruction of Fragmented Ecosystems, Global and Regional Perspectives. Australia: Surrey Beatty and Sons.

Hartemink A E. 2006. The Future of Soil Science. Wageningen: International Union of Soil Sciences.

Herath S, Ratnayake U. 2004. Monitoring rainfall trends to predict adverse impacts- a case study from Sri Lanka (1964-1993). Global Environmental Change, 14: 71-79.

Holden E, Linnerud K. 2007. The sustainable development area: satisfying basic needs and safeguarding ecological sustainability. Sustainable Development, 15: 174-187.

Hopwood B, Mellor M, O'Brien G. 2005. Sustainable development: mapping different approaches. Sustainable Development, 13 (1): 38-52.

Jordan W R. 1995. "Sun flower forest": ecological restoration as the basis for a new environmental paradigm// Baldwin A D. Beyond Preservation: Restoring and Inventing Landscape. Minneapolis: University of Minnesota Press.

Leemans R, Eickhout B. 2004. Another reason for concern: regional and global impacts on ecosystems for different levels of climate change. Global Environmental Change, 14: 219-228.

Lin S, Liu C, Lee T. 1997. Fractal of rainfall: identification of temporal scaling law. Fractals, 7 (2): 123-131.

Luck T W. 2005. Neither sustainable nor development – an internally consistent version of sustainability. Sustainable Development, 13 (4): 228-238.

Luons K G, Brigham C A, Traut B H. 2004. Rare species and ecosystem functioning. Conservation Biology, 10: 1019-1024.

Mackenzie A. 2004. Ecology. Beijing: Science Press.

Martinez-Casasnovas J A, Anton-Fernandez C, Ramos M C. 2003. Sediment production in large gullies of the Mediterranean area (NE Spain) from high resolution digital elevation models and geographical information systems analysis. Earth Surface Processes and Landforms, 28: 443-456.

Ness B, Urbel-Piirsalu E, Anderberg S. 2007. Categorising tools for sustainability assessment. Ecological Economics, 60: 498-508.

Nyssen J, Poesen J, Moeyersons J. 2004. Human impact on the environment in the Ethiopian and Eritrean highlands- a state of the art. Earth-Science Reviews, 64: 273-320.

Olsson J, Niemczynowics J, Berndtsson R. 1993. Fractal analysis of high resolution rainfall time serials. Journal of Geophysical Research, 98 (12): 23265-23274.

Pearce D W, Barbier E, Markandya A. 1990. Sustainable Development: Economics and Environment in the Third World. London: Edward Elgar Publishing/Earthscan Publications.

Peng C K, Buldyrev S V, Havlin S. 1994. Mosaic organization of DNA nucleotides. Physical Review, 49: 1685-1689.

Peng S L. 2001. Restoration of degraded ecosystem and restoration ecology. Chinese Foundation Sciences, (3): 18-24.

Percival D B, Walden A T. 2000. Wavelet Methods for Time Series Analysis. Cambridge: Cambridge University Press.

Phillis Y A, Andriantiatsaholiniaina L A. 2001. Sustainability: an ill-defined concept and its assessment using fuzzy logic. Ecological Economics, 37: 435-456.

Poesen J, Nachtergaele J, Verstraeten G, et al. 2003. Gully erosion and environmental change: importance and research needs. Catena, 50 (2—4): 91-133.

Poesen J et al. 2006. Gully erosion in Europe//Boardman J, Poesen J. Soil Erosion in Europe. Chichester: Wiley & Sons.

Pope J, Annandale D. 2004. Conceptualising sustainability assessment. Environmental Impact Assessment Review, 24: 595-616.

Prato T. 2005. A fuzzy logic approach for evaluating ecosystem sustainability. Ecological Modelling, 187: 361-368.

Prato T. 2007. Assessing ecosystem sustainability and management using fuzzy logic. Ecological Economics, 61: 171-177.

Rapport D J, Lee V. 2004. Ecosystem health: coming of age in professional curriculum. EcoHealth, 1 (Suppl. 1): 8-11.

Rapport D J. 1999. Epidemiology and ecosystem health: natural bridges. Ecosystem Health, 5 (3): 174-180.

Rapport D J, Costanza R, McMichael A J. 1998. Assessing ecosystem health. Trends in Ecology and Evolution, 13 (10): 397-402.

Ren H, Long Y, Nan L. 2008. Nurse plant theory and its application in ecological restoration in lower-subtropics of China. Progress in Natural Science, 18: 137-142.

Rockton J, Barron J, Brouwer J. 1999. On-farm spatial and temporal variability of soil and water in pearl millet cultivation. Soil Science of Society of American Journal, 63: 1308-1319.

Sicardi M, García-Préchac F, Frioni L. 2004. Soil microbial indicators sensitive to land use conversion from pastures to commercial Eucalyptus grandis (Hill ex Maiden) plantations in Uruguay. Applied Soil Ecology, 27 (2): 125-133.

Solomon S, Qin D H, Manning M. 2007. Climate Change 2007, The Physical Science Basis. Cambridge: Cambridge University Press.

Svensson C, Olsson J, Berndtsson R. 1996. Multifractal properties of daily rainfall in two different climates. Water Resource Research, 32 (8): 2463-2472.

Swift M J, Izac A N, van Noordwijk M. 2004. Biodiversity and ecosystem services in agricultural landscapes-are we asking the right questions. Agriculture, Ecosystems and Environment, 104: 113-134.

Tilman D. 1999. The ecological consequences of changes in biodiversity: a search for general principal. Ecology, 80 (5): 1455-1474.

Tucker C J, Fung I Y, Keeling C D. 1986. Relationship between atmospheric CO_2 variations and a satellite-derived vegetation index. Nature, 319: 195-199.

Valentin C, Poesen J, Li Y. 2005. Gully erosion: impacts, factors and control. Catena, 63: 132-153.

Vos R O. 2007. Perspective defining sustainability: a conceptual orientation. Journal of Chemical Technology and Biotechnology, 82: 334 – 339.

Waymire E. 1985. Scaling limits and self-similarity in precipitation fields. Water Resource Research, 21 (8): 1272-1281.

Wei J, Zhou J, Tian J L. 2006. Decoupling soil erosion and human activities on the Chinese Loess Plateau in the 20th century. Catena, 68: 10-15.

Wu J G. 1999. Hierarchy and scaling: extrapolating information along a scaling ladder. Canadian Journal of Remote Sensing, 25: 367-380.

Xiong D H, Long Y, Yan D C. 2009. Surface morphology of soil cracks in Yuanmou dry-hot valley region, southwest China. Journal of Mountain Science, 6 (4): 373-379.

Zhou D W, Fan G Z, Huang R H. 2007. Interannual variability of NDVI on the Tibetan Plateau and its relation with climate change. Advances in Atmospheric Sciences, 24 (3): 474-484.